机械电子专业课程实验实训教程

杨林初 朱鹏程 唐 炜
王红茹 李 磊 张 辉 编著

江苏科技大学机械工程实验中心 编

张冰蔚 主审

镇 江

图书在版编目(CIP)数据

机械电子专业课程实验实训教程 / 杨林初等编著 ;
江苏科技大学机械工程实验中心编. — 镇江 : 江苏大学
出版社, 2016.12
ISBN 978-7-5684-0401-3

Ⅰ. ①机… Ⅱ. ①杨… ②江… Ⅲ. ①机电一体化—
高等学校—教材 Ⅳ. ①TH-39

中国版本图书馆 CIP 数据核字(2016)第 322166 号

内容简介

本书依据江苏科技大学机械电子工程专业实验教学大纲,紧贴"卓越工程师教育培养计划"和"工程教育认证"的要求编写。全书分三大模块,分别是机电液一体化控制模块、数字控制技术模块、机电专业综合独立授课实验模块,共包括 18 章 48 个实验。

本书可作为高等工科院校机械类各专业相关课程的实验实践教材,也可作为高职高专、成人教育相关专业师生和工程技术人员的参考用书。

机械电子专业课程实验实训教程
Jixie Dianzi Zhuanye Kecheng Shiyan Shixun Jiaocheng

编　　著/杨林初　朱鹏程　唐　炜　王红茹　李　磊　张　辉
编　　者/江苏科技大学机械工程实验中心
责任编辑/常　钰　吕亚楠
出版发行/江苏大学出版社
地　　址/江苏省镇江市梦溪园巷 30 号(邮编: 212003)
电　　话/0511-84446464(传真)
网　　址/http://press.ujs.edu.cn
排　　版/镇江华翔票证印务有限公司
印　　刷/虎彩印艺股份有限公司
开　　本/787 mm×1 092 mm　1/16
印　　张/15.25
字　　数/378 千字
版　　次/2016 年 12 月第 1 版　2016 年 12 月第 1 次印刷
书　　号/ISBN 978-7-5684-0401-3
定　　价/38.00 元

如有印装质量问题请与本社营销部联系(电话:0511-84440882)

前　言

实验教学，就是利用实验的方法和手段，进行验证和发现知识的一种教学方法。在大学教育中，实验教学显得尤为重要：它是大学生学习技能的一个重要环节，是大学生走向工作岗位前的大练兵。通过系统性和针对性地实验学习，可使大学生掌握步入社会所必须拥有的处理问题的基本方法和技巧。

本书依据江苏科技大学机械电子工程专业实验教学大纲，结合原有的自编实验教材编写。本书的大部分实验项目是由一线教师完全自主开发或部分自主开发。在实验内容上，充分考虑专业需要，紧贴“卓越工程师教育培养计划”和“工程教育专业认证”的基本要求，注重实验项目的典型性和实用性，力求让学生在实验中做到理论与实践相结合，学以致用，切实提高学生的动手能力。在内容编排上，除了必修实验外，增加了部分选修实验，供学有余力的学生使用。

本书由江苏科技大学张冰蔚教授主审，在此表示衷心感谢！

本书在编写过程中不仅得到了江苏科技大学机械工程学院窦培林教授、唐文献教授和周宏根教授的大力支持和帮助，还得到了实验中心主任田桂中副教授和学院相关同仁的指导及江苏大学出版社的帮助，在此表示衷心感谢！

本书在编写过程中，得到了江苏科技大学江苏省船海机械装备先进制造重点实验室的帮助，在此表示衷心感谢！

本书在编写过程中，还得到了广大教学仪器设备厂商的技术支持，在此表示衷心感谢！

本书由江苏科技大学杨林初、朱鹏程、唐炜、王红茹、李磊、张辉编著，鄢华林、张正林、陈超、刘芳华、王佳、李忠国、钟伟、张礼华等参编。全书由杨林初统稿。

由于本书涉及内容较为广泛，但是收集资料有限，加之编者水平和经验有限且编写仓促，书中不妥之处在所难免，恳请广大同行和读者予以批评指正。对本书的意见和建议，可反馈给江苏大学出版社，也可与编著者联系（江苏科技大学机械工程实验中心，电子邮箱：8591468@qq.com），在此表示衷心感谢！

编　者
2016 年 12 月
于江苏科技大学

目录

模块一

机电液一体化控制

第1章　机械控制工程基础

实验一　典型环节及系统性能的模拟

实验学时:2
实验类型:验证
实验要求:必修
实验教学方法与手段:教师面授+学生操作

一、实验目的

1. 观察典型环节阶跃响应曲线,定性了解参数变化对典型环节动态特性的影响。
2. 观测不同阶数线性系统对阶跃输入信号的瞬间响应,了解参数对它的影响。

二、预习要求(典型环节的模拟)

1. 掌握MatLab软件的基本使用方法,利用MatLab软件对比例环节,积分环节,惯性环节,比例微分,比例积分,比例、积分、微分环节,典型二阶系统和三阶系统进行仿真,了解典型环节系统的输入、输出特性,并分析这些环节在控制运算中的作用及其对动态性能指标的影响。

2. 在MatLab软件的Simulink模块画出典型环节及系统的方框图,以阶跃信号为输入,观察并画出实验中各环节的响应特性曲线。

三、实验设备和仪器

1. KJ82-1控制系统学习机1台。
2. SBD6超低频双踪示波器1台。
3. LZ3-204函数记录仪1台。
4. 万用表1块。
5. 计算机。

四、实验原理

研究与分析一个系统,不但要定性了解该系统的工作原理及其特性,而且要定量地描述系统的动态特性,从而揭示系统的结构,掌握参数与动态性能之间的关系。从理论上说，不管系统有多复杂，总可化为零阶、一阶、二阶的典型环节和延时环节。若分别在这些系统的输入端加上阶跃信号，就能在输出端得到各系统响应的曲线。改变这些系统的参数，响应曲线就会相应地发生变化，注意观察这些变化，就能定性地了解参数变化对典型环节动态特性的影响。熟悉这些基本典型环节的性能，对了解与研究系统带来很大的方便，也为自动化控制课程的后续学习打下了牢固的基础。

五、实验内容及步骤

1. 典型环节的阶跃响应

1）实验步骤

① 开启电源前，先将所有运算放大器接成比例状态，同时拔去不用的导线。

② 闭合电源后，检查供电是否正常；分别将各运算放大器调零，用示波器观察并调整好方波信号。

③ 断开电源后，按图接好线，由信号源引出方波信号接到各环节输入端。

④ 闭合电源，调节有关旋钮，然后观察阶跃响应的波形。

2）实验内容

（1）比例环节

图 1.1-1 所示为比例环节模拟电路，将电阻 W 的变化对比例环节动态特性的影响填入表 1.1-1。

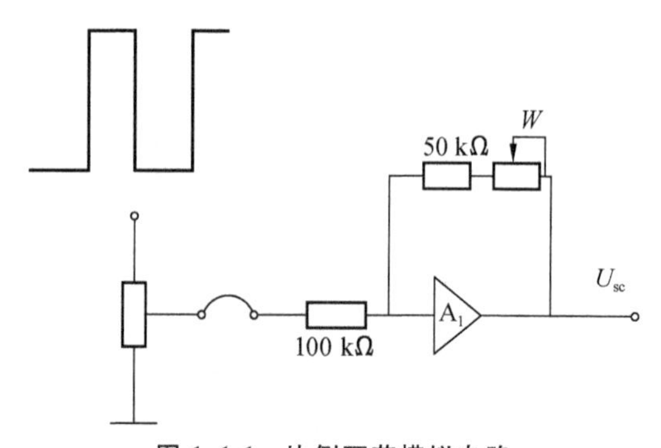

图 1.1-1 比例环节模拟电路

表 1.1-1 电阻 W 变化对比例环节动态特性的影响

电阻 W	增大	减小
输入		
输出		

（2）积分环节

图 1.1-2 所示为积分环节模拟电路，将电容 C_1 变化对积分环节动态特性的影响填入表 1.1-2。

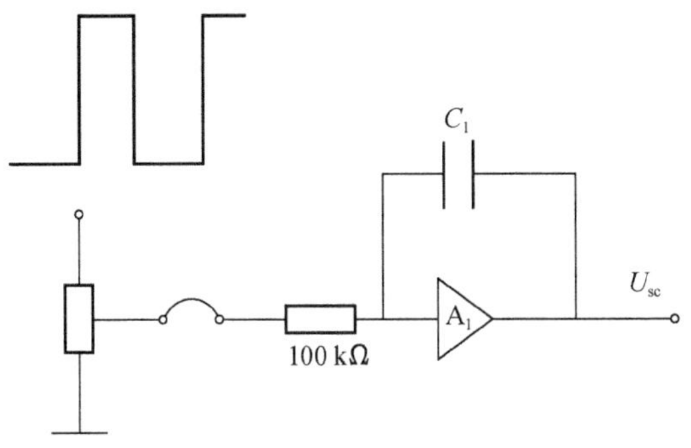

图 1.1-2 积分环节模拟电路

表 1.1-2 电容 C_1 的变化对积分环节动态特性的影响

电容 C_1(μF)	0.01	0.1	1	10
输入				
输出				

(3) 惯性环节

图 1.1-3 所示为惯性环节模拟电路，将各参数变化对惯性环节动态特性的影响填入表 1.1-3。

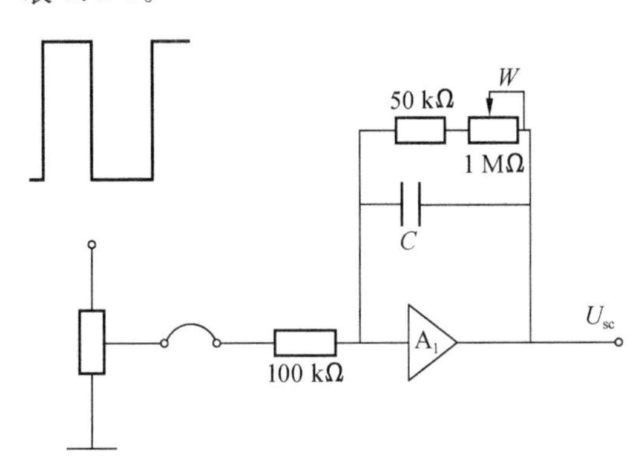

图 1.1-3 惯性环节模拟电路

表 1.1-3 各参数变化对惯性环节动态特性的影响

T 调节器 \ 时间常数(s)	0.01	0.1	1	10
	$C=0.1$ μF $R=100$ kΩ	$C=1$ μF $R=100$ kΩ	$C=1$ μF $R=100$ MΩ	$C=10$ μF $R=1$ MΩ
输入				
输出				

(4) 比例微分环节

图 1.1-4 所示为比例微分环节模拟电路，将各参数变化对比例微分环节动态特性的影响填入表 1.1-4。

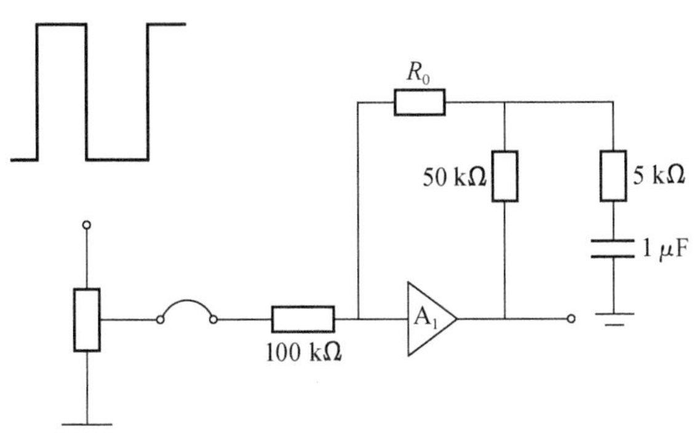

图 1.1-4 各比例微分环节模拟电路

表 1.1-4 各参数变化对比例微分环节动态特性的影响

电阻 R_0	$R_0=50$ kΩ	$R_0=100$ kΩ	$R_0=1$ MΩ

(5) 比例积分环节

图 1.1-5 所示为比例积分环节模拟电路，将各参数变化对比例积分环节动态特性的

影响填入表 1.1-5。

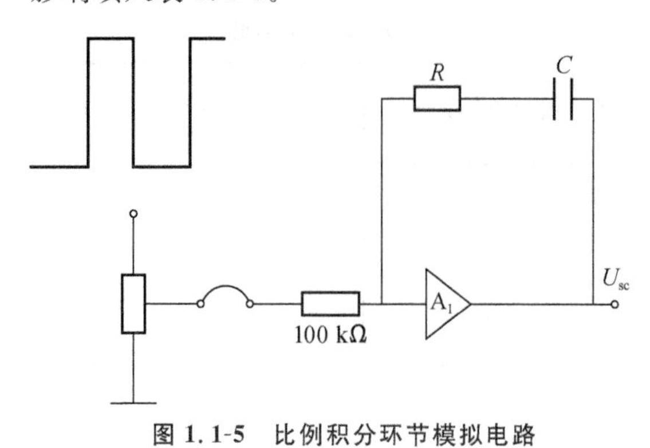

图 1.1-5　比例积分环节模拟电路

表 1.1-5　各参数变化对比例积分环节动态特性的影响

调节器	R=100 kΩ C=0.33 μF	R=330 kΩ C=1 μF

(6) 比例、积分、微分环节

图 1.1-6 所示为比例、积分、微分环节模拟电路，表 1.1-6 为实现不同调节器功能时的动态特性。

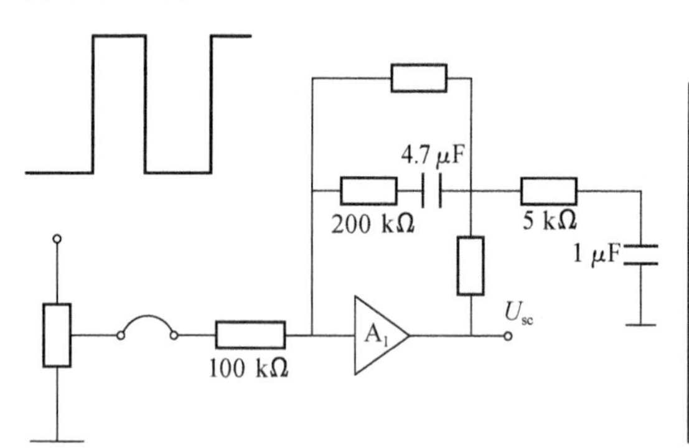

图 1.1-6　比例、积分、微分环节模拟电路

表 1.1-6　实现不同调节器功能时的动态特性

调节器	比例	比例积分	比例微分	比例、积分、微分
输入				
输出				

2. 典型二阶系统模拟

(1) 接线图(见图 1.1-7)

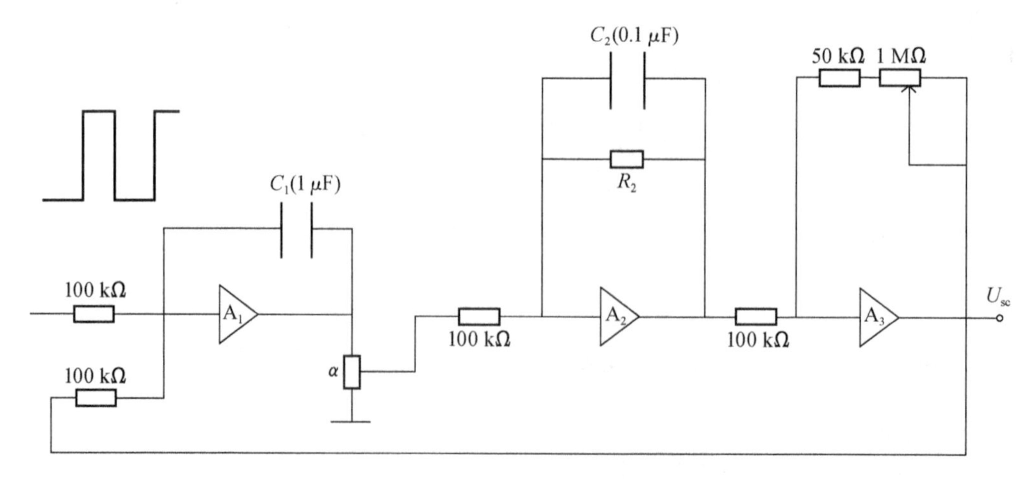

图 1.1-7　典型二阶系统接线图

(2) 方框图(见图 1.1-8)

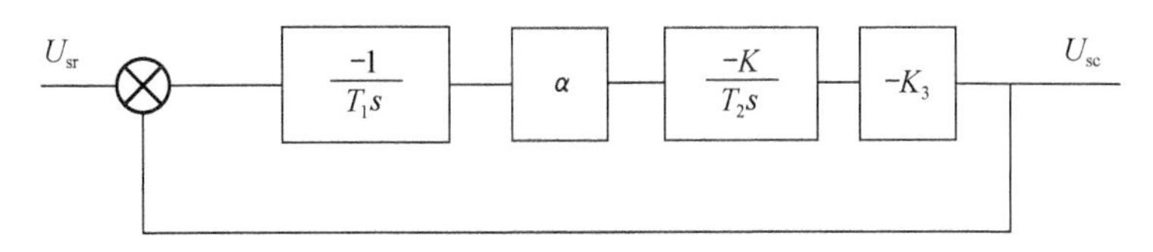

图 1.1-8 典型二阶系统模拟方框图

由图 1.1-8 可得其传递函数为

$$G(s)=\frac{U_{sc}(s)}{U_{sr}(s)}=\frac{\frac{K_2}{T_2 s}\cdot\alpha\cdot\frac{K_2}{T_2 s+1}}{1+\frac{1}{T_2 s+1}\cdot\alpha\cdot\frac{K_3}{T_2 s+1}}=\frac{K_2\cdot\alpha\cdot K_1}{T_1 T_2 s+T_1 s+K_3\alpha} \qquad (1.1\text{-}1)$$

(3) 实验步骤

① 关闭电源,按图 1.1-7 接线,经教师检验无误后,再合电源,然后调零转入工作。

② 在 $T_1=T_2=0.1$ s($C_1=1\ \mu$F,$C_2=0.1\ \mu$F),$K_2=10$ 时,逐渐改变增益系数 α,观察方波输入作用下的响应曲线,将实验结果填写于表 1.1-7。

③ 使 $C_1=1\ \mu$F,$C_2=1\ \mu$F, $T_2=0.1$ s,$K_2=10$,改变增益系数 α,观察方波输入作用下的响应曲线,将实验结果填写于表 1.1-7。

表 1.1-7 实验结果

典型二阶系统		$R_1=1$ MΩ, $C_1=1\ \mu$F, $C_2=0.1\ \mu$F,$R_4=1$ MΩ	$C_1=1\ \mu$F, $C_2=1\ \mu$F, $R_2=R_3=1$ MΩ
输入波形			
输出阶跃响应波形	$\alpha=0.1$		
	$\alpha=0.5$		
	$\alpha=1$		

3. 三阶系统的模拟

(1) 接线图(见图 1.1-9)

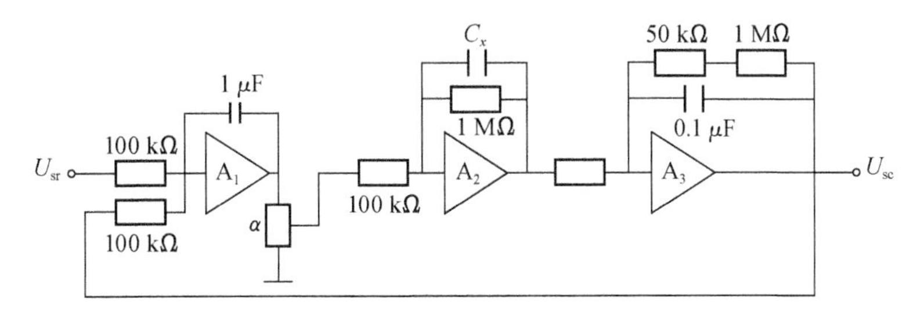

图 1.1-9 典型三阶系统接线图

(2) 方框图(见图 1.1-10)

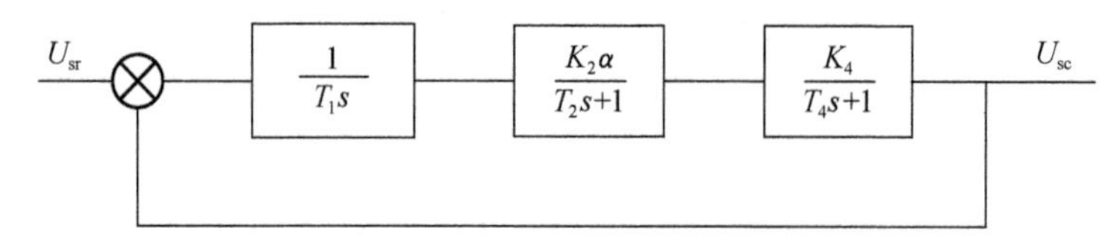

图 1.1-10 典型三阶系统模拟方框图

(3) 实验步骤

① 按图 1.1-9 接线,先取 C_x=0.1 μF,缓慢改变 α 的值,观察并记录阶跃响应曲线,将实验结果填于表 1.1-8。

② 取 C_x=1 μF,重复上述实验过程并将实验结果填写于表 1.1-8。

表 1.1-8 实验结果

典型三阶系统		C_x=0.1 μF	C_x=1 μF
输入波形			
输出阶跃响应波形	α=0.1		
	α=0.5		
	α=1		

六、思考题

1. 积分环节和惯性环节主要差别是什么?什么条件下惯性环节可视为积分环节?
2. 惯性环节在什么条件下可近似为比例环节?
3. 为什么在典型二阶系统实验中要加入比例环节?典型三阶系统是否要加入?
4. 典型二阶系统在什么条件下不稳定?怎样构成振荡环节?

七、实验报告

1. 画出实验各环节的结构图并写出传递函数,推出理想阶跃响应。
2. 实测各环节不同参数下的输出波形,认真填写各记录表,并与理想曲线对照。
3. 分析实验中出现的各种现象并进行分析。

实验二 典型系统瞬态响应和稳定性

实验学时:2
实验类型:验证
实验要求:必修
实验教学方法与手段:教师面授+学生操作

一、实验目的

1. 掌握二阶系统阶跃响应特性的测试方法。
2. 了解系统参数对阶跃响应特性的影响。

二、预习要求(二阶系统阶跃响应特性)

1. 利用 MatLab 软件对二阶、三阶系统进行仿真,了解放大、反馈参数对系统的作用及对动态性能指标的影响;掌握时域特性的测量方法。

2. 在 MatLab 软件的 Simulink 模块画出二阶系统的方框图,设 T_1 和 T_2 为 0.1,K_3 为 10,K_4 为 1,以阶跃信号为输入信号,观察无阻尼等幅度振荡时的响应特性曲线,测出振荡周期并计算出自振角频率 ω_n。

3. α 分别取 0.13,0.33,0.44,0.63 时测量并记录系统的 t_s,t_p,M_p 值,计算 ζ,ω_n,等值。

4. 设 T_1 和 T_2 为 1,K_3 为 10,K_4 为 0.1,α 为 0.33,以阶跃信号为输入信号,观察响应曲线并打印曲线图,以便与模拟实验结果比较。

三、实验设备和仪器

1. KJ82-1 控制系统学习机 1 台。
2. SBD6 超低频双踪示波器 1 台。
3. 计算机。

四、实验原理

对一个二阶系统加入一阶跃输入,即有一个输出响应,它表征该系统的控制特征。当系统的参数变化时,其控制特性也随之变化。

决定一个二阶系统特性的主要参数有 2 个,分别为阻尼比 ζ 和无阻尼自振角频率 ω_n,当这 2 个参数变化时,二阶系统阶跃响应的各个特征量都将随之变化。欲使二阶系统具有满意的动态性能指标,必须选取合适的阻尼比 ζ 和无阻尼自振角频率 ω_n。提高 ω_n,可以提高二阶系统对控制信号的快速性能,减少过渡过程时间 t_S。增大 ζ 值,可以减弱系统的振荡性能,从而降低超调量 M_p 和振荡次数 N。在设计系统时,增大 ω_n 值,一般都是通过提高系统的开环放大系数 K 来实现的,而这又将减弱系统的稳定性,是设计所不希望的。因此,系统的快速性能和阻尼性能之间存在矛盾。为了保持系统既具有一定的稳定性又要有一定的快速性能,只有采用合适的折中办法方能实现。

1. 接线图

二阶系统接线如图 1.2-1 所示。

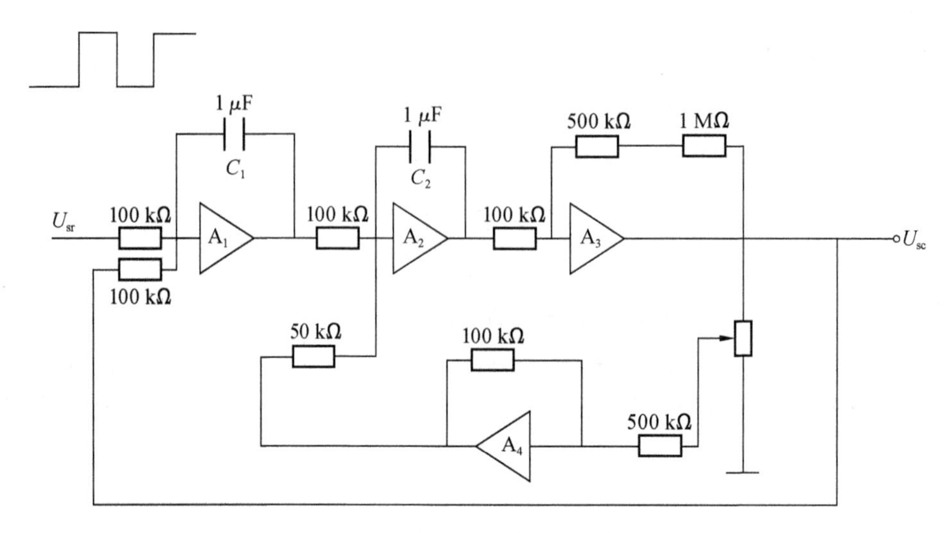

图 1.2-1　二阶系统接线图

2. 方框图

二阶系统方框图如图 1.2-2 所示。

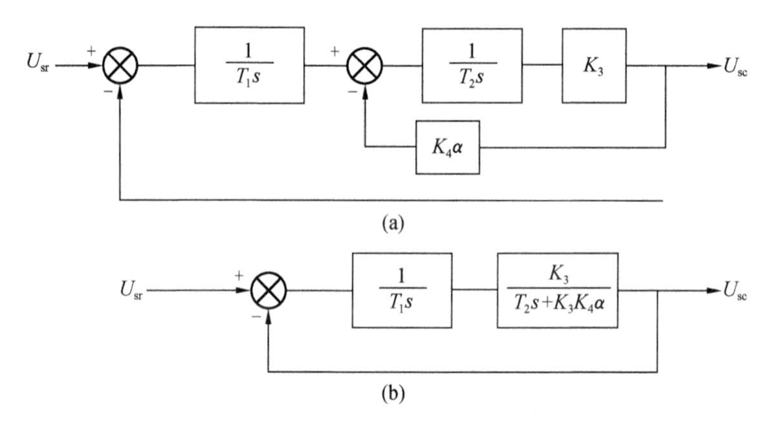

图 1.2-2　二阶系统方框图

由图 1.2-2 可得该系统的传递函数为

$$G(s)=\frac{U_{sc}(s)}{U_{sr}(s)}=\frac{K_3}{T_1 s(T_2 s+K_3 K_4 \alpha)+K_3}$$

$$=\frac{1}{(T_1 T_2)/K_3 s^2+K_4 \alpha T_3 s+1} \tag{1.2-1}$$

时间常数 $T=\sqrt{\frac{T_1 T_2}{K_3}}$，无阻尼自振角频率 $\omega=\frac{1}{T}$，阻尼比 $\zeta=\frac{K_4 \alpha T_1}{2T}=\frac{K_4 \alpha}{2}\sqrt{(T_1/T_2)K_3}$。

例：若 $T_1=T_2=T_3$，则 $T=\frac{T_0}{\sqrt{K_3}}$。

当 $C_1=C_2=1\ \mu\mathrm{F}$，$T_0=0.1$ s，$K_3=10$ 时，$T=0.0316$ s，$\omega=31.6$ rad/s，$f=5$ Hz；

当 $C_1=C_2=1\ \mu F, T_0=0.1\ s, K_3=1$ 时，$T=0.1\ s$，$\omega=10\ rad/s$，$f=1.6\ Hz$。

由 $\zeta=\frac{K_4\alpha}{2}\sqrt{(T_1/T_2)K_3}=\frac{\alpha}{2}\sqrt{K_3}(K_4=1, T_1=T_2)$得

当 $K_3=10$ 时，$\zeta=1.58\alpha$；

而当 $K_3=1$ 时，$\zeta=0.50\alpha$。

根据 T 及 ζ 的值，依下述各式可求其参量：

无阻尼自振角频率

$$\omega_n=\frac{1}{T} \tag{1.2-2}$$

无阻尼自振频率

$$f=\frac{1}{2\pi T} \tag{1.2-3}$$

阻尼自振角频率

$$\omega_d=\omega_n\sqrt{1-\zeta^2} \tag{1.2-4}$$

衰减系数

$$\sigma=\omega n\zeta \tag{1.2-5}$$

超调量

$$M_p=e^{-\pi/\sqrt{1-\zeta^2}}\times 100\% \tag{1.2-6}$$

峰值时间

$$t_p=\frac{\pi}{\omega_d} \tag{1.2-7}$$

调整时间

$$t_s=\frac{3}{\sigma} \tag{1.2-8}$$

上升时间

$$t_r=\frac{2\pi}{\omega_d} \tag{1.2-9}$$

五、实验内容及步骤

1. 将各运算放大器接成比例环节(反馈电阻调到最大)并调零。

2. 调整好方波信号源，频率调到 1 Hz 以下。

3. 断开电源，按图 1.2-1 接线，经检查无误后再闭合电源。按以下步骤进行实验记录：

① 令 $C_1=C_2=1\ \mu F, K_4=1, K_3=10$，保持输入信号幅度不变，依表 1.2-1 所列 α 的变化值逐次改变 α，记录表内所列各项参数，并与理论值比较。

② 令 $C_1=C_2=1\ \mu F, K_4=1, K_3=1$，观察 ω_n 的变化，以及改变 α 时阶跃响应曲线的变化。

③ 令 $C_1=C_2=1\ \mu F, K_4=1, K_3=10, \alpha=0.33$，输入信号改为阶跃信号，记录 $U_{sc}(t)$ 的瞬间响应曲线并与理论曲线比较，填写表 1.2-2。

表 1.2-1 保持输入信号不变，改变 α 时各参数的变化

α	数值	ζ	ω_n/s^{-1}	f/Hz	ω_d/s^{-1}	σ/s^{-1}	U_{sc}/V	M_p/%	t_p/ms	t_s/ms
0	理论									
	实验									
0.13	理论									
	实验									
0.33	理论									
	实验									
0.44	理论									
	实验									
0.63	理论									
	实验									

表 1.2-2 输入信号为阶跃信号时的瞬态响应

t/ms							
U_{sc}/V							

六、思考题

1. 结合实验数据进一步从物理意义上分析改变系统参数对系统瞬态响应参数的影响。

2. 通过实验总结出观察一个实际二阶系统阶跃响应的方法。

七、实验报告

1. 根据理论计算和实验观测，填写表 1.2-1 中各数据。

2. 绘制实验步骤③所要求的二阶系统瞬态响应曲线。

八、选做实验内容

1. 实验目的：了解二阶系统参数 T 对系统动态特性的影响。

2. 实验接线同 1.2-1。

3. 实验步骤。

其他步骤同前，参数按以下要求调整：

$K_3=1, K_4=1, Z=1, C_1=C_2=C_3$ 依次取 10 μF，1 μF，0.1 μF，0.01 μF，3300 pF，用 C 取代图 1.2-1 中的 C_1 和 C_2，分别按表 1.2-2 中要求的各项记录实验结果（主要是 M_p，t），并描述每组参数时的阶跃响应曲线（由示波器的“时标”定时间）。

实验三　系统频率特性的测试

实验学时:2
实验类型:综合
实验要求:必修
实验教学方法与手段:教师面授+学生操作

一、实验目的

1. 掌握频率特性的测试方法。

2. 通过二阶和三阶系统频率特性测试,比较实验结果与理论计算结果,验证频率法分析系统的正确性。

二、预习要求(控制系统频率特性的测试与研究)

1. 理解李萨氏图形法测试频率特性的原理及方法,设计记录的表格。

2. 按实验内容所给线路作 Bode 图,初步选择实验测试值。

3. 利用 MatLab 软件,对二阶、三阶系统进行仿真,掌握利用 MatLab 软件测试系统的频率特性的方法。

4. 在 MatLab 软件的 Simulink 模块画出系统的方框图。

5. 以正弦信号为输入信号,保持幅值不变,改变角频率,观察并记录放大倍数、相位差角。

6. 根据记录的放大倍数、相位差角作出 Bode 图。

三、实验设备和仪器

1. KJ82-1 控制系统学习机 1 台。

2. SBD-6 超低频双踪示波器 1 台。

3. XD5 超低频信号发生器 1 台。

4. 计算机。

四、实验原理

测定自动控制系统或元件的频率特性一般有些种方法:一是采用专门设备,如超低频频率特性测试仪 BT5;二是采用李萨氏图形法。前者测量误差大,过程繁琐,但不需要专门设备,比较容易实现,一个低频信号发生器和一台双线示波器即可。本实验采用李萨氏图形法测试。

对如图 1.3-1 所示系统加一个正输入信号 U_{sr},系统就对应产生一个输出信号 U_{sc}。

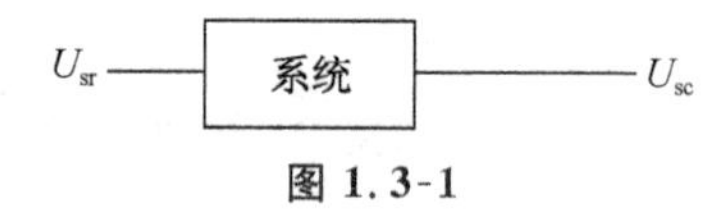

图 1.3-1

设系统输入 $U_{sr}=A_1(\omega)\sin\omega t$，系统输出 $U_{sc}=A_2(\omega)\sin[\omega t+Q(\omega)]$，则该系统频率特性为

$$G(j\omega)=\frac{U_{sc}}{U_{sr}}=\frac{A_2(\omega)\sin[\omega t+Q(\omega)]}{A_1(\omega)\sin\omega t}=A(\omega)\angle Q(\omega) \quad (1.3\text{-}1)$$

式中：$A(\omega)=\dfrac{A_2(\omega)}{A_1(\omega)}$为幅频特性；$Q(\omega)$ 为相频特性。

1. 频率特性测试(比较法)

频率特性测试如图 1.3-2 所示。

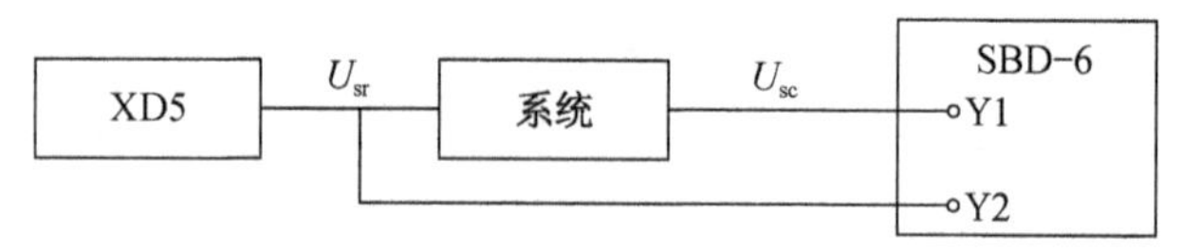

图 1.3-2 频率特性测试图

将 U_{sr}，U_{sc}分别送入示波器的输入 Y1，Y2，分别读出其最大值 Y_{MA1}，Y_{MA2}。为了读取方便，读出其双峰值 $2Y_{MA1}$，$2Y_{MA2}$，则其幅频特性为

$$A(\omega)=\frac{2Y_{MA2}(\omega)}{2Y_{MA1}(\omega)}=\frac{Y_{MA2}(\omega)}{Y_{MA1}(\omega)} \quad (1.3\text{-}2)$$

这样，通过选取一系列的 ω 值，便可得到一组相应的数据，即可作出 $A(\omega)=f(\omega)$ 函数曲线，从而最终求得幅频特性曲线。

2. 相频特性测试(李萨氏图形法)

相频特性测试如图 1.3-3 所示。

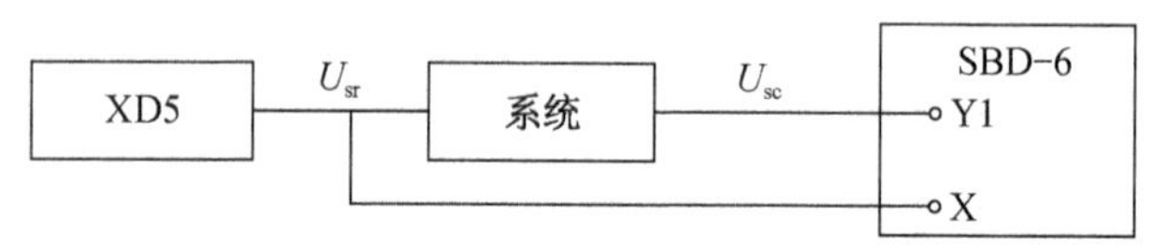

图 1.3-3 相频特性测试图

从 X 输入端输入 $U_{sr}=X_M\sin\omega t$，从 Y1 输入端输入 $U_{sc}=Y_M\sin[\omega t+\theta(\omega)]$，沿 X 轴分量和 Y 轴分量的光点形成的图形便是李萨氏图形，如图 1.3-4 和图 1.3-5 所示。

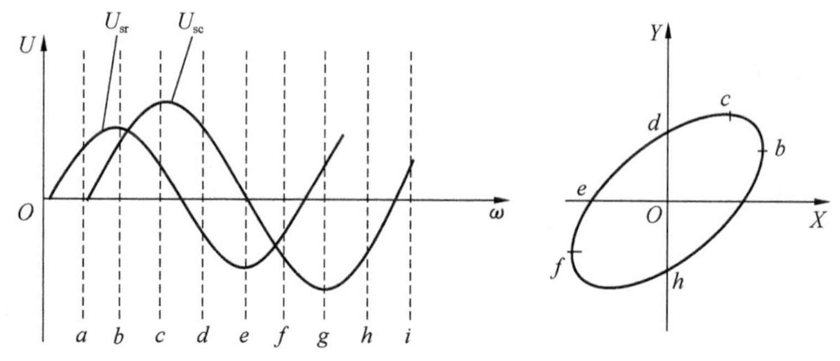

图 1.3-4 李萨氏图形(Ⅰ)

当 $\omega t=0$ 时，有

$U_{sr}(0)=X_M\sin 0$

$U_{sc}(0)=Y_M\sin(0+\theta)=Y_M\sin\theta$

则

$$\sin\theta=\frac{Y(0)}{Y_M}$$

$$\theta=\arcsin\frac{Y(0)}{Y_M}$$

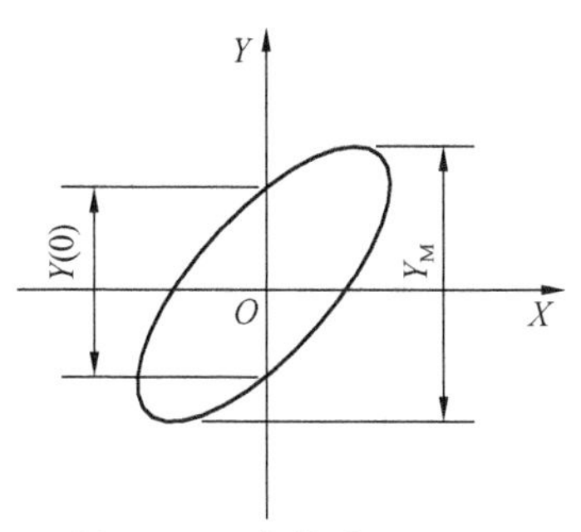

图 1.3-5 李萨氏图形(Ⅱ)

据合成原理，椭圆的长短轴位置随 θ 的不同而不同，θ 的重复超前或滞后，与光点的旋转和示波器的扫描方向有关，就 SBD-6 示波器而言，其计算结果见表 1.3-1。

表 1.3-1 不同 Q 值的椭圆形状及计算式

滞后相位	0～90°	90°	90°～180°	180°	180°～270°
图形					
计算式	二，四象限：$\arcsin\frac{Y_m}{Y(0)}$	90°	一，三象限：$180°-\arcsin\frac{Y_m}{Y(0)}$	0°	$180°+\arcsin\frac{Y_m}{Y(0)}$

注意：在该实验中，因为系统由 3 个反相的运算放大器接成惯性环节和比例环节组成，故当相位超前或滞后角为 0°时，相位差就等于 180°，即反相。同理，选取一系列的 ω 值，便可得到一组数据，通过计算可作出 $\theta(\omega)=f(\omega)$ 的函数曲线，即相频特性曲线。

五、实验内容

1. 实验内容

给定系统接线图及方框图如图 1.3-6 所示。图 1.3-7 所示为相应的简化方框图。

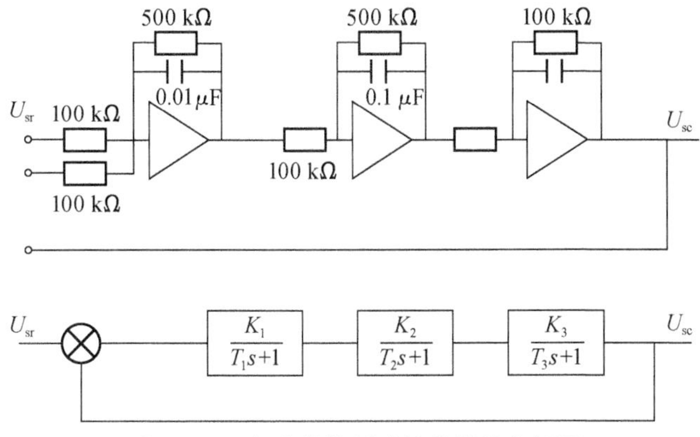

图 1.3-6 频率特性测试接线图及方框图

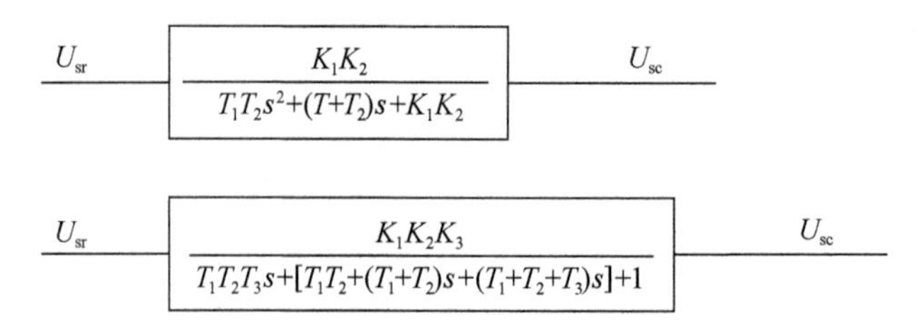

图 1.3-7 频率特性测试简化方框图

① 测量二阶系统的开环频率特性。

② 将二阶系统接成闭环，测量其频率特性。

③ 将二阶系统改为三阶系统，测量系统开环频率特性。

2. 实验步骤

(1) 幅频特性测试。

按图 1.3-1 和 1.3-3 接线。

改变输入信号频率，将测得的输入、输出数据填入所列的表格中。

(2) 相频特性测试。

① 按图 1.3-2 和 1.3-3 接线。

② 改变输入信号频率，观察各频率下的李萨氏图形，记录其光点旋转方向、长短轴所在象限、测量 Y_b 值和 Y_M 值，并填入表格。

(3) 把系统的 ab 相连，接成闭环系统，实施步骤 1 和 2。

(4) 将 A_2 的反电容接入电路，断开 ab 连线，同样实施步骤 1 和 2。

六、实验报告

1. 根据所测数据，在半对数坐标纸上绘出实验曲线与理论曲线并进行比较，分析误差原因。

2. 根据所测得的开环频率特性，讨论闭环系统的稳定性和动态品质指标。

第2章 机械工程测试技术

实验一 动态信号频谱分析

实验学时:2
实验类型:综合
实验要求:必修
实验教学方法与手段:教师面授+学生操作

一、实验目的

1. 了解复杂时域信号的频率结构及频谱分析方法。
2. 学习 hp-35665A 动态信号分析仪及 X-Y 函数记录仪的使用方法。

二、实验设备和仪器

1. XD5 超低频信号发生器 1 台。
2. JCM-HI 磁带记录仪 1 台 。
3. hp-35665A 动态信号分析仪 1 台。
4. X-Y 函数记录仪 1 台。
5. SBE-7 双踪示波器 1 台。

三、实验原理

在测试中,往往需要了解信号的频率成分,确定信号中各成分量的频率、振幅和相位,以便观察和研究各个频率分量如何受到测量系统的影响,以及分析产生这些频率成分的原因。

周期信号中最简单的形式是正弦信号,其数学表达式可写成

$$g(t)=A\sin(\omega t+\theta_0) \tag{2.1-1}$$

式中:A 为峰值(幅值);ω 为角频率;θ_0 为初相角。

人们可以用不同频率的正弦信号叠加成任何复杂形状的周期信号。反之,任何复杂的周期信号也可以分解为一系列的正弦信号。根据傅氏级数理论,在满足狄里克雷条件下,任何复杂的周期函数均可以展成傅氏级数,即有

$$x(t) = a_0 + \sum_{n=1}^{\infty}(a_n \cos n\omega t + b_n \sin n\omega t)\ (n = 1,2,3,\cdots) \quad (2.1\text{-}2)$$

式中：

$$a_0 = \frac{1}{T}\int_0^T x(t)\,\mathrm{d}t \quad (2.1\text{-}3)$$

$$a_n = \frac{2}{T}\int_0^T x(t)\cos nt\,\mathrm{d}t \quad (2.1\text{-}4)$$

$$b_n = \frac{2}{T}\int_0^T x(t)\sin nt\,\mathrm{d}t \quad (2.1\text{-}5)$$

上式表明：

(1) 任何复杂的周期信号 $X(t)$ 都等于其平均值 a_0 加上一系列正、余弦的各次谐波分量之和。

(2) 各频率分量由基频 ω 开始以整倍数增加，直至无穷大。

若干不同频率的正弦(也包括余弦)信号可以叠加成任何复杂的周期信号，如图 2.1-1 所示。

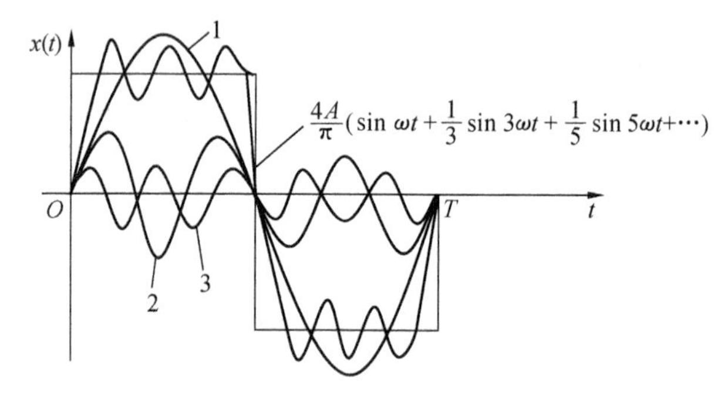

图 2.1-1　方波中的谐波分量

频谱分析仪可用于研究和分析复杂周期信号中谐波分量的频率和振幅，有助于模拟中心频率连续可调的外差式频谱。频谱分析仪原理框图如图 2.1-2 所示。

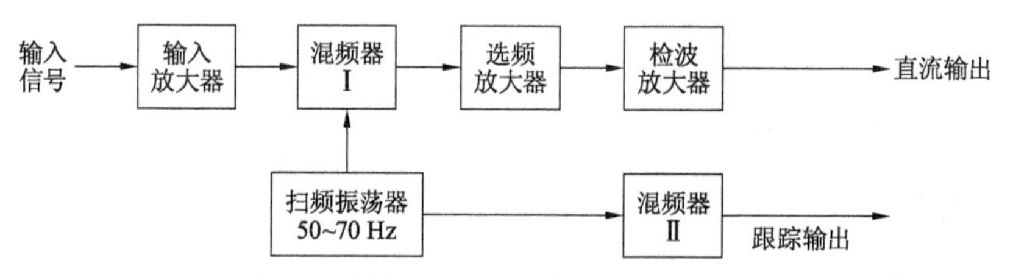

图 2.1-2　频谱分析仪原理简图

工作时，被分析的信号从输入端进入仪器后，经输入端放大器放大或衰减到合适电平，再经低通滤波后送至混频器Ⅰ与扫频振荡器的扫频信号混频，但当被测信号中某一分量的频率与扫频信号相差 50 kHz 时，选频放大器输出经检波放大后得到的直流输出，即为被测信号中这一频率分量的幅值。若不断改变扫频振荡器的振荡频率，则可分析被测信号中的各谐波分量。

四、实验内容及步骤

本实验装置由 XD5 超低频信号发生器、JCM-HI 带记录仪、hp-35665A 动态信号分析仪、X-Y 函数记录仪及 SBE-7 双踪示波器组成，其框图如图 2.1-3 所示。

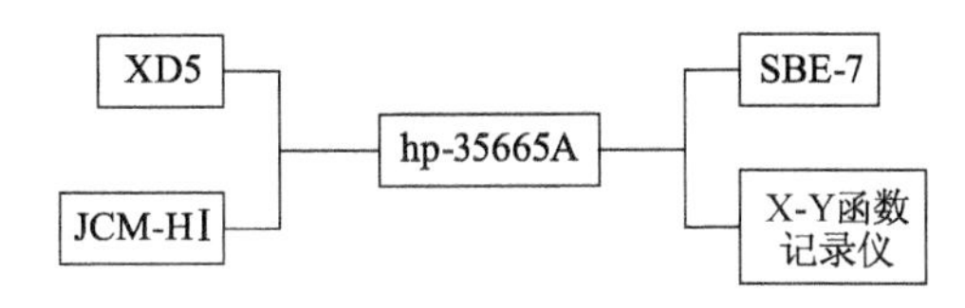

图 2.1-3 实验装置框图

1. 准备工作

(1) 信号发生器 XD5 的输出接 hp-35665A 动态信号分析的输入；JCM-HI 的输出也接 hp-35665A 分析仪的输入。

(2) 调试 hp-35665A 动态信号分析仪。

2. 手动分析

(1) 开启信号发生器 XD5，输入标准正弦信号，分析被测信号的谐波是否唯一，且与基波频率相同，当正弦信号变形，不是标准正弦方波信号时，谐波将发生变化并出现其他的谐波分量。

(2) 输入标准方波信号，分析被测信号的谐波不得少于 5 个，将数据填入表 2.1-1。

(3) 置信号发生器 XD5 于锯齿波输出，做与方波相同的分析和记录，比较二者出现谐波分量的频率与幅值。

(4) 用 JCM-HI 磁带记录仪输出事先已记录的普通机床噪声信号，然后进行自动扫描来分析其频率成分。

表 2.1-1 实验结果

谐波出现顺序	1	3	5	7	9	11
谐波频率(Hz)						
电表指示(谐波幅值)						

五、实验报告

1. 画出被测信号的频谱图。
2. 写出被分析信号的数学表达式并展开成傅氏级数。
3. 画出被测信号由前 5 个谐波分量合成的一周期信号波形。

实验二 电桥和差特性及动态应变仪的应用

实验学时：2

实验类型：验证

实验要求：必修

实验教学方法与手段：教师面授＋学生操作

一、实验目的

1. 了解应变片的结构、种类及粘贴工艺。

2. 利用不同的接桥方式对等强度梁进行应变测量，以达到熟练运用电桥和差特性解决测量问题的目的。

3. 了解动态应变仪的使用。

二、实验设备和仪器

1. 等强度梁。

2. 万用表。

3. 惠斯顿电桥。

4. 应变片及 KH502 胶水、丙酮、电铸铁等材料和工具。

5. TS3828 动态应变仪。

三、实验原理

图 2.2-1 是直流电桥，4 个桥臂由电阻 R_1, R_2, R_3, R_4 组成；A 和 C 为电桥电源端，B 和 D 为输出端。

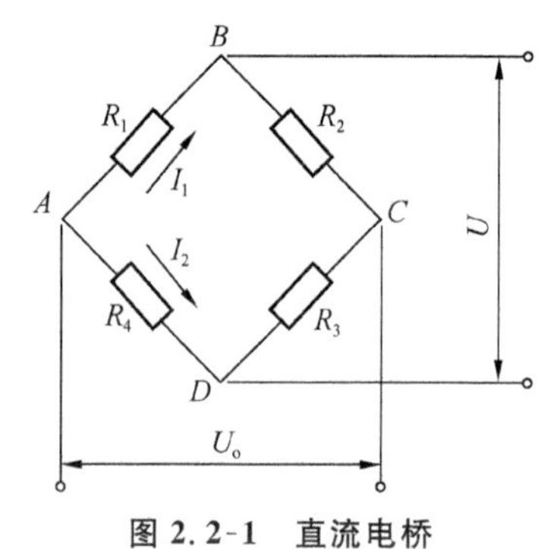

图 2.2-1 直流电桥

电桥输出端开路电压：

$$U = U_{AB} - U_{AD} = [R_1/(R_1+R_2) - R_4/(R_3+R_4)] \cdot U_o$$
$$= (R_1R_3 - R_2R_4)U_o/(R_1+R_2)(R_3+R_4) \tag{2.2-1}$$

当电桥的 4 个桥臂都由应变片组成时，工作时各桥臂的电阻都将发生变化，电桥也将有电压输出；当供桥电压一定且 $\Delta R_i \ll R_i$ 时，对上式进行全微分，即可求得电桥输出电压的增量：

$$dU = U_oR_1R_2/(R_1+R_2)^2(dR_1/R_1 - dR_2/R_2) +$$
$$U_oR_3R_4(R_3+R_4)^2(dR_3/R_3 - dR_4/R_4) \tag{2.2-2}$$

在各桥臂电阻相等时，即 $R_1 = R_2 = R_3 = R_4$，则得

$$dU = U_o(dR_1/R_1 - dR_2/R_2 + dR_3/R_3 - dR_4/R_4) \tag{2.2-3}$$

当各桥臂应变片灵敏度系数 K 相同且 $\Delta R_i \ll \Delta R_i$ 时，由电阻增量和应变的关系，可将上式(2.2-3)表达为

$$\Delta U=U_oK(\varepsilon_1-\varepsilon_2+\varepsilon_3-\varepsilon_4)/4 \tag{2.2-4}$$

式中：ε_1，ε_2，ε_3，ε_4 分别表示各应变片的应变系数。

式(2.2-4)表达了电桥的一个重要特性——加减特性。

(1) 单臂工作时，若 R_1 为工作臂，则式(2.2-4)变为

$$\Delta U=U_oK\varepsilon/4$$

(2) 当 2 个相邻臂工作时，即 R_1，R_2 为工作臂，则式(2.2-4)变为

$$\Delta U=U_oK(\varepsilon_1-\varepsilon_2)/4$$

且当 $\varepsilon_1=\varepsilon_2$ 时，$\Delta U=0$；当 $\varepsilon_1=-\varepsilon_2$ 时，$\Delta U=2(U_oK\varepsilon_1/4)$。

(3) 当 2 个相对臂工作时，即 R_1，R_3 为工作臂，则式(2.2-4)变为

$$\Delta U=U_oK(\varepsilon_1+\varepsilon_3)/4$$

且当 $\varepsilon_1=\varepsilon_3$ 时，$\Delta U=2(U_oK\varepsilon_1/4)$；当 $\varepsilon_1=-\varepsilon_3$ 时，$\Delta U=0$。

由上述电桥的加减特性可知，无论是由半臂测量还是由全桥测量，都可以通过不同的组桥方式来提高测量的灵敏度和消除不需要的成分。

四、实验内容及步骤

本实验装置由温度应变片、等强度梁、电桥盒、动态应变仪、X-Y 函数记录仪、SC-16 光线示波器组成，其框图如图 2.2-2 所示。

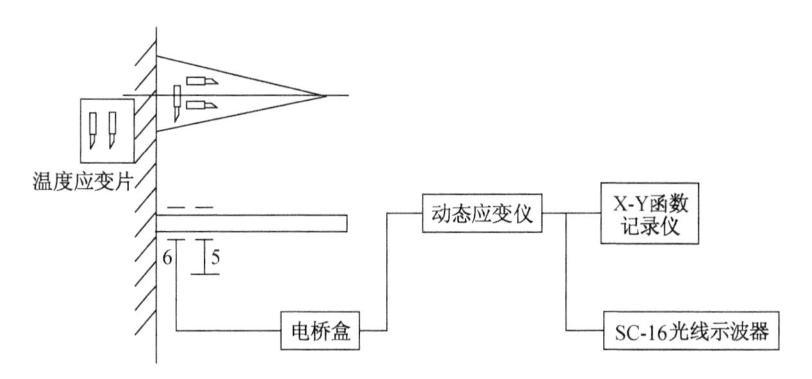

图 2.2-2 实验装置框图

实验步骤如下：

1. 阅读动态应变仪原理及使用方法的介绍，熟悉面板上各旋钮、开关、表盘的作用。

2. 粘贴应变片。

(1) 贴片表面处理：首先清理梁表面的锈、油污，然后用细砂皮打磨出与应变片轴线成 45°和 135°的交叉细纹，最后再用丙酮或酒精清洗表面。

(2) 贴片：在应变片的粘贴表面(注意：没有焊锡点的一面为粘贴面)用 502 胶水涂匀，静置几秒，而后在梁的贴片上滴一小滴 502 胶水，来回移动并找准适当位置，再在应变片上放上聚乙烯薄膜，最后用大拇指由应变片的一端压向另一端，以挤出多余的胶水和空气，几分钟后去掉压力，即可待胶水固化后去掉薄膜。

(3) 检查贴片质量：先观察有无气泡和漏贴现象及应变片有无损坏，再用万用表检查，应变片的电阻值应小于 120 Ω，绝缘电阻应大于 10 Ω，合格后在焊接引线并进行表面

保护。

3. 接桥测量法。

本实验有半桥和全桥 2 种测量法。

(1) 半桥测量法：电桥盒内装有 2 个 120 Ω 精密无感电阻 R_0 作为内半桥，用短接片接电桥盒的接线柱 1—5，3—7，4—8，再在接线柱 1 和 2、2 和 3 之间接上测量应变片作为外半桥即可测量，具体接线如图 2.2-3a 所示。

(2) 全桥测量法：去除短接片，使 R_0 测量桥断开，再在接线柱 1 和 2、2 和 3、3 和 4、4 和 1 间各接测量应变片即可测量，具体接线如图 2.2-3b 所示。

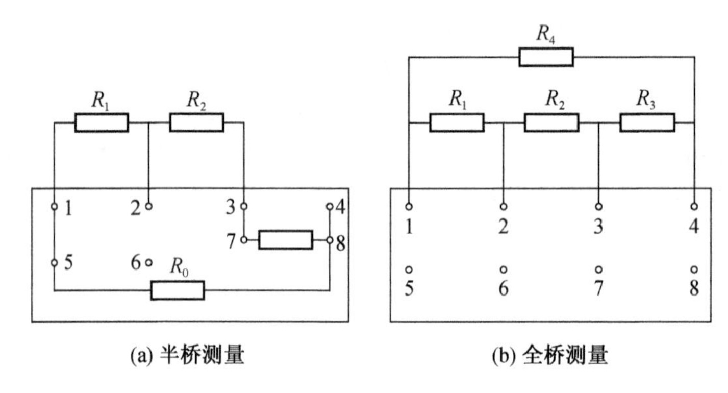

图 2.2-3 接桥测量法接线

4. 按图 2.2-4 接线，图中补偿片的作用是进行温度补偿，要求它与梁上的工作片处于相同的温度中。电桥接好后，调节 Y6-3A 至平衡，然后加载，则 Y6-3A 有输出，X-Y 函数记录仪或 SC-16 光线示波器记录幅值，数据填于表 2.2-1 中。重量 Y6-3A 衰减器为"0"，则卸载。

5. 继续按图 2.2-4b，c，d，e，f 接线进行实验，直至全部测量完毕。

6. 分别对图 2.2-4a 中工作片及工作片与补偿片二者加热，观察其输出的变化。

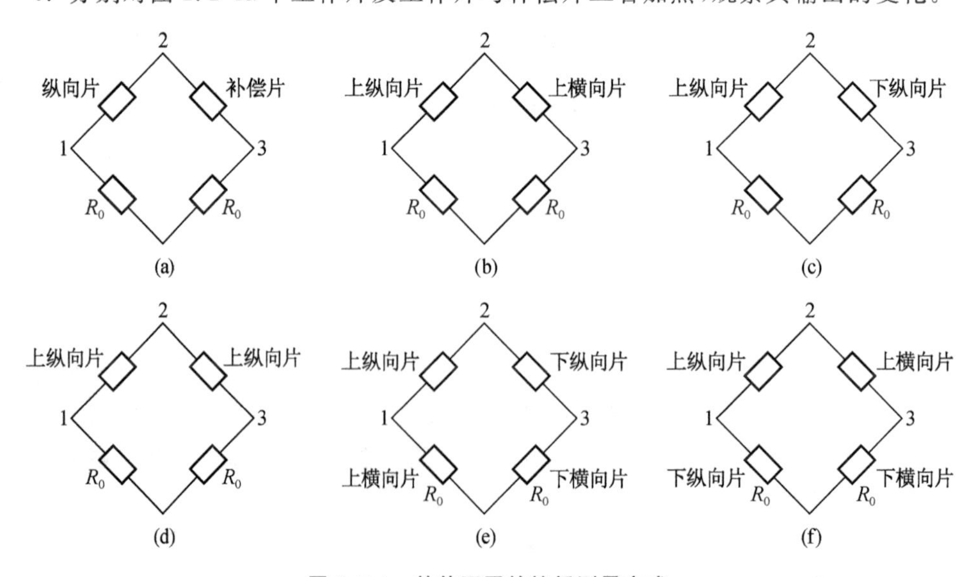

图 2.2-4 其他不同的接桥测量方式

表 2.2-1 不同接桥方式应变读数

序号	接线方式	应变读数	备注
1	a		
2	b		
3	c		
4	d		
5	e		
6	f		

五、实验报告

1. 通过记录表格 2.2-1 的数据，计算各接桥形式的桥臂系数，并说明如何用电桥特性来提高灵敏度和消除不利影响。

2. 从温度的影响来说明应变片的温度特性，并说明消除温度误差的方法。

3. 计算等强度梁的材料弹性模量和泊松比。

4. 图 2.2-4b 电路的输出应为多少？为什么？

实验三 光线示波器振子幅频、相频特性测量

实验学时：2

实验类型：综合

实验要求：必修

实验教学方法与手段：教师面授＋学生操作

一、实验目的

1. 掌握 SC-16 光线示波器的使用方法。

2. 了解 FC6-120（或 FC6-400）振子的幅频、相频特性。

3. 了解正确选用光线示波器振子的方法。

二、实验设备和仪器

1. XD7 信号发生器 1 台。

2. SC-16 光线示波器 1 台。

三、实验原理

1. 光线示波器的结构及振动子特性

光线示波器由振动子、磁系统、光学系统、记录纸传动装置及时标装置等部分组成，如图 2.3-1 所示。

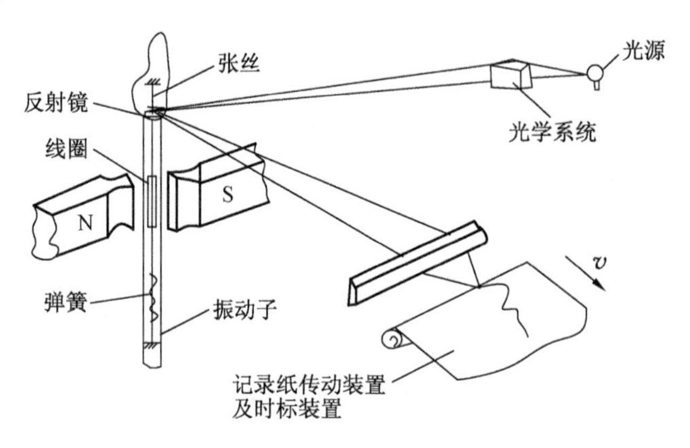

图 2.3-1 光线示波器结构简图

光线示波器的主要部件振动子相当于一个磁电式检流计，当有信号电流经张丝流过线圈时，在磁场电磁力矩的作用下，线圈将带着装在张丝上的反射镜一起偏转，使由光源射来的光束再反射到感光纸带上的光点做横向移动，而此时的感光纸带又做匀速运动，这样就实现了对信号的记录。

振动子是一个单自由度扭振系统，且是一个二阶系统，其力学模型为

$$J\frac{\mathrm{d}^2\theta}{\mathrm{d}t^2}-c\frac{\mathrm{d}\theta}{\mathrm{d}t}-G\theta=K_i \tag{2.3-1}$$

式中：J 为振动子转动部分的转动数量；θ 为振动子的转角；G 为扭转阻尼系数；K_i 为比例系数，与磁场强度、线圈面积、匝数等有关。

当输入的信号电流为直流时，在达到稳态后，有

$$J\frac{\mathrm{d}^2\theta}{\mathrm{d}t^2}=0, c\frac{\mathrm{d}\theta}{\mathrm{d}t}=0$$

故得其静特性为

$$\theta=K_i\frac{I}{G}=S_0 I \tag{2.3-2}$$

式中：$S_0=K_i/G$ 为振动子常数；I 为电流强度。

式(2.3-2)表明，在静态下，线圈转角与电流强度成正比。

对于其动态特性，同样可利用式(2.3-1)求得它的频率响应函数为

$$H(\mathrm{j}\omega)=\frac{K_i}{-\omega^2 J+\mathrm{j}c\omega+G}=\frac{\dfrac{K_i}{G}}{1-\left(\dfrac{\omega}{\omega_n}\right)^2+2J\zeta\left(\dfrac{\omega}{\omega_n}\right)} \tag{2.3-3}$$

而幅频特性 $A(\omega)$和相频特性 $\phi(\omega)$为

$$A(\omega)=\frac{\frac{K_{\mathrm{i}}}{G}}{\sqrt{\left[1-\left(\frac{\omega}{\omega_n}\right)^2\right]^2+4\zeta^2\left(\frac{\omega}{\omega_n}\right)}} \tag{2.3-4}$$

$$\phi(\omega)=-\arctan\left[\frac{2\zeta\left(\frac{\omega}{\omega_n}\right)}{1-\left(\frac{\omega}{\omega_n}\right)^2}\right] \tag{2.3-5}$$

式中：ω 为信号电流的角频率，$\omega=2\pi f$；ω_n 为振动子扭转系统的固有频率，且 $\omega_n=\sqrt{\frac{G}{J}}$；$\zeta$ 为振动子扭转系统的阻尼率，且 $\zeta=\frac{c}{2\sqrt{GJ}}$。

2. 实验原理及测量系统

振动子作为一个二阶测量系统，其输入为电流，输出为转角或光点在记录纸上的摆动幅度。为保证测量精度，应要求光点摆动的幅度和相位能正确反映输入信号电流的幅值与相位，但振动子在输入幅值相同而频率不同的正弦电流状态下，振动子所产生的摆动幅度和相位都是不同的。由于 FC6-1200 振动子的固有频率高，在工作频率范围远小于其固有频率的情况下，可以将 FC6-1200 振动子输出信号作为基准来测量固有频率较低的被测振动子 FC6-120 的幅频和相频特性。其测量系统如图 2.3-2 所示。

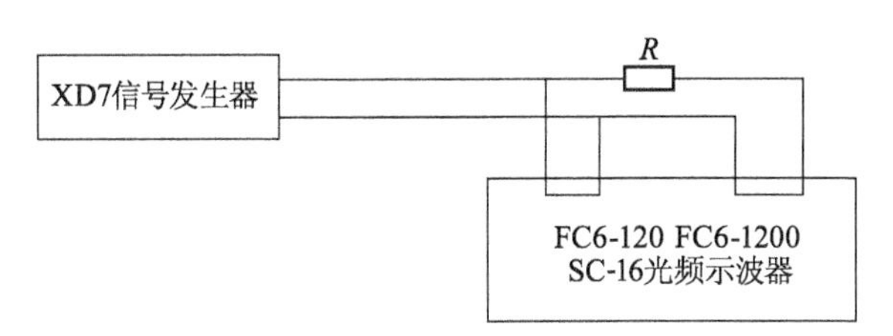

图 2.3-2 测量系统框图

FC6-1200 振动子是电磁阻尼，阻尼率的大小取决于振动子外电路的电阻值。为了保证阻尼率为 0.7，电磁阻尼振动子对外电阻值有要求，如果信号源阻抗与振动子要求的外阻不匹配，可以在振动子输入端串接或并接一只电阻，以满足阻抗匹配的要求，否则将引起测量误差增大。本实验应在输入端串接入 300±100 Ω 的电阻。

四、实验内容及步骤

1. 按图 2.3-2 连接线路，接通光线示波器电源，此时电源指示灯亮，预热 10 min。

2. 按起辉按扭并锁紧，将高压水银灯点亮，置光点光挡及分格光挡开关于中间位置，过 5 min，观察屏面上有无细小光点（若灯泡熄灭，则需要待冷却后再起辉）。

3. 调节振动子光点位置。

首先把两个振动子插入光线示波器 SC-16 后面的中间磁钢中，用专用螺丝刀调节振动子的偏转和仰角，使光点落在记录纸中间的位置上（两点最好重合）；调好后紧固磁钢螺丝。

4. 将 XDT 的输出旋钮置于最小位置，然后打开其电源，把频级开关打至 20～200 Hz，观察 SC-16 光点移动范围，确定 XD7 的输出电压。

5. 按下 SC-16 电抗按钮并锁紧，按表 2.3-1 顺序调节 XD7 的输出频率、SC-16 的走纸速度及拍摄长度(在此过程中 XD7 输出电压保持不变)。

表 2.3-1 调节参数

序号	1	2	3	4	5	6	7	8	9	10
信号频率/Hz	20	40	60	80	100	110	120	130	140	150
走纸速度 v/(mm/s)	500	1000	1000	1000	2500	2500	2500	2500	2500	2500
每次拍摄长度 L/m	0.2	0.2	0.2	0.2	0.3	0.3	0.3	0.3	0.3	0.3

6. 按下拍摄长度按钮，记录纸输出规定的长度后便自动停止，放开拍摄按钮，并在记录纸上注明 f_0。

7. 拍摄后的记录纸在室内光线下曝光 50 s～1 min，即可呈现被记录的曲线。

五、实验报告

1. FC6-1200 振动子的幅频特性

(1) 计算幅值比和频率比，填入表 2.3-2。表中：A_- 为直流信号幅值，这里采用第一次输入信号频率 $f=20$ Hz 的幅值；$A_\sim$ 为 f 为不同频率时振动子记录的波形幅值。

表 2.3-2 FC6-1200 振动子的幅值比和频率比

序号	1	2	3	4	5	6	7	8	9	10
f/Hz	20	40	60	80	100	110	120	130	140	150
$A_\sim$/mm										
$A_\sim/A_-$										

(2) 按表 2.3-2 中的幅值比在图 2.3-3 中绘制幅频特性曲线，其中 f_0 为振动子的固有频率。

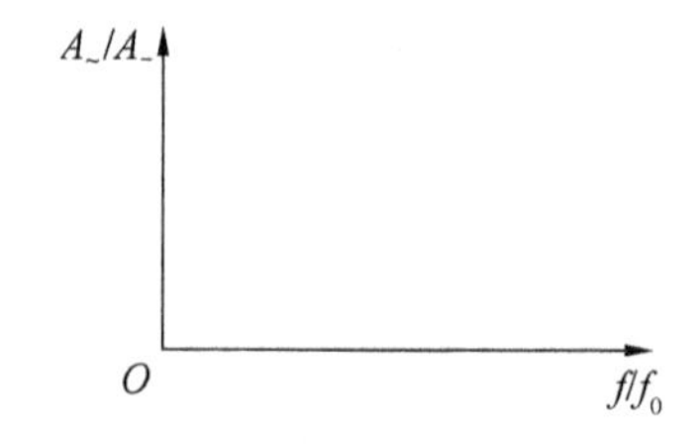

图 2.3-3 FC6-1200 振动子幅频特性图

2. FC6-1200 振动子的相频特性

(1) 参见图 2.3-4 量出振动子波形一个周期的长度 L 和 FC6-1200 振动及相对 FC6-1200 振动子波形的滞后距离 l，计算输入频率不同时，FC6-1200 振动子相对 FC6-1200 振动子的相位滞后角 φ'，并记入表 2.3-3。

$$\varphi'=-360°l/L \tag{2.3-6}$$

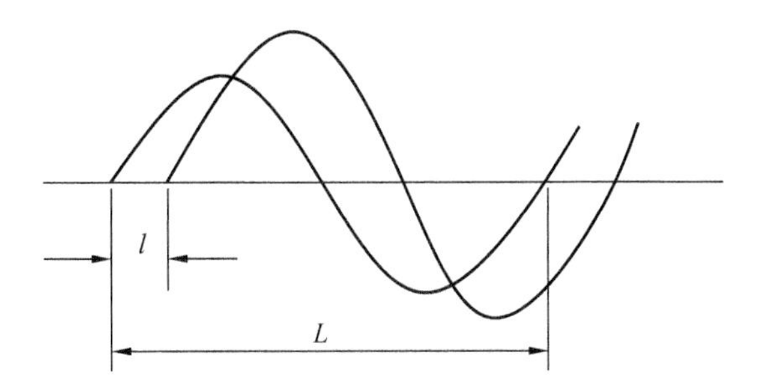

图 2.3-4 波形图

表 2.3-3 FC6-1200 振动子的相频特性相关参数

f/Hz	20	40	60	80	100	110	120	130	140	150
f/f_0										
l/mm										
L/mm										
φ'/(°)										
φ''/(°)										
φ/(°)										

表中：ϕ''为修正量，本实验是以 FC6-1200 振动子的相位为基准，而它本身在不同频率下，亦有相位差（滞后）；ϕ 为 FC6-1200 振动子相位差；f 为信号输入频率。

(2) 按上式(2.3-14)计算出的 φ 值并绘出相频特性图（见图 2.3-5）。

图 2.3-5 FC6-1200 振动子相频特性图

(3) 计算当频率 f 为 60，100 和 140 Hz 时，FC6-1200 振动子的幅值比 $A_{\sim}/A_{-}$ 和相位差，设阻尼率为 0.7，并与实验测出的值比较，分析产生误差的原因。

第3章 微机原理与应用

实验一　数据排序(基本程序设计)

实验学时:2
实验类型:验证
实验要求:必修
实验教学方法与手段:教师面授+学生操作

一、实验目的

1. 了解仿真器及其集成开发环境等开发工具和集成开发环境的基本操作。
2. 掌握 MCS-51 单片机的指令系统和程序设计及其调试的基本方法。
3. 了解实验教学系统的基本构成和仿真器的功能。
4. 编写并调试一个排序程序,其功能是采用冒泡法将内部 RAM 中的 50 个单字节无符号数按从小到大的顺序重新排列。

二、实验设备和仪器

1. 带有伟福单片机调试环境的 PC 机 1 台。
2. 仿真试验仪 1 套。
3. 导线若干。

三、实验原理

有序的数列更有利于查找,常采用"冒泡排序法"排序。"冒泡排序法"是将一个数与后面的数相比较,如果比后面的数大,则交换,如此,将所有的数比较一遍后,最大的数就会在数列的最后面。再进行下一轮比较,找出第二个大的数据,直到全部数据有序。

四、实验内容及步骤

1. 画流程图并编写程序代码。图 3.1-1 为数据排序程序流程图。
2. 编译程序,软件调试,并通过单步执行方式观察数据排序的基本过程和对相关寄存器的影响过程。
3. 再做一组随机数,验证程序。

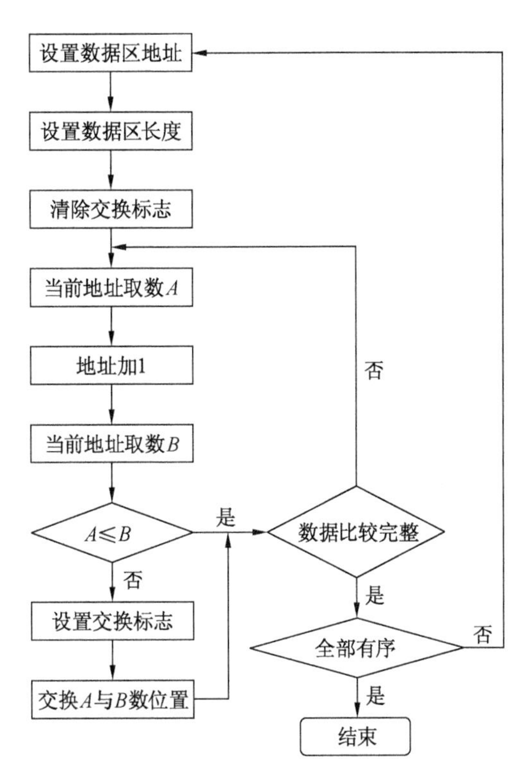

图 3.1-1 数据排序程序流程图

五、思考题

1. 学习和了解基本的程序设计方法，掌握基本指令的用法，包括数据传送指令、条件跳转指令、移位指令等。

2. 简述冒泡排序法的基本原理，采用程序流程图或原理框图予以说明。

3. 还有其他哪种方式可以实现数据排序？试举例说明。

实验二　外部中断实验

实验学时：2

实验类型：验证

实验要求：必修

实验教学方法与手段：教师面授＋学生操作

一、实验目的

1. 理解 MCS－51 单片机中断系统的工作原理，掌握中断方式编程的基本方法。

2. 用单次脉冲申请中断,在中断处理程序中对输出信号进行反转。
3. 完成实验系统硬件连接。

二、实验设备和仪器

1. 带有伟福单片机调试环境的 PC 机 1 台。
2. 仿真试验仪 1 套。
3. 导线若干。

三、实验原理

中断服务程序的关键是:
1. 保护进入中断时的状态,并在退出中断之前恢复进入时的状态。
2. 必须在中断程序中设定是否允许中断重入,即设置 EX0 位。
3. 对于 80C196,要选择相应的中断源,并设置中断屏蔽寄存器的相应位。

本实验中使用了 INT0 中断(80C196 为 EXTINT 中断)。一般中断程序进入时应保护 PSW、ACC 及中断程序使用,但非其专用的寄存器。本实验的中断程序保护了 PSW、ACC 等 3 个寄存器并且在退出前恢复了这 3 个寄存器。另外,中断程序中涉及关键数据的设置时应关中断,即设置时不允许重入,本实验中没有涉及这种情况。INT0(P3.2)端(80C196 为 EINT 端)接单次脉冲发生器;P1.0 接 LED 灯,以查看信号反转。

外部中断实验接线如图 3.2-1 所示。外部中断流程图如图 3.2-2 所示。

连线	连接孔1	连接孔2
1	P1.0	L0
2	单脉冲输出	INT 0(51系列)
2	单脉冲输出	EINT(96系列)

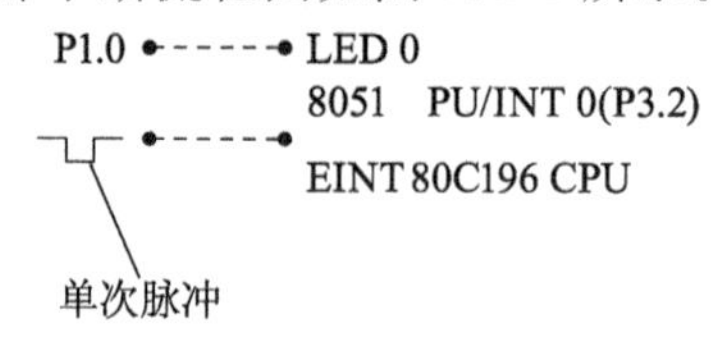

图 3.2-1 外部中断实验接线

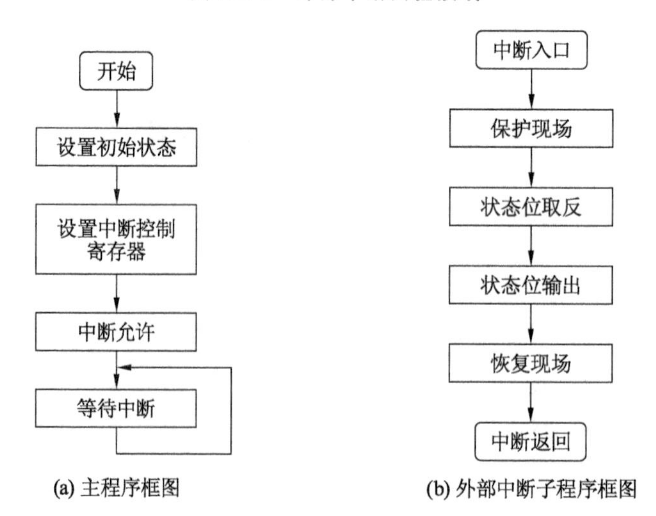

图 3.2-2 外部中断程序流程图

四、思考题

1. 简述中断的含义及作用。
2. MCS-51 有哪些中断源及其中断优先级是怎样的?
3. MCS-51 如何对中断进行响应和初始化?

实验三 定时器实验

实验学时:2
实验类型:设计/研究
实验要求:选修
实验教学方法与手段:教师面授+学生操作

一、实验目的

1. 学习 8031 内部计数器的使用和编程方法。
2. 进一步掌握中断处理程序的编程方法。
3. 用 CPU 内部定时器中断方式计时,实现每一秒输出状态发生一次反转。

二、实验原理

1. 关于内部计数器的编程,主要是定时常数的设置和有关控制寄存器的设置。内部计数器在单片机中主要有定时和计数两个功能。本实验使用的是定时功能。

2. 定时器有关的寄存器有工作方式寄存器 TMOD 和控制寄存器 TCON。TMOD 用于设置定时器/计数器的工作方式 0—3,并确定其用于定时还是用于计数;TCON 主要功能是为定时器在溢出时设定标志位,并控制定时器的运行或停止等。

3. 内部计数器用作定时器时,是对机器周期计数。每个机器周期的长度是 12 个振荡器周期。因为实验系统的晶振是 6 MHz,本程序工作于方式为 2,即 8 位自动重装方式定时器,定时器 100 μs 中断一次,所以定时常数的设置可按以下方法计算:

$$机器周期=12\div 6\ \text{MHz}=2\ \mu\text{s}$$

$$(256-定时常数)\times 2\ \mu\text{s}=100\ \mu\text{s}$$

则定时常数=206,然后对 100 μs 中断次数计数 10000 次,即 1 s。

4. 在中断服务程序中,因为中断定时常数的设置对中断程序的运行起到关键作用,所以在置数前要先关对应的中断,置数完之后再打开相应的中断。

5. 对于 80C196,与定时器有关的寄存器为 IOC1.2 和 INT-MASK。IOC1.2 为定时器 1 溢出中断允许/禁止位。INT-MASK 的第 0 位为定时器溢出屏蔽位。

6. 对于 80C196,在设置中断定时常数时,要注意先设置窗口寄存器 WSR,设置完常数后,再恢复原 WSR 值。

定时器实验电路及连线如图 3.3-1 所示。定时器实验流程图如图 3.3-2 所示。

连线	连接孔1	连接孔2
1	P1.0	L0

P1.0 •-----• LED 0

图 3.3-1　定时器实验电路接线及连线

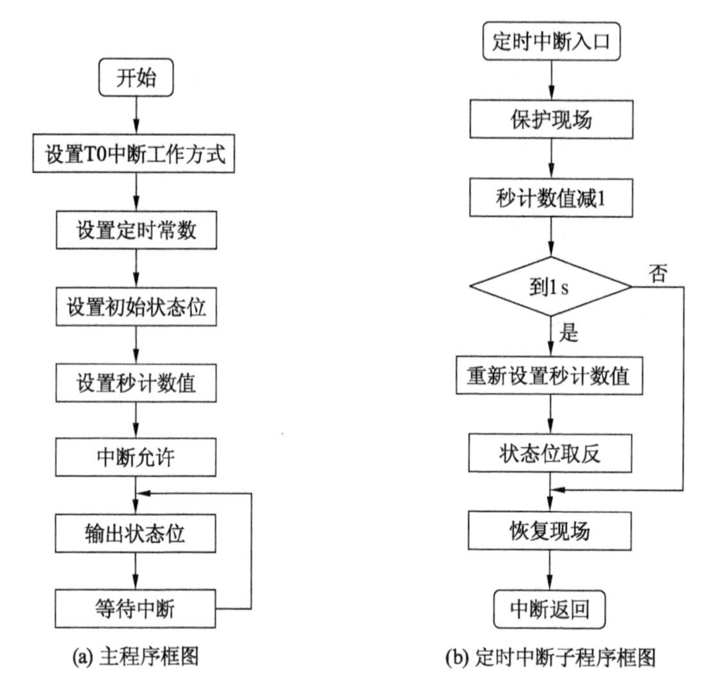

(a) 主程序框图　　(b) 定时中断子程序框图

图 3.3-2　定时器实验流程图

第4章 机械设备电气控制

实验一 铣床控制线路分析与模拟

实验学时:2
实验类型:综合/设计
实验要求:必修
实验教学方法与手段:教师讲授+学生独立操作

一、实验目的

1. 理解和掌握铣床的功能、分类及其基本工作原理,能够对其基本功能进行分析和理解。

2. 加深对电气工作原理图的感性认识,掌握设备的电气故障现象,并能进行故障分析和故障排除。

3. 根据铣床基本动作要求,设计三相异步电机正反转、制动控制线路和星—三角降压启动等基本环节的控制原理图。

4. 通过斯沃数控电气仿真软件的应用,构建铣床典型的控制环节,并能够实现电机连续运转、星—三角降压启动、自锁和互锁等常用控制环节的软硬件接线及其仿真模拟。

二、实验设备和仪器

1. 三相电机正反转实验台2套。

2. 装有斯沃数控机床仿真软件的PC机若干。

三、实验原理

1. 铣床用途:铣削平面、斜面和加工沟槽。

2. 铣床分类:立铣、卧铣、龙门铣、仿形铣、专用铣床。

3. 常用的卧式万能铣床型号:X62W、改进型XA6132。XA6132是在X62W型万能铣床的基础上增设电磁铁离合器抱闸制动,其他机械结构和电气控制电路基本相同。

4. 铣床的运动形式。

① 主运动:主轴的旋转运动。

② 进给运动:工作台在3个相互垂直方向上的直线运动(手动或机动)。

③ 辅助运动:工作台在3个相互垂直方向上的快速直线移动。

图4.1-1所示为某万能铣床结构。

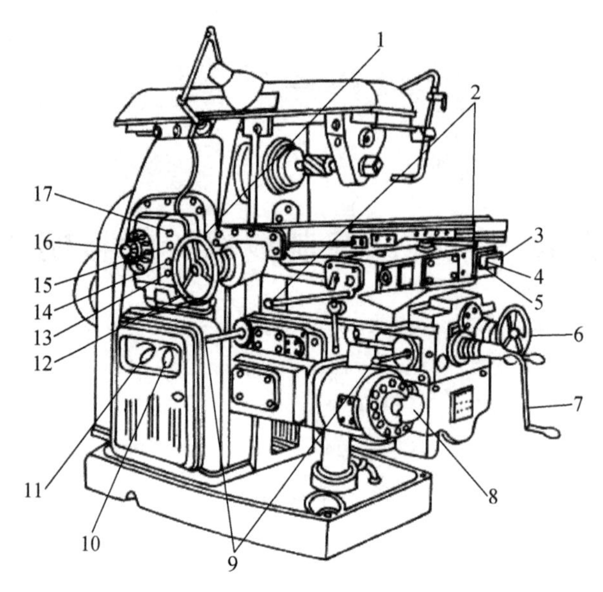

1,2—纵向工作台进给手动手轮和操纵手柄;3,15—主轴停止按钮;4,17—主轴启动按钮;5,14—工作台快速移动按钮;6—工作台横向进给手动手轮;7—工作台升降进给手动摇把;8—自动进给变速手柄;9—工作台升降、横向进给手柄;10—油泵开关;11—电源开关;12—主轴瞬时冲动手柄;13—照明开关;16—主轴调速转盘

图4.1-1 某万能铣床结构

5. 铣床的典型控制线路分析。

(1) 主轴电动机控制电路:

◆ 两地操作;

◆ 主轴电动机反接制动;

◆ 主轴变速;

◆ 主轴变速的瞬动。

(2) 进给电动机控制电路:

◆ 工作台纵向前后运动的方向联锁;

◆ 工作台垂直上下运动和横向左右运动的方向联锁;

◆ 圆工作台和长工作台之间的联锁;

◆ 进给变速时的瞬动;

◆ 工作台的快速移动。

四、实验内容及步骤

1. 根据图4.1-2所示XA6132型万能铣床电气原理图,理解其基本的工作原理,并对其基本控制环节进行详细分解和分析。

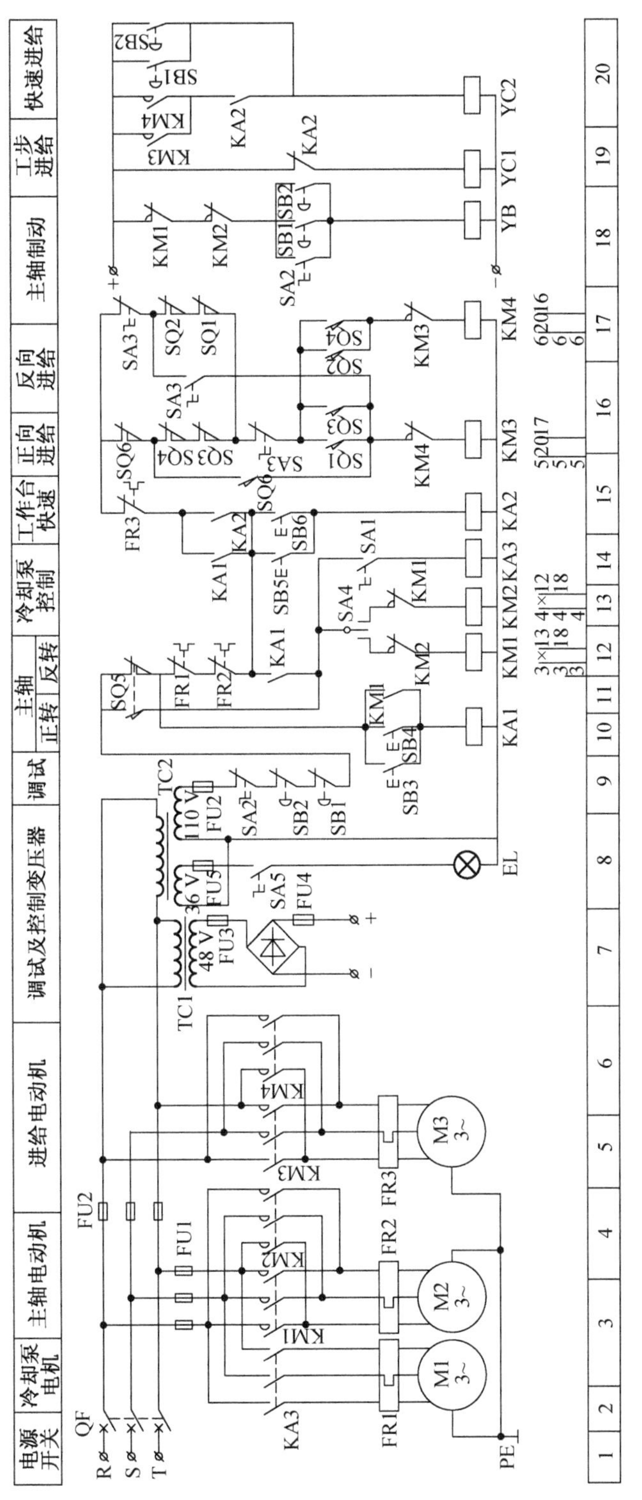

图 4.1-2 XA6132 型万能铣床电气原理

(1) 根据原理图，对控制系统进行分解，获取基本控制环节的原理图。

(2) 熟悉电气原理图，找出和实验相关联的电气元器件，并分析各元器件的原理及其功能。填写表 4.1-1 实验元器件列表及功能说明表。

表 4.1-1 实验元器件列表及功能说明

序号	元器件名称	元器件数量	功能说明
1			
2			
3			
4			
5			
6			

(3) 对主电路和基本控制电路进行详细分析，并叙述其具体工作过程。

2. 选择其中某个关键的控制环节进行原理图的绘制和分析，在实物观摩三相异步电机正反转控制环节的组成及使用后，选择斯沃数控机床仿真软件的“电气”分系统以辅助完成实验。

3. 根据典型电气原理图(见图 4.1-3)实现线路连接(接线示意图见图 4.1-4)。接线完毕后，通过相应的控制原理和按键功能，实现电机的启停控制、自锁控制和降压启动等功能测试。

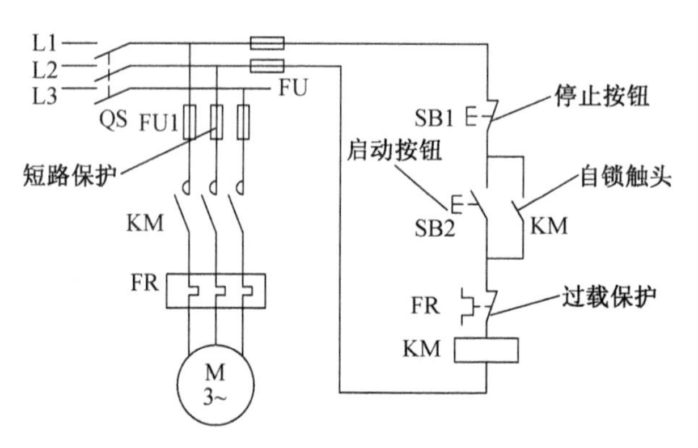

图 4.1-3 电机连续运转控制原理图

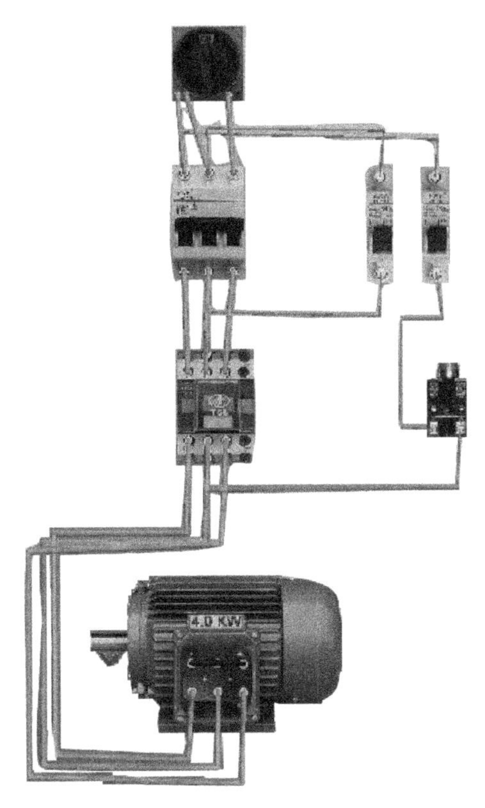

图 4.1-4 电机连续运转控制接线示意图

五、实验注意事项

1. 电机正反转实验台中的电机在运行时高压为 380 V，故请保持安全距离，勿随意触摸，注意安全。

2. 实验完毕后，归还实验器材，提交实验文档数据（含做好的接线图和调试视频录像）后，经教师允许方可离开。

六、课后作业

完成铣床其他典型控制环节的实验接线和相应的调试。

实验二 机械手动作的模拟

实验学时：2
实验类型：验证
实验要求：必修
实验教学方法与手段：教师讲授＋学生独立操作

一、实验目的

通过机械手动作模拟实验，完成程序编制并写入 PLC 进行调试、运行，观察程序运行情况，进一步掌握 PLC 基本指令功能。

二、实验设备和仪器

1. PLC 实验台一套、三菱 FX_{2N} PLC 1 台。
2. 三相异步电机若干台、导线若干。

三、实验原理

本实验是用机械手将工件由 *A* 处传送到 *B* 处，上升/下降和左移/右移的执行用双线圈二位电磁阀推动气缸完成，机械手动作模拟面板如图 4.2-1 所示。当某个电磁阀线圈通电后，就一直保持现有的机械动作，一旦下降的电磁阀线圈通电，则机械手下降，即使线圈再断电，仍保持现有的下降动作状态，直到相反方向的线圈通电为止。另外，夹紧/松开的动作由单线圈二位电磁阀推动气缸完成，线圈通电时执行夹紧动作，线圈断电时执行放松动作。设备装有上下限位和左右限位开关，限位开关用按钮开关来模拟，所以在实验中应为点动。电磁阀和原位指示灯用发光二极管来模拟。本实验的起始状态应为原位(即 SQ2 与 SQ4 应为 ON，启动后马上打到 OFF)，它的工作过程如图 4.2-2 所示，有 8 个动作。

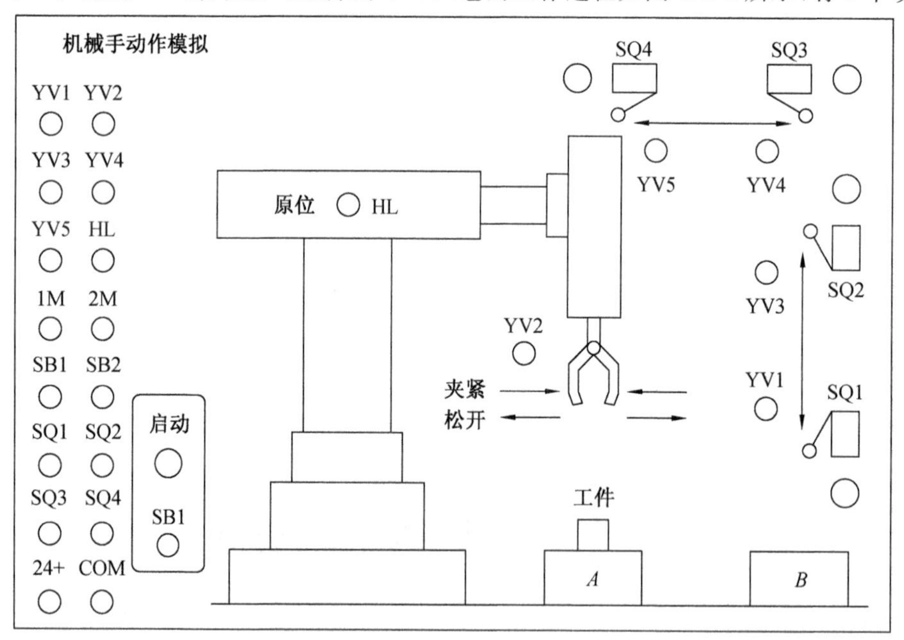

图 4.2-1 机械手动作模拟面板

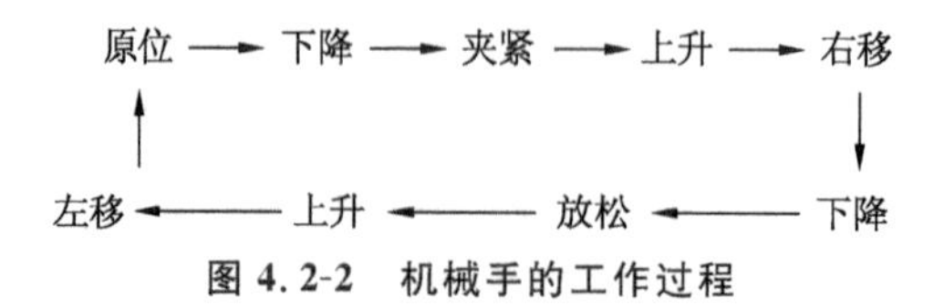

图 4.2-2 机械手的工作过程

四、实验内容及步骤

1. 输入/输出接线见表 4.2-1。

表 4.2-1 输入/输出接线

输入		输出	
SB1	X0	YV1	Y0
SQ1	X1	YV2	Y1
SQ2	X2	YV3	Y2
SQ3	X3	YV4	Y3
SQ4	X4	YV5	Y4
		HL	Y5

主机模块的 COM 接主机模块输入端的 COM 和输出端的 COM1,COM2,COM3,COM4,COM5;主机模块的 24+,COM 分别接在实验单元的 V+,COM。

2. 打开主机电源,设计机械手控制的梯形图程序,并基于 GX-develop 软件进行程序的编写和输入。

3. 主机与 PLC 联机调试,将程序下载至 PLC,启动实验系统观察机械手的动作过程。

五、实验注意事项

实验完毕,归还实验器材,提交实验文档数据(含做好的接线图和调试现象)后,经教师允许方可离开。

第5章 液压与气压传动

实验一 液压元件拆装

实验学时:2
实验类型:综合
实验要求:必修
实验教学方法与手段:教师面授+学生操作

一、实验目的

1. 理解液压泵、液压阀的组成、结构特点和工作原理,加深对常用液压元件的感性认识。

2. 通过现场参观各实物结构图,拆装液压元件,能了解它们的结构特点,正确区别各种液压元件。

3. 熟悉液压元件的拆装。

4. 能对维修液压元件分析和元件故障增加一点感性认识。

二、实验内容及步骤

1. 液压泵的拆装:了解齿轮泵、叶片泵和柱塞泵的结构。

齿轮泵——了解齿轮泵构造及工作原理;了解卸前槽的构造——有无压力平衡、采用何种压力平衡方式、端盖的密封、轴向间隙的补偿方式、进出油口的判别等。

叶片泵——了解叶片泵的构造及工作原理;了解双作用式叶片泵定子内表面的形状、配油盘结构及配油原理、叶片形状及倾角、间隙的补偿进出口的判别。

柱塞泵——了解针盘式和斜辆式柱塞泵的构造及工作原理。

2. 压力阀的拆装:着重了解溢流阀、减压阀、顺序阀的构造和工作原理;了解阀的结构、各油口的作用、阀芯的构造、先导阀的构造;对比主阀中的弹簧和先导阀中的弹簧刚度,比较三种阀的结构异同。

3. 换向阀的拆装:着重了解磁换向阀和电液换向阀的构造和工作原理;了解阀体和阀芯的构造;了解三位换向阀的失电中位保持原理。

4. 流量控制阀的拆装:着重了解调速阀的构造和调速阀的工作原理(Q型调速阀)。

5. 在以上各项清楚了解后,还可以参观其他元件,如压力继电器等。

三、元件拆装思考

1. 液压泵类

(1) 齿轮泵

① 简述齿轮泵的基本组成元件及密封容积的形成。

② 如何判定齿轮泵的转动方向及进出油口?

③ 齿轮泵的困油现象是如何形成的? 卸前的形式有哪些?

(2) 叶片泵

① 简述限压式变量叶片的结构特性。

② 如何根据叶片倾角和定子曲线判定泵的类型和旋向?

③ 双作用叶片泵的基本组成元件及密封容积的形式是什么?

④ 思考定子曲线、配油盘、叶片倾角及转子的转动方向之间的关系。

⑤ 配油盘上小三角槽的作用是什么? 它和泵的旋转方向之间的关系是什么?

(3) 柱塞泵

① 轴间柱塞泵结构上有什么特点? 密封容积的形成方法是什么?

② 简述斜轴式柱塞泵的配油方法。

2. 液压阀类

(1) 压力控制阀

① 各油口的作用是什么?

② 直动式和先导式溢流阀的结构有何区别?

③ y 与 y_1 型先导式溢流阀有何区别?

④ 先导式减压阀的结构特点是什么?

⑤ 在常态下如何判断进出口是否相通?

⑥ 先导式溢流阀主阀芯上的小孔的作用是什么? 主阀芯上的弹簧为什么比锥阀芯上的弹簧软得多?

(2) 流量控制阀

① 节流阀的节流口形式是什么?

② 流量调节时通过的流量大小是否与调节手旋转的角度成比例?

③ 调速阀中的减压阀与普通的减压阀是否相同?

(3)方向控制阀

① 单向阀的结构形式是什么? 阀芯为何多采用锥阀形式?

② 电磁换向阀结构形式是什么? 换向阀中位机能是什么? 判定各油口的作用。

③ 三位电磁阀的阀芯在中位时是怎样对中的?

④ 电液换向阀的主阀芯在中位是怎样对中的?

四、实验注意事项

使用各种液压元件后,要装配好归还原处,避免各液压元件的零件混淆和丢失,注意操作安全,防止发生人身事故和损坏元件及工具。

实验二　溢流阀性能测试

实验学时:2
实验类型:综合
实验要求:选修
实验教学方法与手段:教师面授+学生操作

一、实验目的

1. 深入理解溢流阀稳定工作时的静态特性。
2. 了解溢流阀的动态特性。
3. 学习溢流阀性能测试方法及测试仪表的使用。

二、实验原理

1. 溢流阀静态特性测试

1) 调压范围和压力稳定性

(1) 调压范围给出了溢流阀使用的压力范围。

(2) 压力振摆是在调压范围内、稳态工作下调定压力的波动值。

(3) 压力飘移是在规定时间内压力值的偏移量。

2) 卸荷压力及压力损失

(1) 卸荷压力是先导式溢流阀在远程控制口通油箱油泵卸荷,溢流阀通过额定流量时引起的压力损失。

(2) 压力损失指溢流阀调压手柄完全放松,溢流阀通过额定流量时产生的压力降。

3) 启闭特性

启闭特性阀的压力-流量特性,是溢流阀阀芯开启和闭合过程中压力和流量之间的关系。溢流阀在开启过程中,溢流量达到额定流量的1%时溢流阀的进口压力称为开启压力;溢流阀在闭合过程中,溢流量减到额定流量的1%时溢流阀的进口压力称为闭合压力。由于摩擦力的原因,溢流阀的闭合压力小于开启压力。溢流阀通过额定流量时,阀进口处压力称为溢流阀的调定压力。溢流阀调定压力与开启压力之差称静调压偏差。

2. 溢流阀动态特性测试

当流量阶跃变化时,溢流阀的压力响应特性,即压力随时间变化的过渡过程品质称为溢流阀动态特性测试,一般指压力超调量、压力稳定时间、卸荷时间及压力回升时间(卸压与建压时间)。

三、实验内容及步骤

溢流阀性能测试实验装置如图 5.2-1 所示。

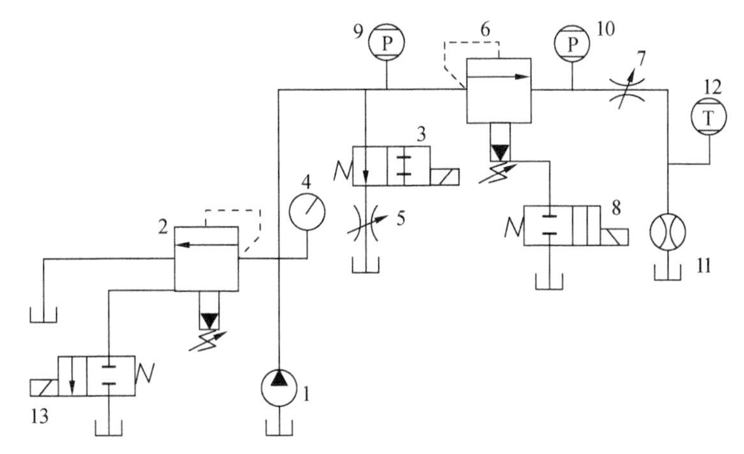

1—定量叶片泵;2—溢流阀;3—二位二通电磁阀(常通);4—压力表;5—节流阀;
6—被试先导式溢流阀;7—节流阀;8—二位二通电磁阀(常断);9,10—压力传感器;
11—流量传感器;12—温度传感器;13—二位二通电磁阀

图 5.2-1 溢流阀性能测试实验装置

1. 溢流阀静态特性测试

1) 调压范围及压力稳定性测试

(1) 调定参数

将溢流阀 2 压力调定在 7 MPa,作为安全阀。

(2) 测试参数

① 调节被试先导式溢流阀 6 的手柄,从全松到额定压力值,由压力传感 9 测试调压范围。

② 将被试先导式溢流阀 6 的压力调至 5 MPa,由压力传感器 9 测试压力,观测压力偏值,1 min 后再测一次。

③ 在被试先导式溢流阀 6 调压范围内,设置 1 MPa 和 6.3 MPa,由压力传感器 9 测试压力振摆值。

2) 卸荷压力与压力损失测试

(1) 调定参数

溢流阀 2 压力调定为 7 MPa,作为安全阀。

(2) 测试参数

调节被试先导式溢流阀 6 压力为 6 MPa,流量为额定流量。

(3) 测试参数

① 卸荷压力。

将二位二通电磁阀 8 接通,被试先导式溢流阀 6 远程口通油箱,被试先导式溢流阀 6 通过额定流量,由流量传感器 11 观测流量,由压力传感器 9 和 10 观测被试先导式溢流阀

6前后压差。

② 压力损失。

将被试先导式溢流阀6手柄全松开，通过额定流量，由流量传感器11测流量，由压力传感器9和10测被试先导式溢流阀6前后压差。

3）启闭特性

（1）调定参数

溢流阀2压力调定为7 MPa，作为安全阀。

（2）测试参数

被试先导式溢流阀6压力设定为6 MPa。

（3）测试参数

连续调节节流阀5，进入被试先导式溢流阀6的流量由0到额定流量，然后再由额定流量到0，由流量传感器11测流量，由压力传感器测阀6的压力值，画出启闭特性曲线。

2. 溢流阀动态特性测试

1）流量阶跃，压力响应特性测试

（1）调定参数

溢流阀2压力调定在7 MPa，作为安全阀。

（2）测试参数

被试先导式溢流阀6压力设定为5 MPa（二位二通电磁阀3关闭），由压力表4观测。

（3）测试参数

① 开启二位二通电磁阀3，调节节流阀5，使系统初始压力为1 MPa，由压力表4观测。

② 突然关闭二位二通电磁阀3，产生流量阶跃，在油泵与被试先导式溢流阀6之间的封闭油路中产生一个压力突变，由压力传感器9测出压力响应，画出压力响应曲线。

2）卸压与建压特性测试

（1）调定参数

将溢流阀2压力调定为7 MPa，作为安全阀。

（2）设定参数

关闭二位二通电磁阀3，调整二位二通电磁阀8，使被试先导式溢流阀6压力为5 MPa，流量为10 L/min。

（3）测试参数

快速打开二位二通电磁阀8，使被试先导式溢流阀6压力由调整值降到最低压力值（油泵经被试先导式溢流阀6卸荷）。快速关闭二位二通电磁阀8，使被试先导式溢流阀6又突然升压到调定值，由压力传感器9测出卸压与建压的特性曲线。

四、实验报告

1. 静态特性

(1) 画压力振摆特性曲线,求压力振摆值。

(2) 画压力偏移特性曲线,求压力偏移值。

(3) 画启闭特性曲线,求开启压力、闭合压力、全流压力(调定压力)静调压偏差。

2. 动态特性

(1) 画压力响应过渡过程曲线,求最大超调量、压力稳定时间。

(2) 画卸压与建压特性曲线,求卸压时间与建压时间。

实验三 节流调速回路性能实验

实验学时:2

实验类型:综合

实验要求:必修

实验教学方法与手段:教师面授+学生操作

一、实验目的

1. 了解节流调速的原理。

2. 通过对进油节流调速、回油节流调速和旁路节流调速三种回路的对比,掌握各回路的特点、速度负载特性及应用。

二、实验原理

节流调速回路由定量泵、流量阀、溢流阀、执行元件组成,可分为用节流阀的节流调速回路和用调速阀的节流调速回路。按流量阀在油路中的位置,可分为进油节流调速回路、回油节流调速回路、旁路节流调速回路。

节流调速回路中,流量阀的通流面积调定后,油缸负载变化对油缸速度的影响程度可用回路的速度-负载特性表征。

1. 节流阀进油节流调速回路的速度-负载特性

回路的速度-负载特性方程:

$$v=\frac{CA_{节}}{A_1^{\varphi+1}}\left(p_{泵}A_1-\frac{F}{\eta_{机}}\right)^{\varphi} \tag{5.3-1}$$

式中:v 为油缸速度;A_1 为油缸有效工作面积;$A_{节}$ 为节流阀通流面积;$p_{泵}$ 为油泵供油压力;F 为油缸负载;$\eta_{机}$ 为油缸机械效率;φ 为节流阀口指数。

按不同的节流阀通流面积作图,可得一组速度-负载特性曲线,如图 5.3-1 所示。

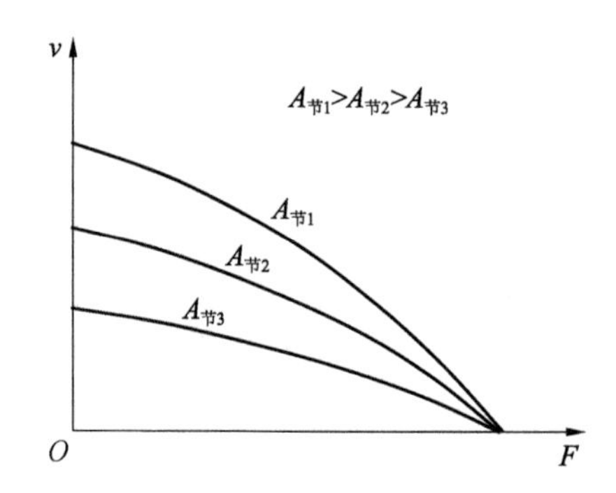

图 5.3-1 节流阀进油节流调速回路的速度-负载特性

由特性方程和特性曲线可以看出，油缸运动速度与节流阀通流面积成正比，当泵供油压力 $p_{泵}$ 调定且节流阀通流面积 $A_{节}$ 调好后，油缸速度 v 随负载 F 增大按以 φ 为指数的曲线下降。当 $F=A_1 p_{泵}$ 时，油缸速度为 0，但无论负载如何变化，油泵工作压力不变，回路的承载能力不受节流阀通流面积变化的影响，图中各曲线在速度为零时都交汇于同一负载点。

2. 节流阀回油节流调速回路的速度-负载特性

同节流阀进油节流调速回路基本一样，不再重述。

3. 节流阀旁路回油节流调速回路的速度-负载特性

节流阀与油泵并联，溢流阀作安全阀用。

速度-负载特性方程：

$$v=\frac{q_{泵}-CA_{节}\left(\frac{F}{A_1\eta_{机}}\right)^{\varphi}}{A_1} \tag{5.3-2}$$

式中各符号意义同式(5.3-1)。

由不同的节流阀通流面积 $A_{节}$ 做一组特性曲线，如图 5.3-2 所示。

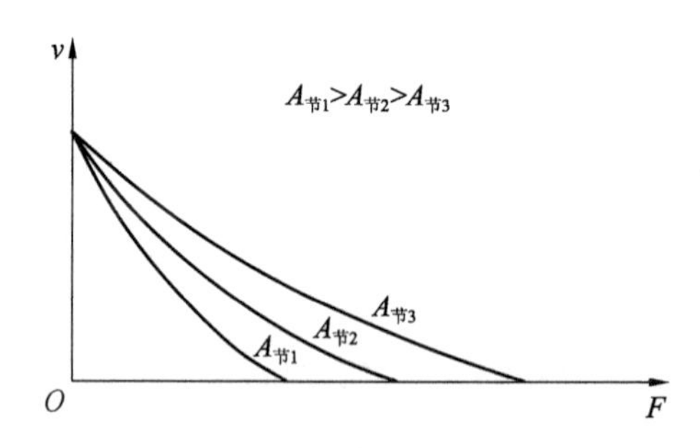

图 5.3-2 节流阀旁路回油节流调速回路的速度-负载特性

由特性方程和特性曲线可以看出，油缸速度与节流阀通流面积成反比。回路因油泵泄漏的影响，在节流阀通流面积不变时，油缸速度因负载增大而减小很多，其速度-负载特性比较差。负载增大到某值时，油缸速度为 0。节流阀的通流面积越大，承载能力越差，即回路承载能力是变化的，其低速承载能力差。

4. 调速阀的进油节流阀调速回路的速度-负载特性

油缸速度为

$$v=\frac{CA_{节}\ \Delta p_2^{\varphi}}{A_1} \tag{5.3-3}$$

式中：Δp_2 为调速阀中节流阀前后压差，其余同式(5.3-1)。

当负载变化时，油缸工作压力成比例变化，但调速阀中减压阀的调节作用使节流阀前后压差 Δp_2 基本不变，因此油缸速度基本不变。但由于泄漏随负载增大，所以油缸速度略有下降，特性曲线如图 5.3-3 所示。

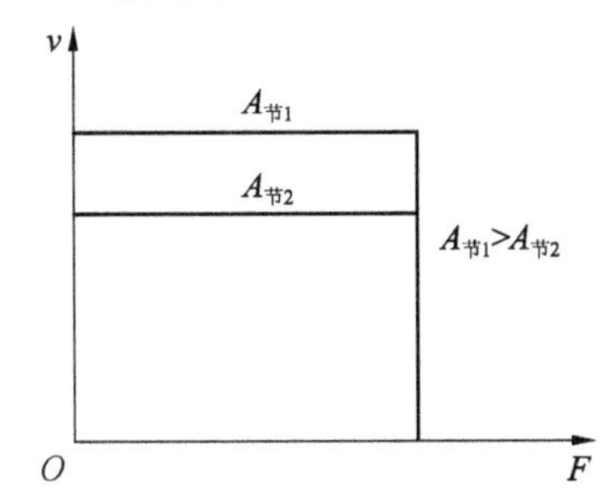

图 5.3-3 调速阀的进油节流阀调速回路的速度-负载特性

三、实验内容及步骤

节流调速回路实验装置如图 5.3-4 所示。

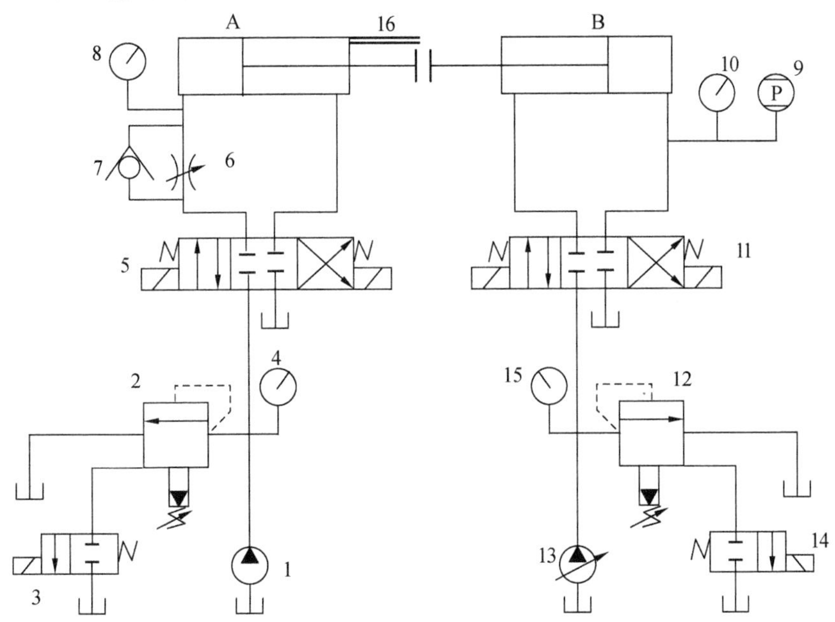

A—被试油缸；B—加载油缸；1—定量叶片泵；2—先导式溢流阀 Y-10B；
3—电磁阀(二位二通，常断)；4，10，15—压力表；5—电磁阀(三位四通，O 型)；6—节流阀；7—单向阀；
8—压力表；9—压力传感器；11—电磁阀(三位四通，O 型)；12—先导式溢流阀 Y-25B；
13—限压式变量叶片泵(做定量泵用)；14—电磁阀(二位二通，常断)；16—位移传感器

图 5.3-4 节流调速回路实验装置

1. 实验内容

(1) 节流阀进油节流调速回路,节流阀在 2 种通流面积下的速度-负载特性。

(2) 调速阀进油节流调速回路,调速阀在 2 种通流面积下的速度-负载特性。

(3) 节流阀旁路节流调速回路,节流阀在 2 种通流面积下的速度-负载特性。

2. 实验步骤

1) 节流阀进油节流调速回路的速度-负载特性实验

(1) 用先导式溢流阀 2 调定量叶片泵 1,工作压力为 5 MPa,由压力表 4 观测。

(2) 调节流阀 6 为小通流面积,同时保持先导式溢流阀 2 调定压力不变。

(3) 将油缸 A 和油缸 B 对顶。

(4) 用先导式溢流阀 12 通过加载油缸 B 对工作油缸 A 加载,先导式溢流阀 12 调定压力设定点为 6 个,其中包括加载力为 0(不对顶)和工作缸 A 推不动加载缸时的加载力点,用压力表 15 观测。

(5) 用压力传感器 9 测加载缸的工作压力 p_B。

(6) 用位移传感器 16 测油缸位移 L,用计算机时钟测油缸运行 L 位移的时间 t。

(7) 计算工作缸 A 的负载 F 和工作缸 A 的运动速度:

$$F = p_B A_B \cdot \eta_B \tag{5.3-4}$$

$$v = \frac{L}{t} \tag{5.3-5}$$

式中:F 为油缸 A 的负载(N);p_B 为加载缸 B 的工作压力(N/m²);A_B 为加载缸 B 无杆腔有效工作面积(m²),$A_B = \frac{\pi D^2}{4}$,D 为加载缸内径(m);L 为油缸 A 行程(m);t 为油缸 A 运行 L 位移所用时间(s);η_B 为油箱 B 的工作效率。

(8) 调节流阀 6 为较大通流面积,重复(1)—(7)项实验内容。

2) 调速阀进油节流调速回路的速度-负载特性实验

将调速阀和单向阀安装在油缸进油路,其他实验步骤同节流阀进油节流调速回路的速度-负载特性实验。

3) 节流阀旁路节流调速回路的速度-负载特性实验

(1) 将节流阀与定量叶片泵 1 并联。

(2) 将先导式溢流阀 2 压力调定为 7 MPa,作安全阀用。

(3) 其余实验步骤同节流阀进油节流调速回路的速度-负载特性实验。

注意:各项实验间歇期间和实验完成没关机前,一定要通过电磁阀 B 使定量叶片泵 1 卸荷,通过电磁阀 14 使油泵 13 卸荷。

四、实验报告

1. 画节流阀进油节流调速回路 2 种节流阀通流面积下的速度-负载特性。
2. 画调速阀进油节流调速回路 2 种调速阀通流面积下的速度-负载特性。
3. 画节流阀旁路节流调速回路 2 种节流阀通流面积下的速度-负载特性。

第6章 计算机接口技术

实验一 键盘/数码管实验(人机接口)

实验学时:2
实验类型:验证
实验要求:必修
实验教学方法与手段:教师面授+学生操作

一、实验目的

1. 理解 MCS-51 单片机系统中键盘/显示器的接口方法。
2. 掌握键盘扫描、LED 动态显示的基本编程方法。
3. 掌握键盘和显示器的接口方法和编程方法。
4. 利用实验仪提供的键盘扫描电路和显示电路,完成扫描键盘和数码显示实验,把按键输入的键码在六位数码管上显示出来。

二、实验设备和仪器

1. 带有伟福单片机调试环境的 PC 机 1 台。
2. 仿真试验仪 1 套。
3. 导线若干。

三、实验内容及步骤

图 6.1-1 为人机接口实验接线原理图。图 6.1-2 为八段数码管字形代码表。

连线	连接孔1	连接孔2
1	KEY/LED_CS	CS0

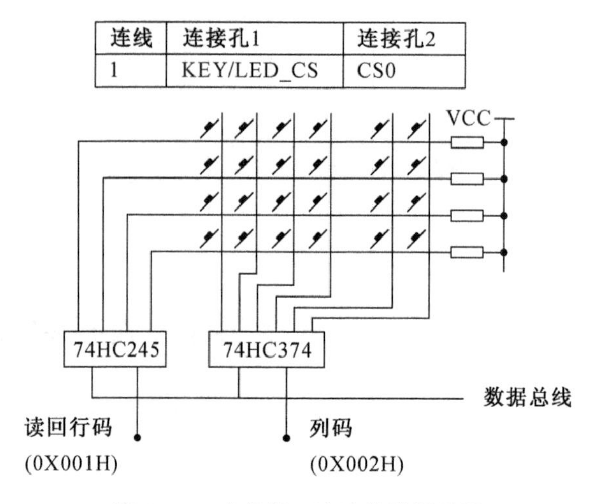

图 6.1-1　人机接口实验接线原理图

显示字形	g	f	e	d	c	b	a	段码
0	0	1	1	1	1	1	1	3fh
1	0	0	0	0	1	1	0	06h
2	1	0	1	1	0	1	1	5bh
3	1	0	0	1	1	1	1	4fh
4	1	1	0	0	1	1	0	66h
5	1	1	0	1	1	0	1	6dh
6	1	1	1	1	1	0	1	7dh
7	0	0	0	0	1	1	1	07h
8	1	1	1	1	1	1	1	7fh
9	1	1	0	1	1	1	1	6fh
A	1	1	1	0	1	1	1	77h
b	1	1	1	1	1	0	0	7ch
c	0	1	1	1	0	0	1	39h
d	1	0	1	1	1	1	0	5eh
E	1	1	1	1	0	0	1	79h
F	1	1	1	0	0	0	1	71h

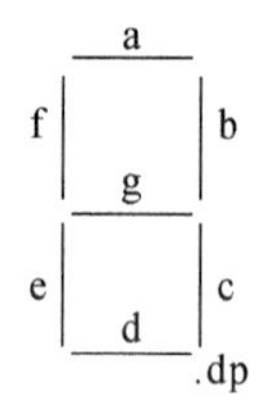

图 6.1-2　八段数码管字形代码表

本实验程序可分为 3 个模块：

1. 键输入模块：扫描键盘，读取一次键盘并将按键值存入键值缓冲单元。
2. 显示模块：将显示单元的内容在显示器上动态显示。
3. 主程序：调用键输入模块和显示模块。

本实验仪提供了一个 6×4 的小键盘，向列扫描码地址(OX002H)逐列输出低电平，然后从行扫描码地址(OX001H)读回。如果有键按下，则相应行的值为低；如果无键按下，由于上拉电阻的作用，行码为高，这样就可以通过输出的列码和读取的行码来判断按下的是什么键。在判断有键按下后，要有一定的延时，以防止键抖动。程序中的 X 由 KEY/LED CS 决定，参见地址码。做键盘和 LED 实验时，需将 KEY/LED CS 接到相应的地址译码上，以便用相应的地址来访问。实验流程如图 6.1-3、图 6.1-4 和图 6.1-5 所示。

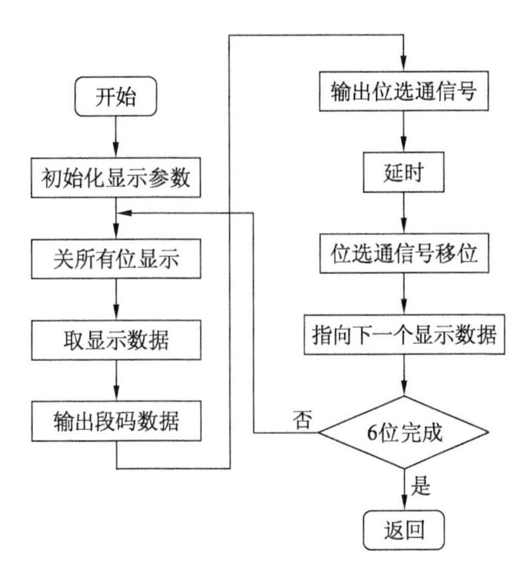

图 6.1-3 数码管显示流程图

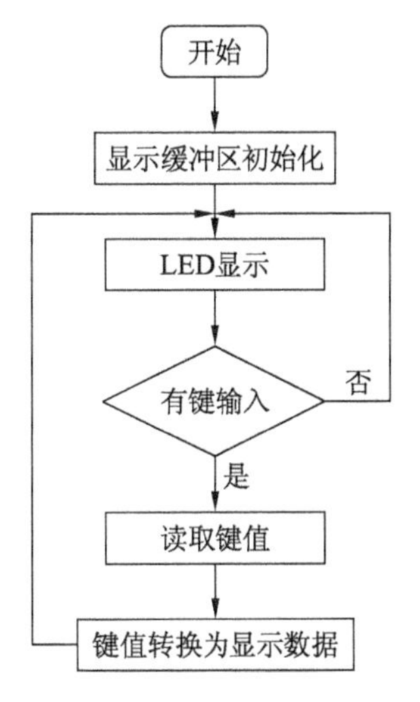

图 6.1-4 主程序框图

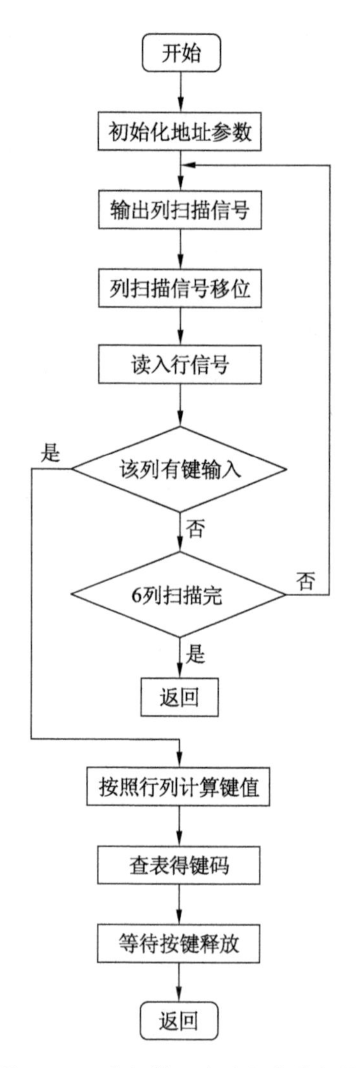

图 6.1-5 人机接口实验程序流程图

参考程序如下，省略部分程序请自行补充。

```
OUTBIT equ 08002h          ；位控制口
OUTSEG equ 08004h          ；段控制口
IN equu 08001h             ；键盘读入口
LEDBuf equ 60h             ；显示缓冲
    ……                     ；跳转主程序
LEDMAP：                   ；八段管显示码
    db ……
    db ……
Delay：                    ；延时子程序
    ……
DelayLoop：
```

```
    ……
    ……
    ……
DisplayLED:
    mov r0, #LEDBuf
    mov r1, #6                    ; 共 6 个八段管
    mov r2, #00100000b            ; 从左边开始显示
Loop:
    mov dptr, #OUTBIT
    mov a, #0
    movx @dptr, a                 ; 关所有八段管
    mov a, @r0
    mov dptr, #OUTSEG
    movx @dptr, a
    mov dptr, #OUTBIT
    mov a, r2
    movx @dptr, a                 ; 显示一位八段管
    mov r6, #1
    call Delay
    mov a, r2                     ; 显示下一位
    rr a
    mov r2, a
    inc r0
    djnz r1, Loop
    ret
TestKey:
    mov dptr, #OUTBIT
    mov a, #0
    movx @dptr, a                 ; 输出线置为 0
    mov dptr, #IN
    movx a, @dptr                 ; 读入键状态
    cpl a
    ……                            ; 高四位不用
    ret
KeyTable:                         ; 键码定义
    db ……
    db ……
    db ……
```

```
    db ……
    db ……
    db ……
GetKey:
    mov dptr, #OUTBIT
    mov P2, dph
    mov r0, #Low(IN)
    mov r1, #00100000b
    mov r2, #6
KLoop:
    mov a, r1                   ; 找出键所在列
    cpl a
    movx @dptr, a
    cpl a
    rr a
    mov r1, a                   ; 下一列
    movx a, @r0
    cpl a
    anl a, #0fh
    jnz Goon1                   ; 该列有键入
    djnz r2, KLoop
    mov r2, #0ffh               ; 没有键按下，返回 0ffh
    sjmp Exit
Goon1:
    mov r1, a                   ; 键值=列*4+行
    mov a, r2
    dec a
    rl a
    rl a
    mov r2, a                   ; r2=(r2-1)*4
    mov a, r1                   ; r1 中为读入的行值
    mov r1, #4
LoopC:
    rrc a                       ; 移位找出所在行
    jc Exit
    inc r2                      ; r2=r2+行值
    djnz r1, LoopC
Exit:
```

```
        mov a, r2                       ; 取出键码
        mov dptr, #KeyTable
        movc a, @a+dptr
        mov r2, a
WaitRelease:
        mov dptr, #OUTBIT               ; 等键释放
        clr a
        movx @dptr, a
        mov r6, #10
        call Delay
        call TestKey
        jnz WaitRelease
        mov a, r2
        ret
Start:
        mov sp, #40h
        mov LEDBuf+0, #0ffh             ; 显示 8.8.8.8.
        mov LEDBuf+1, #0ffh
        mov LEDBuf+2, #0ffh
        mov LEDBuf+3, #0ffh
        mov LEDBuf+4, #0
        mov LEDBuf+5, #0
MLoop:
        call ……                         ; 显示
        call ……                         ; 是否有键入
        jz ……                           ; 无键入，继续显示
        call ……                         ; 读入键码
        anl a, #0fh                     ; 显示键码
        mov dptr, #LEDMap
        movc a, @a+dptr
        mov LEDBuf+5, a
        ……                              ;循环
        end
```

四、思考题

1. 对照流程图，详细描述八段数码管动态显示和静态显示的基本原理。
2. 简述键盘扫描和识别的基本原理和方法。

实验二　A/D 转换实验

实验学时：2
实验类型：验证
实验要求：必修
实验教学方法与手段：教师面授＋学生操作

一、实验目的

1. 掌握 A/D 转换与单片机的接口方法。
2. 了解 A/D 芯片 ADC0809 转换性能及编程。
3. 通过实验了解单片机数据采集的方法。
4. 利用实验板上的 ADC0809 做 A/D 转换器，实验板上的电位器提供模拟量输入，编制程序，将模拟量转换成二进制数字量，用 8255A 的 PA 口输出到发光二极管显示。

二、实验设备和仪器

1. 带有伟福单片机调试环境的 PC 机 1 台。
2. 仿真试验仪 1 套。
3. 导线若干。

三、实验内容及步骤

实验电路及连线如图 6.2-1 和表 6.2-1 所示。

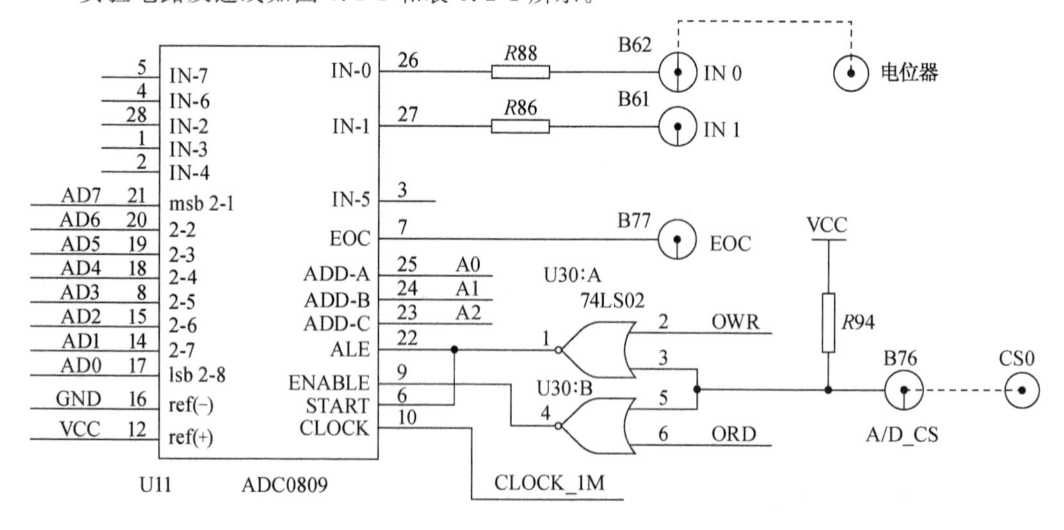

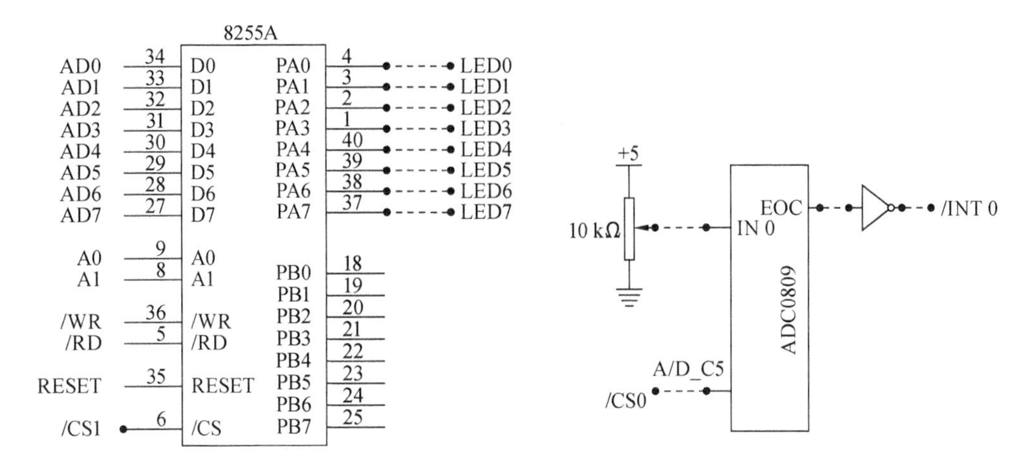

图 6.2-1 A/D 转换实验原理图

表 6.2-1 A/D 转换实验接线图

连线	连接孔 1	连接孔 2
1	IN0	电位器输出
2	A/D_CS	CS0
3	EOC	INT0
4	8255_CS	CS1
5	PA0	L0
6	PA1	L1
7	PA2	L2
8	PA3	L3
9	PA4	L4
10	PA5	L5
11	PA6	L6

A/D 转换器大致有 3 类：① 双积分 A/D 转换器，优点是精度高、抗干扰性好、价格便宜，但速度慢；② 逐次逼近 A/D 转换器，精度、速度、价格适中；③ 并行 A/D 转换器，速度快，但价格昂贵。

实验用的 ADC0809 属第二类，是八位 A/D 转换器。每采集 1 次一般需 100 μs。本实验是用延时查询方式读入 A/D 转换结果，也可以用中断方式。在中断方式下，A/D 转换结束后会自动产生 EOC 信号，将其与 CPU 的外部中断相接，有兴趣的学生可以试试编程用中断方式读回 A/D 结果。

A/D 转换实验程序流程如图 6.2-2 所示。

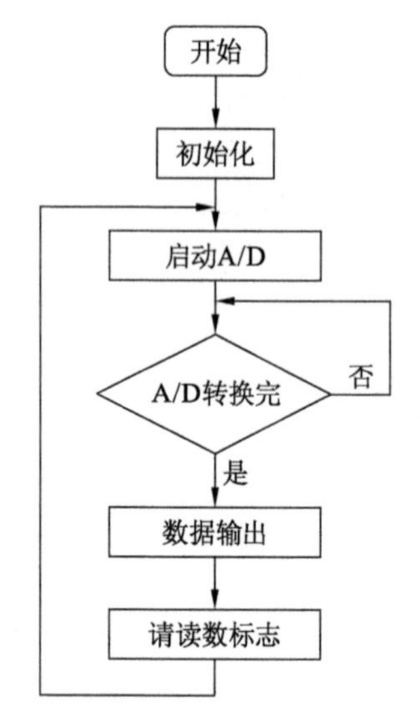

图 6.2-2 A/D 转换实验程序流程图

四、思考题

1. 说明 A/D 转换的基本原理和方法。
2. 试举例说明 A/D 转换在实际生活中的应用。

实验三 D/A 转换实验

实验学时:2
实验类型:综合
实验要求:选修
实验教学方法与手段:教师面授+学生操作

一、实验目的

1. 了解 D/A 转换的基本原理。
2. 了解 D/A 转换芯片 DAC0832 的性能及编程方法。
3. 了解单片机系统中扩展 D/A 转换的基本方法。
4. 利用 DAC0832 编制程序,分别产生锯齿波、三角波或正弦波,并用示波器观看。

二、实验设备和仪器

1. 带有伟福单片机调试环境的 PC 机 1 台。
2. 仿真试验仪 1 套。
3. 导线若干。

三、实验内容及步骤

D/A 转换实验原理及连线分别如图 6.3-1 和表 6.3-1 所示。用电压表或示波器探头接−5 V～+5 V 输出，观察显示电压或波形。

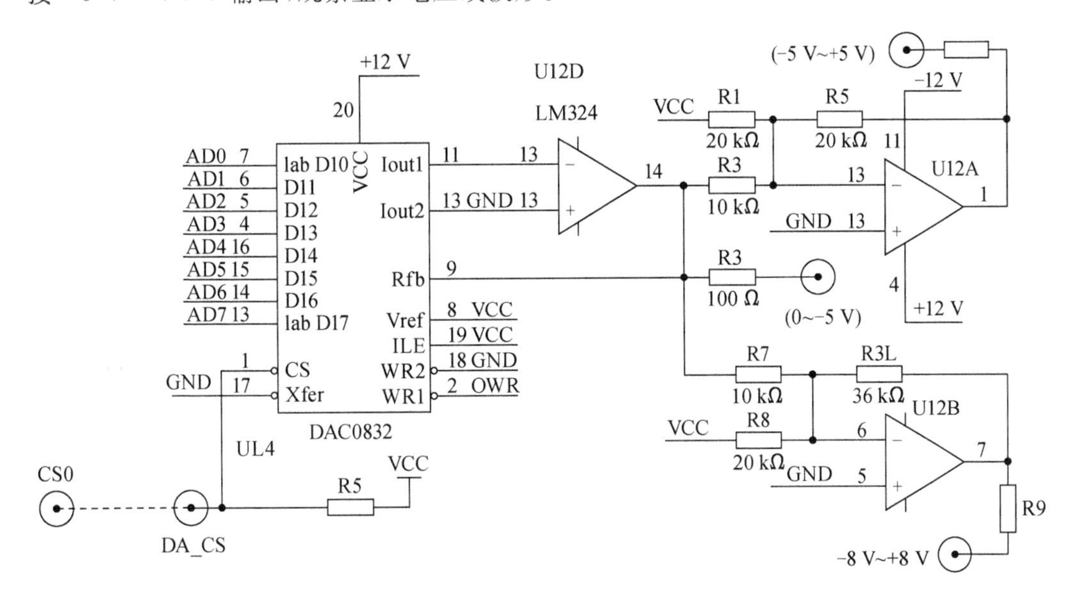

图 6.3-1 D/A 转换实验原理图

表 6.3-1 D/A 转换实验接线图

连线	连接孔 1	连接孔 2
1	DA_CS	CS2
2	−5 V～+5 V	电压表

需要说明的是：

1. D/A 转换是把数字量转换成模拟量，实验台上 D/A 电路输出的是模拟电压信号。要实现实验要求，比较简单的方法是产生 3 个波形的表格，然后通过查表来实现波形显示。

2. 产生锯齿波和三角波的表格只需由数字量的增减来控制，同时注意三角波要分段来产生；要产生正弦波，较简单的方法是做一张正弦数字量表，即通过查函数表得到的值转换成十六进制数填表。

D/A 转换取值范围为一个周期，采样点越多，精度越高。本实验采用的采样点为 256 点/周期。

3. 8 位 D/A 转换器的输入数据与输出电压的关系为(此处 $U_{ref}=+5\ V$)

$$U(0\sim-5\ V)=U_{ref}/256\times N$$

$$U(-5\ V\sim+5\ V)=2\cdot U_{ref}/256\times N-5$$

D/A 转换实验流程如图 6.3-2 所示。

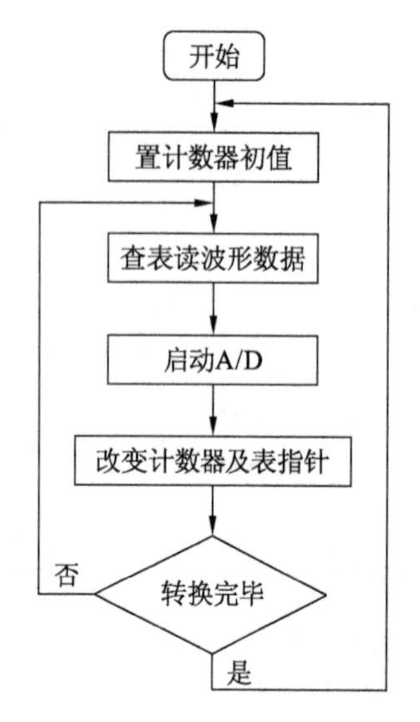

图 6.3-2 D/A 转换实验程序流程图

实验四 串口通讯实验

实验学时:2
实验类型:设计
实验要求:必修
实验教学方法与手段:教师面授+学生操作

一、实验目的

1. 掌握 51 单片机串口的工作方式及其使用方法。
2. 掌握串口查询和中断两种编程方法。
3. 了解相关接口电路的设计。
4. 利用实验教学系统上 51 单片机的串口,实现与 PC 机串口之间的双向点对点的串行通讯。

二、实验设备和仪器

1. 带有伟福单片机调试环境的 PC 机 2 台。
2. 仿真试验仪 2 套。
3. 导线若干。

三、实验内容及步骤

实验接线原理及电线接线分别如图 6.4-1 和表 6.4-1 所示。

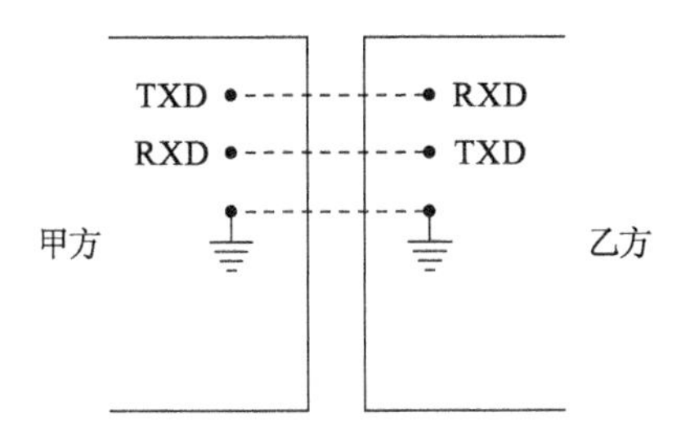

图 6.4-1 实验接线原理图

表 6.4-1 实验电路接线表

连线	连接孔 1	连接孔 2
1	甲方 TXD	乙方 RXD
2	甲方 RXD	乙方 TXD
3	甲方 GND	乙方 GND
4	KEY/LED_CS	CS0

需要说明的是：

1. 8051 的 RXD 和 TXD 接线柱在仿真板上。

2. 通讯双方的 RXD 和 TXD 信号本应经过电平转换后再进行交叉连接，但本实验为减少连线，将电平转换电路略去，而将双方的 RXD 和 TXD 直接交叉连接。也可以将本机的 TXD 接到 RXD 上，这样按下的键就会在本机 LED 上显示出来。

3. 若想与标准的 RS232 设备通信，就要做电平转换，即输出时将 TTL 电平转换成 RS232 电平，输入时要将 RS232 电平转换成 TTL 电平。可以将仿真板上的 RXD 和 TXD 信号接到实验板上的“用户串口接线”的相应 RXD 和 TXD 端，经过电平转换，通过“用户串口”接到外部的 RS232 设备。同时，可以用实验仪上的逻辑分析仪采样串口通信的波形。

实验流程图如图 6.4-2 所示。

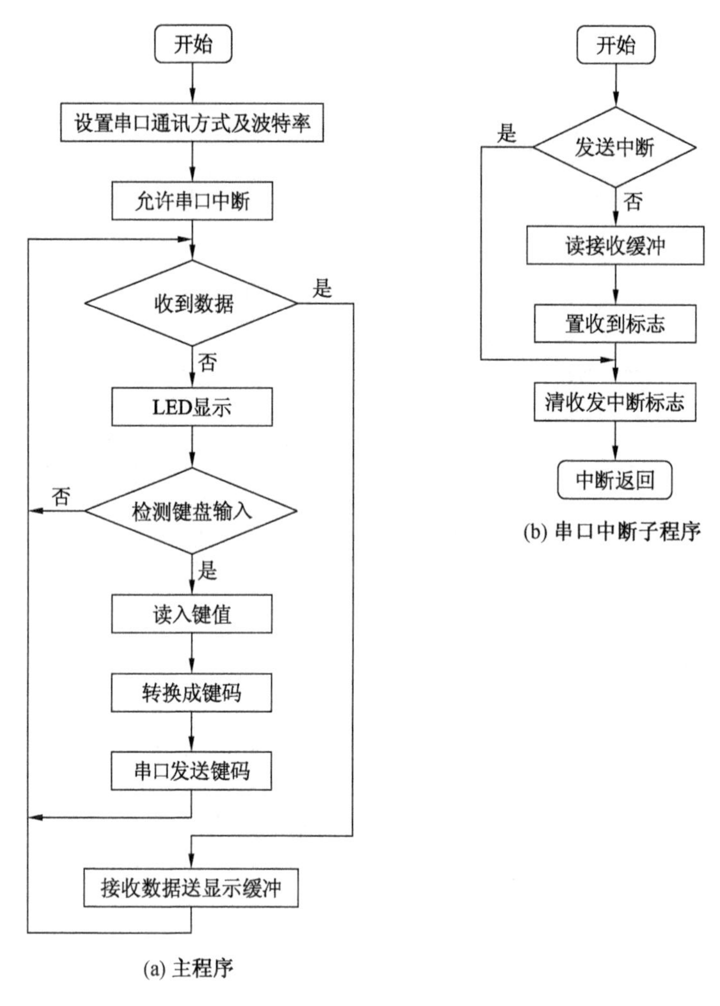

(a) 主程序

(b) 串口中断子程序

图 6.4-2 程序流程图

第7章 机电传动控制

实验一 三相异步电机机械特性及制动特性

实验学时:2
实验类型:综合
实验要求:必修
实验教学方法与手段:教师面授+学生操作

一、实验目的

通过实验,使学生能够加深对三相异步电机机械特性及制动特性的感性认识,理解特性曲线的实际意义,以及参数变化对特性曲线的影响。

二、实验设备和仪器

1. 电机特性测试及伺服控制实验装置见表7.1-1。

表7.1-1 电机特性测试及伺服控制实验装置

序号	型号	名称	数量
1	M03	导轨、测速发电机及转速表	1件
2	M23	校正直流测功机	1件
3	M17	三相线绕式异步电动机	1件
4	EM10D431	直流数字测量仪表	1件
5	EM10D432	交流数字测量仪表	1件
6	EM100451	波形测试及开关板	1件
7	EM100441	三相可调电阻器	1件

2. 电脑安装excel软件。

三、实验内容及步骤

1. 实验内容

① 三相异步电机的固有特性。

② 三相异步电机的 3 种制动方式：反馈制动、反接制动和能耗制动。

③ 三相异步电机的人为特性和能耗制动为选做。

2. 实验步骤

① 按图 7.1-1 接线，图中 MS 用编号为 M17 的三相线绕式异步电动机，$U_N=220$ V，Y 接法。MG 用编号为 M23 的校正直流测功机。S_1，S_2，S_3 选用 EM100451 上的对应开关，并将 S_1 合向左边 1 端，S_2 合在左边短接端（即线绕式电机转子短路），S_3 合在 2′位置。R_1 的阻值由控制屏面板上的电阻组合构成（$2R5+2R3+2R4+R2//R2=4230\Omega$）；$R_2$ 选用屏上 2 只 900 Ω 的电阻 R 串联为 1800 Ω 阻值；R_S 选用 EM100441 上 3 组 45 Ω 可调电阻（每组为 90 Ω 与 90 Ω 并联），并用万用表调定在 36 Ω 阻值，R_3 暂不接。直流电表 A_2，A_4 的量程为 5 A，A_3 量程为 200 mA，V_2 的量程为 1000 V，交流电表 V_1 的量程为 300 V，A_1 的量程为 3 A。转速表置正向 $n=1800$ r/min 量程。

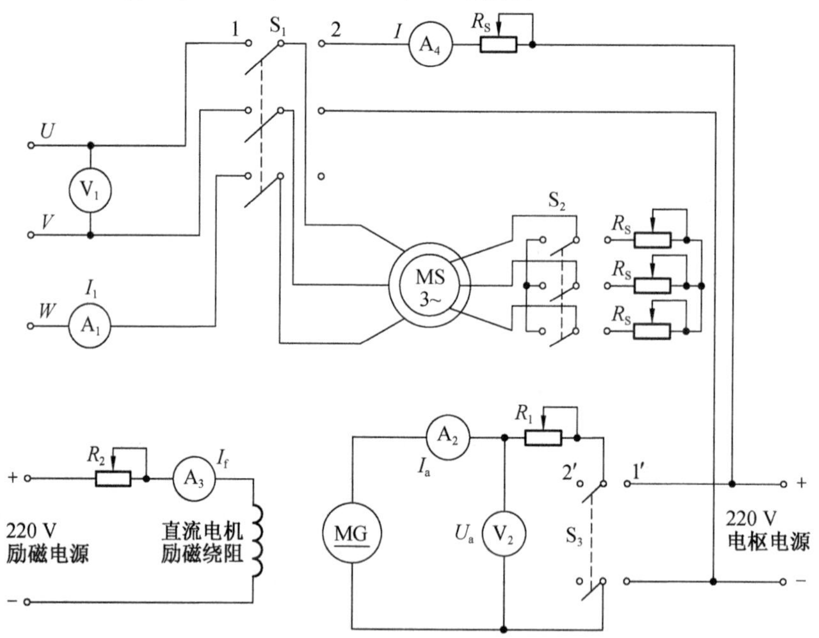

图 7.1-1 三相线绕转式异步电动机机械特性的接线图

② 确定 S_1 合在左边 1 端，S_2 合在左边短接端，S_3 合在 2′位置，M 的定子绕组接成星形的情况下，把 R_1，R_2 阻值置最大位置，将控制屏左侧三相调压器旋钮向逆时针方向旋到底，即把输出电压调到 0。

③ 检查并确保控制屏“励磁电源”开关及“直流电枢电源”开关都在断开位置。接通三相调压“电源总开关”，按下【启动】按钮，旋转调压器旋钮，启动电机，确保电机正向旋转（否则换向），使三相交流电压（V1）慢慢升高至 $U=110$ V，并在以后实验中保持不变。接通“励

磁电源”，调节 R_2 阻值，使校正直流测功机的励磁电流(I_f)为校正值 100 mA 并保持不变。

④ 接通控制屏右下方的“电枢电源”开关，在开关 S_3 的 2′端测量校正直流测功机的输出电压的极性，先使其极性与 S_3 开关 1′端的电枢电源相反(即把测功机当作负载)；在 R_1 阻值为最大的条件下将 S_3 合向 1′位置。

⑤ 反接制动实验。调节“电枢电源”输出电压或 R_1 阻值，使电动机 M 的转速下降，直至为 0。把转速表置反向位置，并把 R_1 控制屏上 4 个 900 Ω 串联电阻调至 0 后用导线短接，继续减小 R_1 阻值或调高电枢电压，使电机反向运转，直至 $n=-1400$ r/min 为止。然后增大电阻 R_1 或者减小校正直流测功机的电枢电压，使电机从反转运行状态进入堵转，然后进入电动运行状态，在－1400～－100 r/min 转速范围内测取电机 MG 的 U_a，I_a，n 值，将数据记录于表 7.1-1 对应的表格中。

⑥ 固有特性实验。继续调节测功机的电枢电压，在 0～＋1300 r/min 转速范围内测取电机 MG 的 U_a，I_a，n 值，将数据记录于表 7.1-1 对应的表格中。

⑦ 反馈制动实验。当电动机接近空载而转速不能调高时，将 S_3 合向 2′位置，调换 MG 电枢极性(在开关 S_3 的两端换)使其与“电枢电源”同极性。调节“电枢电源”电压值，使其与 MG 电压值(V2)接近相等，将 S_3 合至 1′端。减小 R_1 阻值直至短路位置(注：屏上 R_2，R_3，R_4 的 6 只 90 Ω 电阻值调至短路后应用导线短接)。升高“电枢电源”电压(减小电机 MG 的励磁电流)，使电动机 M 的转速超过同步转速 n_0 而进入反馈制动状态，在 0～1700 r/min 范围内测取电机 MG 的 U_a，I_a，n，将数据记录于表 7.1-1 对应的表格中。

⑧ 停机(先将 S_3 合至 2′端，关断“电枢电源”，再关断“励磁电源”，将调压器调至 0 位，按下【停止】按钮)。

⑨ 断开测功机 MG 的外接线路，测量电枢电阻 R_a。

表 7.1-1 三相异步电机固有特性和制动特性数据表

$U=110$ V，$R_S=0$ Ω，$I_f=$ mA，$R_a=$ Ω

状态	反接制动实验										
$n/(r\cdot min^{-1})$	−1400	−1300	−1200	−1100	−1000	−900	−800	−700	−600	−500	−400
U_a/V											
I_a/A											
状态	反接制动实验			固有特性实验							
$n/(r\cdot min^{-1})$	−300	−200	−100	0	100	200	300	400	500	600	700
U_a/V											
I_a/A											
状态	固有特性实验						反馈制动实验				
$n/(r\cdot min^{-1})$	800	900	1000	1100	1200	1300	1400	1500	1600	1700	1800
U_a/V											
I_a/A											

四、实验注意事项

调节串联的可调电阻时，要根据电流值的大小相应选择调节不同电流值的电阻，防止个别电阻器过流而引起烧坏。

五、实验报告

根据实验数据，手动绘制或者用 excel 自动绘制机械特性曲线。

计算公式：

$$T=\frac{9.55}{n}[P_0-(U_a I_a-I_a^2 R_a)] \tag{7.1-1}$$

式中：T 为受试异步电动机 M 的输出转矩(N·m)；U_a 为测功机 MG 的电枢端电压(V)；I_a 为测功机 MG 的电枢电流(A)；R_a 为测功机 MG 的电枢电阻(Ω)，可由实验室提供或者实测；P_0 为对应某转速 n 时的某空载损耗(W)，由于本实验中该数值很小，可为 0。

注：上式计算的 T 值为电机在 $U=110$ V 时的值，实际的转矩值应折算为额定电压时的异步电机转矩。

实验二　直流力矩电机速度伺服控制(数字控制)

实验学时：2

实验类型：综合、设计

实验要求：必修

实验教学方法与手段：教师面授＋学生操作

实验必备知识：完成《VC＋＋》面向对象的编程实验、《控制工程基础》典型环节实验和《机电系统建模与仿真》MatLab 模拟实验。

一、实验目的

1. 理解基于 PDF(或 PID)控制算法的直流力矩电机伺服控制基本原理和基本策略。
2. 掌握 PDF(或 PID)控制算法中参数的变化对被控对象的影响。
3. 了解基于数据采集卡的上位机软件控制原理、上位机软件控制的调速系统的原理及应用方法和特点。

二、实验设备和仪器

1. 电机特性测试及伺服控制实验装置见表 7.2-1。

表 7.2-1 电机特性测试及伺服控制实验装置

序号	型号	名称	数量	备注
1	M03	导轨、测速发电机及转速表	1 件	
2	WM23	制动器	1 件	
3	KM11	直流力矩电动机	1 件	
4	EM11-A-L01	电源模块	1 件	
5	EM100458	直流力矩电机控制实验系统	1 件	USB-4711A
6	EM10D431	直流数字测量仪表	2 件	
7	EM100441	三相可调电阻器	1 件	90 Ω

2. 电脑安装 MatLab 软件。

三、实验内容及步骤

1. 使用 MatLab 设计一阶被控系统 PID 控制方框图和位置式 PID，模拟实现电机的速度控制，并进行定性分析，填写表 7.2-2。

表 7.2-2 不同参数下系统的响应并做定性分析

	K_P		K_I		K_D	
	增大	减小	增大	减小	增大	减小
速度控制						

2. 实物接线测试。

① EM100458 挂箱面板上“高性能 PWM 驱动器”的 DE，AI1，AI2，COM 分别接“USB 数据采集卡接口”的 DO0，AO0，DO1，AGND。

② M03 导轨转速表上 U0 的“+”“−”分别接“USB 数据采集卡接口”的 AI0，AGND。

③ 将导轨上的 KM11 的红、黑色接线柱分别接至“高性能 PWM 驱动器”的 M+，M−。

④ EM11-A-L01 挂箱的“电枢电压输出”正极接 EM11-A-L03 的 R5 可调电阻的 A52 端子，然后从 A51 端子引入制动器的正极；EM11-A-L01 挂箱的“电枢电压输出”负极接制动器的负极。

⑤ 将“USB 数据采集卡”通过 USB 数据线连接至 PC。

3. 设置调速系统 PID 参数，注意系统参数对于系统运行的稳定性的要求。

(1) 打开 PIDTEST2 上位机软件，OP 模式选择为“自动 PID 调节”，然后点击菜单栏的【系统】，选择“连接采集卡”。

(2) 打开挂箱电源开关，上位机软件“设定转速”值输入“1000 r/min”，开始闭环 PWM 调速实验。

(3) 启动直流电枢电源开关，将励磁电压调整到 40 V。

(4) 调节 PID 参数至稳态。其中，K_P 为比例系数，K_I 为积分时间常数，K_D 为微分时间常数，T_D 为采样节拍周期。

① 若超程大、过冲大，如图 7.2-1 所示，则需把 K_P 值调小（先粗调再微调），若还超程，再把 K_I 调小。

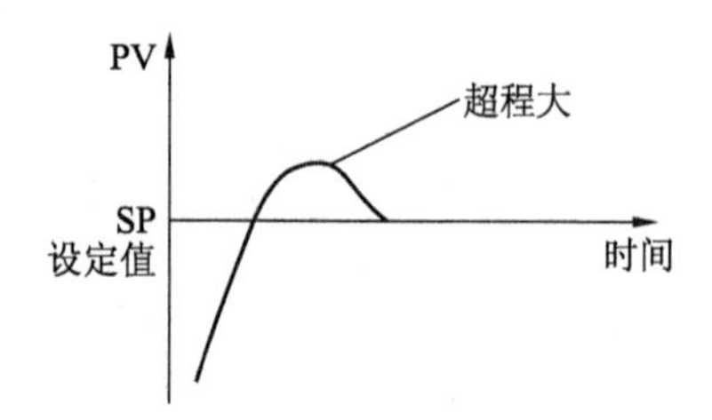

图 7.2-1 超程大、过冲大时调节

② 若启动时间过长，如图 7.2-2 所示，则需把 K_P 值调小（微调），若还超程，再把 K_I 值调小。

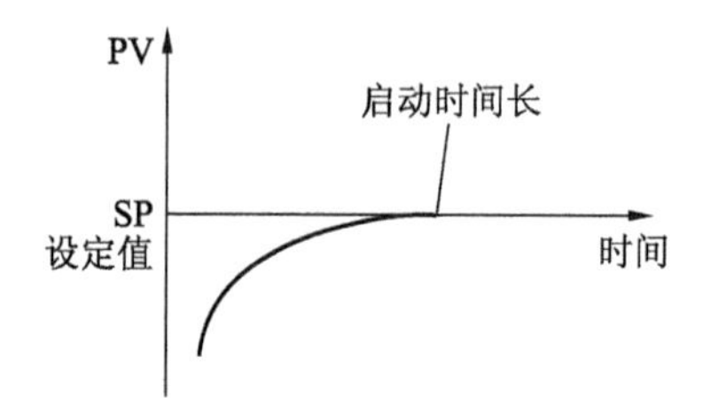

图 7.2-2 启动时间过长

③ 若偏差难以消除，如图 7.2-3 所示，则需把 K_I 值调小。

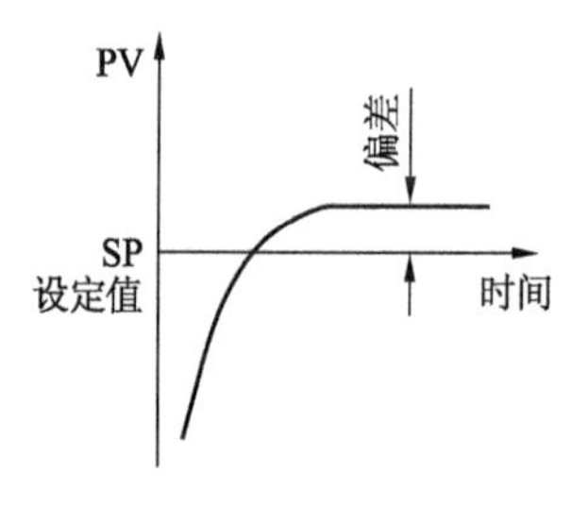

图 7.2-3 偏差的调节

④ 若产生震荡，如图 7.2-4 所示，则需关掉积分 K_I 和微分 K_D 的值（均为 0），若还有振荡，就加大比例 K_P 的值。

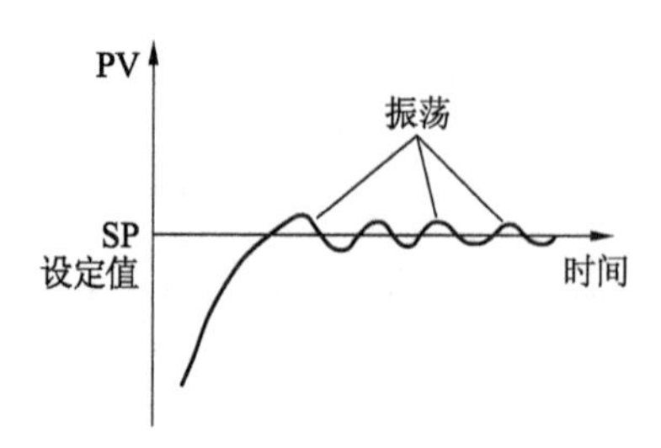

图 7.2-4 震荡的调节

4. 改变 R_5 的电阻值，观察电机响应曲线的变化，填写表 7.2-3。

实验调试结果的理想状态是电机整个过程可控，转速运行平稳，无超调，无振荡，无异常噪音。当输入为 0 时，电机迅速停止转动；当负载（制动器）变化时，电机速度不受影响。

四、实验报告

1. 观察不同参数下系统的响应，并做定性分析（响应时间快慢，是否超调，是否振荡）。

2. 电机响应情况见表 7.2-3。

表 7.2-3 电机响应情况

	转速指示变化
R_5 的电阻值变大	
R_5 的电阻值变小	
直流电枢电压变大	
直流电枢电压变小	

3. 记录实验用电机的铭牌数据于表 7.2-4。

表 7.2-4 电机的铭牌数据

名称	容量	转速
电压	电流	绝缘等级

五、思考题

提交基于 MatLab 的位置式 PID 控制实验程序。

实验三 交流电机变频调速（原理）

实验学时：2
实验类型：验证
实验要求：设计
实验教学方法与手段：教师面授＋学生操作

一、实验目的

1. 掌握变频器的基本操作，熟悉变频器的参数设置。

2. 通过交流变频调速实验，了解变频调速原理，理解调频调压机理。
3. 测定 V/F 曲线。

二、实验设备和仪器

1. 三相异步电机变频调速实验箱 1 套。
2. LDS31010F 多功能混合数字存储示波器 1 台。

三、实验原理

异步电机转速基本公式为：

$$n=\frac{60f}{p}(1-s) \tag{7.3-1}$$

式中：n 为为电机转速(r/min)；f 为电源频率(Hz)；p 为电机极对数；s 为电机的转差率。当转差率固定在最佳值时，改变 f 就可以改变转速 n。

为使电机在不同转速下运行在额定磁通，改变频率的同时必须成比例地改变输出电压的基波幅值，这就是所谓的 VVVF(变压变频)控制。工频 50 Hz 交流电源整流后可以得到一个直流电压源，对此直流电压进行 PWM 逆变控制，使变频器输出的 PWM 波形中的基波为预先设定的电压/频率比曲线所规定的电压频率数值。因此，这个 PWM 的调制方法是其中的关键技术。

目前常用的变频器调制方法为正弦波 PWM、马鞍波 PWM 和空间电压矢量 PWM。

正弦波脉宽调制法(SPWM)是最常用的一种调制方法，SPWM 信号通过用三角载波信号与正弦信号相比较的方法产生，当改变正弦参考信号的幅值时，脉宽随之改变，从而改变了主回路输出电压的大小。当改变正弦参考信号的频率时，输出电压的频率即随之改变。在变频器中，输出电压的调整和输出频率的改变是同步协调完成的，这称为 VVVF(变压变频)。

SPWM 调制方式的特点是，半个周期内脉冲中心线等距、脉冲等幅、调节脉冲宽度、各脉冲面积之和与正弦波下的面积成正比，因此，其调制波形接近于正弦波。在实际运用中，三相逆变器由一个三相正弦波发生器产生三相参考信号，再与一个公用的三角载波信号相比较，从而产生三相调制波，如图 7.3-1 所示。

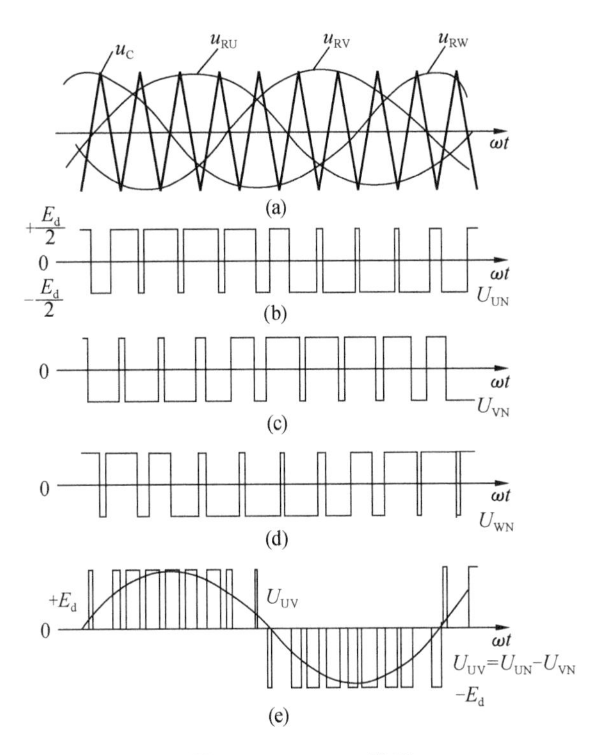

图 7.3-1 SPWM 波形

四、实验内容及步骤

1. 2 组跳线均悬空，即设定到 SPWM 方式。

2. 将跳线开关(K_1,K_2,K_3,K_4)设定到 V/F 曲线 0 的位置。

3. 接通电源，启动电机。

4. 将频率设定到 0.5 Hz，通过测试孔 1，测量输出电压的幅值并记录。

5. 逐步升高频率，每次都测量并记录输出电压的幅值，同时观测正弦波的变化，最终将频率升至 60 Hz。

6. 分别将跳线开关 K_1～K_4 设定到 0,1 的位置，并通过前述的步骤测量相应的 V/F 曲线。(注意：K_1～K_4 设定的改变一定要在断电的情况下进行)

五、实验报告

绘出 0,1,2,3 号 V/F 曲线，解释在 50～60 Hz 范围内输出电压的幅值不发生变化的原因。

实验四 直流力矩电机速度伺服控制(模拟控制)

实验学时:2

实验类型:综合、设计

实验要求:选修

实验教学方法与手段:多媒体教学+学生操作

实验必备知识:完成《电子电工》模拟电路实验、《控制工程基础》典型环节实验和《机电系统建模与仿真》MatLab 模拟实验。

一、实验目的

1. 理解基于 PDF(或 PID)控制算法的直流力矩电机伺服控制基本原理和基本策略。
2. 掌握 PDF(或 PID)控制算法中参数的变化对被控对象的影响。

二、实验设备和仪器

1. 直流电机(含测速发电机)。
2. 功率放大器。
3. 自动控制实验箱。
4. 万用表、转速表。
5. 电阻、电容、连接导线若干。
6. 电脑安装 MatLab 软件。

三、实验原理(PDF 控制原理)

在控制方法上,目前主要有 PID 控制、自适应控制、人工智能、神经网络控制及伪微分(Pseudo Derivative Feedback,PDF)控制。控制基本原理是:用比例环节(P)及时跟随指定输入;用积分环节(I)消除静差,使系统成为无差系统;用微分环节(D)预测变量变化以增强系统的快速性和稳定性。在模拟电路控制系统中,使用运算放大器实现控制;在数字控制系统的硬件实现中,时下比较流行的有单片机、可编程控制器和工控卡等。本实验采用模拟电路控制系统。

经典控制理论最基本的概念就是反馈,典型的反馈控制系统一般由 4 部分组成:被控对象、末级控制单元 FCE(Final Control Element)、控制器和被控对象测量单元。其相互关系如图 7.4-1 所示。

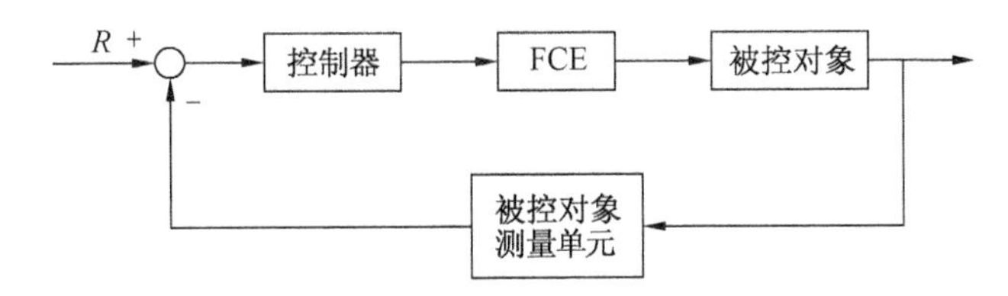

图 7.4-1 反馈控制系统

1. 伪微分(PDF)控制理论的建立

下面以一阶控制系统为例(见图 7.4-2),通过对各种控制方法的分析和改进,得到伪微分反馈控制的原理。

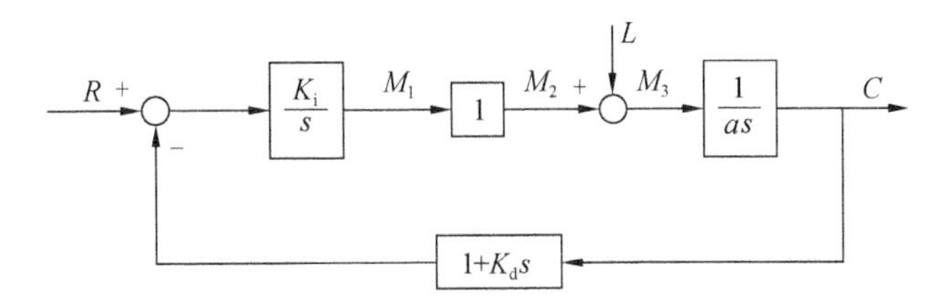

图 7.4-2 一阶被控系统微分反馈补偿方框图

$$C=\frac{K_i}{as^2+K_iK_ds+K_i}R+\frac{S}{as^2+K_iK_ds+K_i}L \tag{7.4-1}$$

其特征方程为:

$$as^2+K_iK_ds+K_i=0 \tag{7.4-2}$$

因其所有项系数都为正,故系统稳定。

根据以上分析,作为一阶被控系统,控制器方框图应如图 7.4-3 所示。

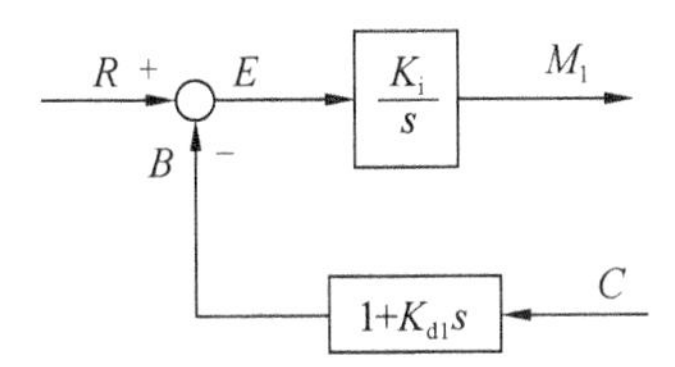

图 7.4-3 一阶被控系统微分反馈补偿器方框图

由可调整性可知,控制系统特征方程中的每一项系数不能具有控制参数的乘积或和的表达式,也就是说,M_1 中的每一项只能受到一个控制参数的影响。由图 7.4-3 可得出 M_1 的表达式为

$$M_1=\frac{K_i}{s}E-K_iK_{d1}C \tag{7.4-3}$$

从上式可以看出,表达式右边的 2 项并非独立的,因为 K_i 的变化同时改变右边 2 项的参数。从图中可以看出,对输出信号 C 微分的积分仍然是 C,这就说明没有必要对 C 进行微分,而且在工程上要尽量避免微分运算,可以将图 7.4-3 的控制器改成如图 7.4-4 所示。故有

$$M_1=\frac{K_i}{s}E-K_{d1}C \tag{7.4-4}$$

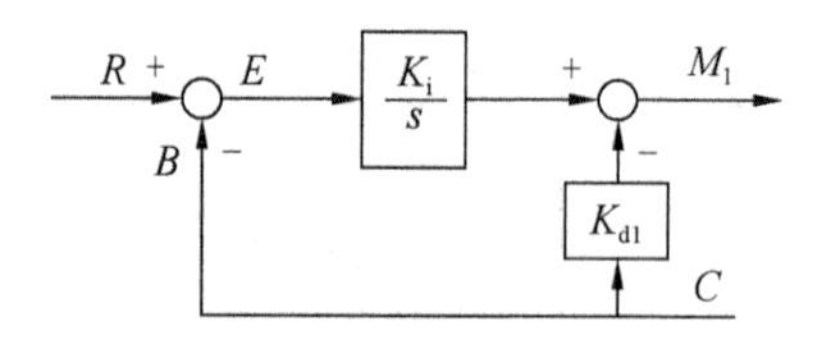

图 7.4-4 改进型一阶被控系统微分反馈补偿器方框图

在图 7.4-4 中不仅取消了微分运算，使 M_1 表达式右边的两项互相独立，各项系数可以分别调整，而且可以完全获得误差 $E=R-C$ 用以观察。图 7.4-5 中的控制器从数学角度来说和图 7.4-4 中的控制器完全相同，虽然图 7.4-4 中没有对被控变量直接进行微分，但得到与微分完全相同的结果，因而称作伪微分反馈，即 PDF。图 7.4-5 中，a 为系统阻尼，K 为系统增益。

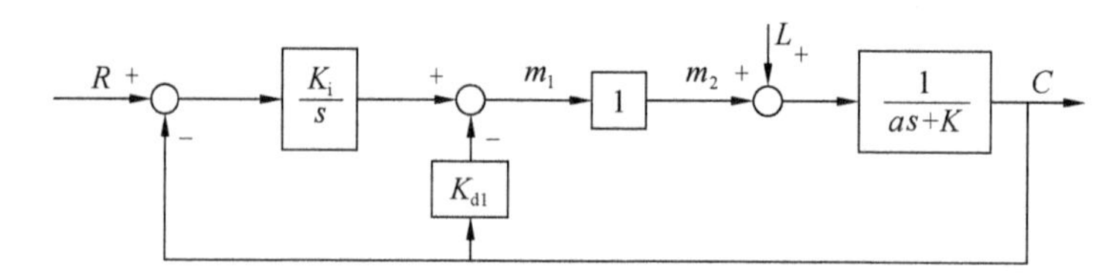

图 7.4-5 一阶被控系统伪微分反馈控制方框图

2. 直流电机速度控制系统

直流电机速度控制属于一阶控制，其控制框图与图 7.4-5 同，其响应曲线如图 7.4-6 所示。

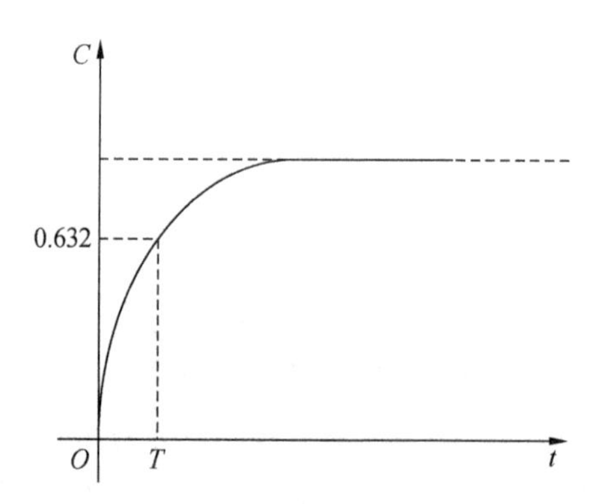

图 7.4-6 直流电机速度控制系统伪微分反馈控制响应曲线

伪微分(PDF)控制方法既具有传统的 PID 控制实施容易的优点，又兼有自适应控制方法性能优良的特点。即该控制理论算法简单，响应性能良好，抗外界负载能力很强，且对受控系统模型参数变化不敏感，即具有极佳的鲁棒性。

四、实验内容及步骤

1. MatLab 仿真实现电机速度控制

① 使用 MatLab 搭建图 7.4-5 所示一阶被控系统伪微分反馈控制方框图，以实现电

机的速度控制，并进行定性分析，填写表 7.4-1。

② 模拟实验成功后再实物接线测试。（选做）

2. 模拟电路控制系统实现电机速度控制

如图 7.4-7 所示，整个控制系统由实验箱、功率放大器、测速发电机和最终的执行元件（直流电机）组成，形成闭环控制回路。利用实验箱的比例器、积分器、加（减）法器搭成控制系统，阶跃信号（实验箱自带）通过控制系统后，由功率放大器放大，驱动电机转动，测速发电机作为被控对象测量单元，将电机转速转化为电压反馈回实验箱的控制系统。换而言之，采用电位器作为模拟输入，运算放大器作为算法控制器，功率放大器作为能量提供单元，测速发电机作为测量反馈元件，与直流电机构成闭环控制系统。

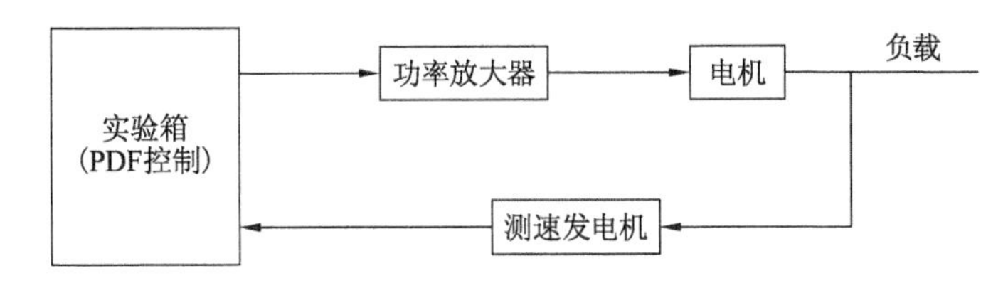

图 7.4-7 模拟电路控制系统原理图

PDF 模拟控制系统接线图如图 7.4-8 所示。

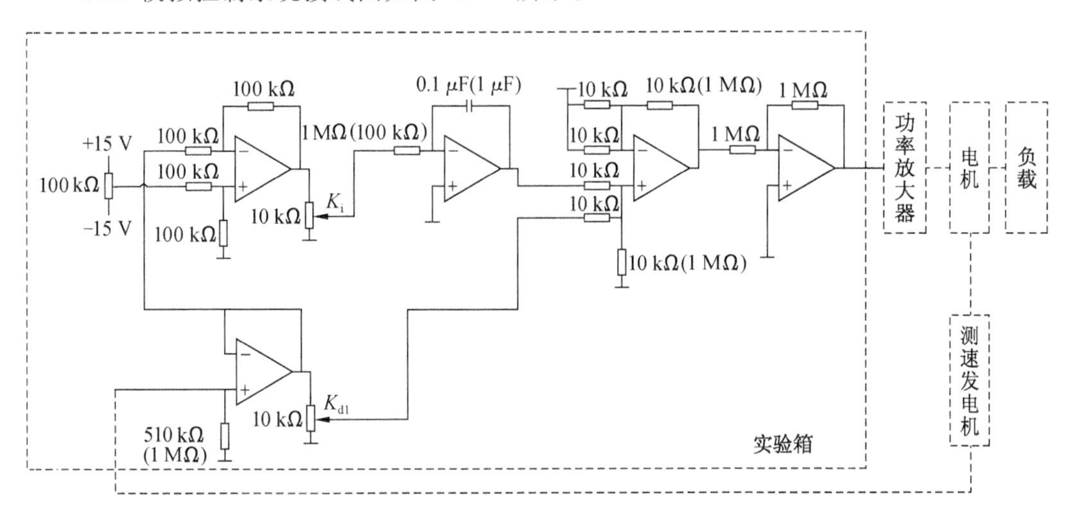

图 7.4-8 直流电机 PDF 模拟控制系统接线图

实验调试结果的理想状态是电机转速能跟随阶跃信号输入的变化而变化，当输入电压升高，电机转速变快，且速度不受外界干扰影响；反之，电机转速变慢。当输入为 0 时，电机迅速停止转动。整个过程可控，无超调、无振荡、无异常噪音。

五、实验报告

1. 观察不同参数下系统响应，并做定性分析（响应时间快慢，是否超调，是否振荡），见表 7.4-1。

表 7.4-1 不同参数下系统的响应

	K_i		K_d	
	增大	减小	增大	减小
速度控制				

2. 记录实验用电机的铭牌数据于表 7.4-2。

表 7.4-2 电机的铭牌数据

电机名称	型号	额定转矩
最高电压	最高转速	额定电流

六、思考题

画出直流电机速度控制的 PID 控制框图和模拟电路图,并标明各环节的名称。

实验五 步进电机开环控制(VB 控制)

实验学时:2
实验类型:验证
实验要求:选修
实验教学方法与手段:多媒体教学+学生操作

一、实验目的

1. 理解步进电机的运行原理及其驱动电路。
2. 学习使用 VB 语言编制简单的程序并产生脉冲信号,以进行步进电机控制。
3. 通过串口实现步进电机的速度控制、位置控制及正反转控制。
4. 通过步进电机控制实验,使学生能够理解实际步进电机的控制方式,理解环形分配原理,以及熟悉简单的 VB 编程及相应的硬件接口知识。

二、实验设备和仪器

实验板、专用串行口接线、导线、光耦、电阻、示波器、万用表、常用工具等。

三、实验原理(步进电机的工作原理)

下面叙述三相反应式步进电机原理。

1. 结构

电机转子上均匀分布着很多小齿，定子齿有 3 个励磁绕组，其几何轴线依次分别与转子齿轴线错开。

0，1/3τ，2/3τ，（相邻两轴子齿轴线间的距离为齿距，以 τ 表示）表示 A 与齿 1 相对齐，B 与齿 2 向右错开 1/3τ，C 与齿 3 向右错开 2/3τ，A′与齿 5 相对齐（A′就是 A，齿 5 就是齿 1）。图 7.5-1 是定、转子的展开图。

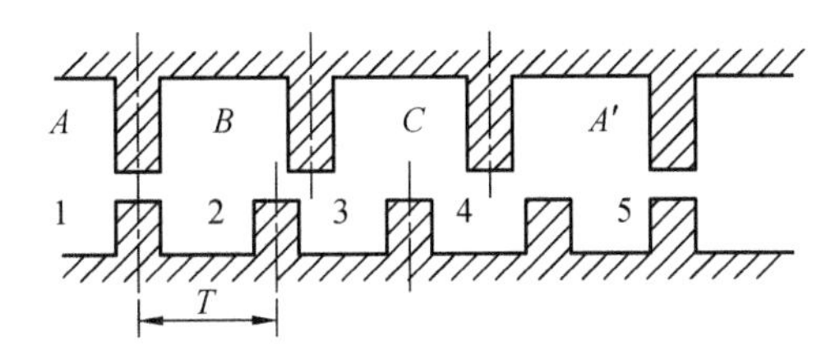

图 7.5-1　定、转子的展开图

2. 旋转

① 如 A 相通电，B 和 C 相不通电，由于磁场作用，齿 1 与 A 对齐（转子不受任何力，以下均同）。

② 如 B 相通电，A 和 C 相不通电，齿 2 应与 B 对齐，此时转子向右移过 1/3τ，齿 3 与 C 偏移为 1/3τ，齿 4 与 A 偏移（τ－1/3τ）＝2/3τ。

③ 如 C 相通电，A 和 B 相不通电，齿 3 应与 C 对齐，此时转子又向右移过 1/3τ，齿 4 与 A 偏移为 1/3τ 对齐。

④ 如 A 相通电，B 和 C 相不通电，齿 4 与 A 对齐，转子又向右移过 1/3τ。

如此经过 A，B，C，A 分别通电状态，齿 4（即齿 1 前一齿）移到 A 相，电机转子向右转过一个齿距。如果不断地按 A，B，C，A 顺序通电，电机就每步（每脉冲）行进 1/3τ，向右旋转，电机正转；如果按 A，C，B，A 顺序通电，电机就反转。

由此可见，电机的位置和速度与导电次数（脉冲数）和频率一一对应，而方向由导电顺序决定。

四、实验内容及步骤

如图 7.5-2 所示，串口的 7 脚（D0）为高电平时，驱动器的 CP IN 口为高电平，步进电机转动；反之，步进电机停转。串口的 4 脚（D1）控制电机正反转，当为高电平时，驱动器的 CW/CCW 口为高电平，步进电机正转；反之，步进电机反转。

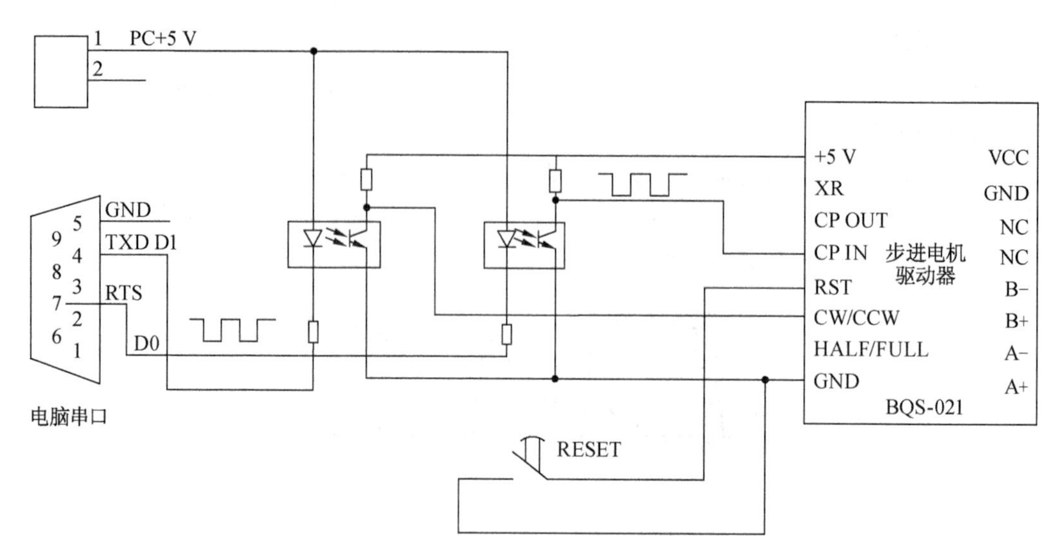

图 7.5-2　步进电机开环控制原理图

实验接线见图 7.5-3(注意所有的元器件需共地)。

① 把实验板上直流电源的“+12V”“0”接到步进电机驱动模块的“VCC”“GND”上。

② 把直流电源上的“RX”两端接到驱动模块的“RX”和“CP OUT”上。

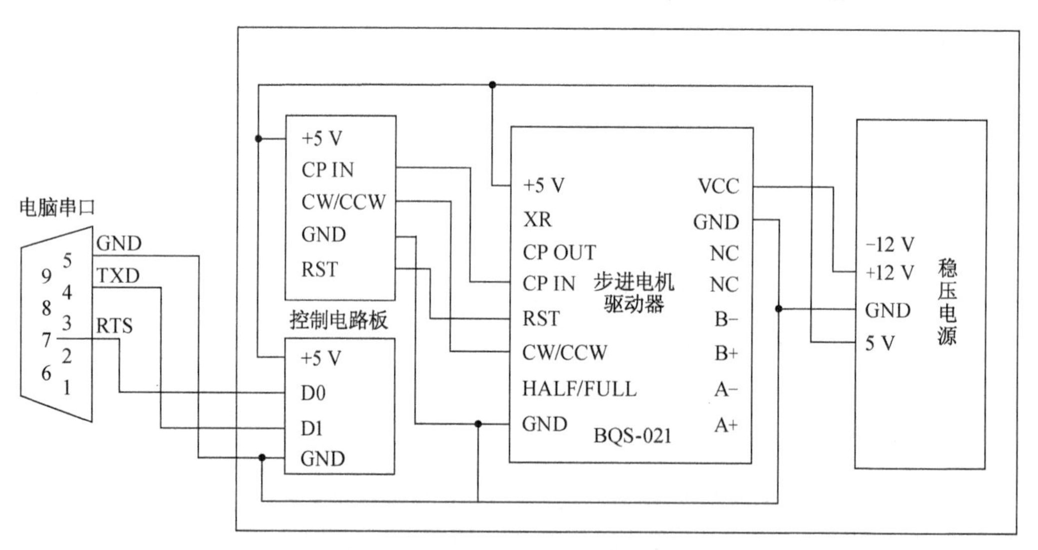

图 7.5-3　步进电机开环控制接线图

③ 把驱动模块上的“CP OUT”连接到“CP IN”上。

④ 把驱动模块上的“CW/CCW”连接到“+5 V”上。

⑤ 接通电源,步进电机即正转。

⑥ 若把驱动模块上的“CW/CCW”连接到“GND”上,通电后步进电机反转。

⑦ 调节直流电源上的电位器,将会改变步进电机的运行速度。

⑧ 用示波器检测“CP IN”,可观测到步进电机的控制脉冲。

⑨ 在步进电机的任一相串接一只 1 Ω 电阻,可用示波器在电阻两端检测到步进电机

驱动电流的波形。

⑩ 改变驱动模块上"HALF/FULL"的电平,可改变步进电机运行的步距角。

步进电机运行中,若按"RESET"键,步进电机即停止运行。

断开驱动模块上左边的所有接线,改用专用并行口接线,试用PC机控制步进电机运行。

用C语言或VB语言编制一段脉冲发生器程序,步进电机的运行脉冲由"LPT1"的D0线输出,而D1线用作正反转控制信号。"LPT1"的口地址为"378"。要求所编的程序能控制步进电机的运行速度、运转角度及运转方向。

五、思考题

1. 打印(或写出)自己编制的原程序,程序中用注释以说明运行频率、运转角度等。
2. 如何提高步进电机驱动电流脉冲前沿的上升率并且限制其最大运行电流?
3. 若要求电机旋转与你的学号(后两位数)相等的周数,则 R_0 应是多少?
4. 写出改变电机旋转方向的程序。

实验六　交流电机变频调速(应用)

实验学时:2
实验类型:综合、设计
实验要求:选修
实验教学方法与手段:教师面授+学生操作

一、实验目的

1. 掌握变频器的基本操作,熟悉变频器的参数设置。
2. 通过交流变频调速实验,了解变频调速原理,理解调频调压机理。

二、实验设备和仪器

1. 德国Sew公司交流变频电机2台。
2. 德国Sew公司变频器2台。
3. 交流变频调速试验台1套。
4. 斯沃数控机床仿真软件1套。

三、实验原理

实验原理图如图7.6-1所示。

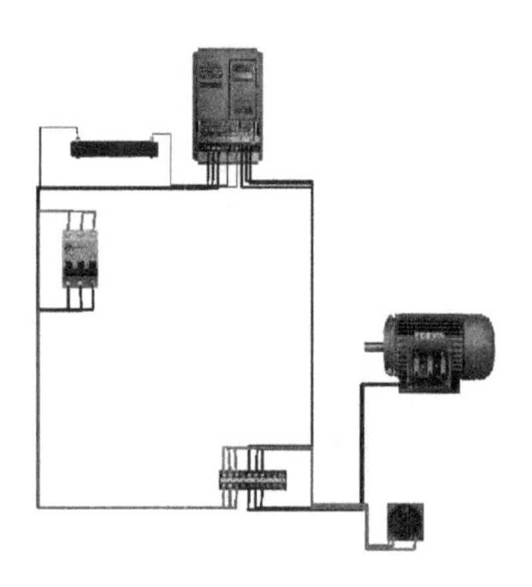

图 7.6-1 实验原理图

四、实验内容及步骤

1. 实物观摩 Sew 公司交流变频调速系统的组成，了解其使用方法。

2. 选择斯沃数控机床仿真软件的“电气”分系统，选择“西门子 802C 铣床”辅助完成实验。

(1) 看懂电气图并正确选择电气元件布局、接线、参数设置。

(2) 熟悉电气原理图，找出和实验相关联的电气元器件。元器件信息见表 7.6-1。

表 7.6-1 实验元器件表

序号	名称	型号	数量	备注
1	东元变频器	7200MA(380V/5.4HP)	1 个	
2	变频电机	YVP112M-2	1 台	
3	端子排		1 个	L1
4	低压断路器	DZ47 - 63 - D32	1 个	
5	总电源开关	HR-31	1 个	
6	刹车电阻	C703090009-7.5	1 个	
7	主轴电机	YVP112M_2_Y	1 个	

(3) 接线步骤如下：

① 总电源开关三相 380 V 到端子排 L1(上端进，下端出，端子位置参照电气图)，从端子排到低压断路器 DZ47 - 63 - D32(上端进，下端出)，从低压断路器到变频器的 R/L1，S/L2，T/L3，从变频器的 U/T1，V/T2，W/T3 到端子排 L1(上端进，下端出)，从端子排到主轴电机。

② 变频器的 B1/P 和 B2 端子分别接到刹车电阻的 2 个端子。

(4) 接线完毕，通过修改变频器频率，完成电机的启停和正反转等功能测试。变频器主要参数表见表 7.6-2。

表 7.6-2 变频器主要参数表

参数号	参数值	说明	参数号	参数值	说明
SN02	15	V/F 曲线	CN02	100	最大输入频率
SN03	1	操作状态	CN03	380	最大电压
SN04	1	运转指令	CN04	50	最大电压输出频率
SN05	1	运转指令	CN09	9	电机额定电流
CN01	380	输入电压	BN02	3	减速时间

在确保 SN03=0(为 0 参数可改)的前提下,完成变频器设置:

① 先设置 SN02=15;

② 然后设置 CN01=380,CN02=100,CN03=380,CN04=50,CN09=9;

③ 接下来设置 BN02=3 和 SN03=1;

④ SN04 和 SN05 的缺省是 0(控制器单独控制)(SN04=1,SN05=1 系统控制有效);

⑤ 最后设置输入频率。

五、实验注意事项

1. 变频调速实验台中的放电电阻有高压(最高可达 880 V)和高热,变频电机运行的高压为 380 V,请保持距离,勿触摸它们,注意安全。

2. 观摩电机运转时,请保持距离并站在防护网后面,以防止皮带飞出伤人。

3. 实验完毕,归还实验器材,提交实验文档数据(含做好的接线图和调试视频录像)后,经教师允许方可离开。

附录一　登录斯沃数控服务器

斯沃数控机床仿真软件登录界面如附图 7-1 所示。

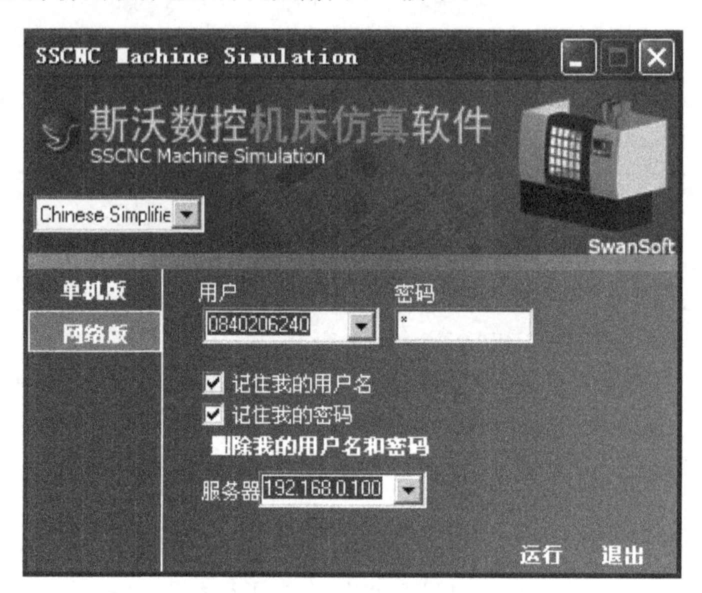

附图 7-1　登录界面

1. 设置 IP 地址为：192.168.0.××；××为自己学号的后 2 位；子网掩码为：255.255.255.0。

2. 在左边文件框内选择网络版。

3. 用户名：学号（注意：尾号为 01 的输入 1，去掉前缀 0，尾号为 11 的输入 11，以此类推）；密码：1。

4. 在记住用户名和记住密码中打钩选择。

5. 输入服务器的 IP 地址：192.168.0.100。

6. 点击【运行】，进入系统界面。

如果登录不了，请关闭防火墙再登录，或者查看网线是否通畅。

附录二 变频器的操作说明

1. LCD 数字操作器的显示及操作。

JNEP－31 数字操作器有 DRIVE 模式及 PRGM 模式 2 种，只有在变频器停止时，才可以 PRGM/DRIVE 键来切换 DRIVE 模式与 PRGM 模式。在 DRIVE 模式下，变频器才可做帮运转操作；在 PRGM 模式下，可更改参数内容（确保 sn03＝0 时参数可改）。

2. LCD 数字操作器各部分名称及机能见附图 7-2。

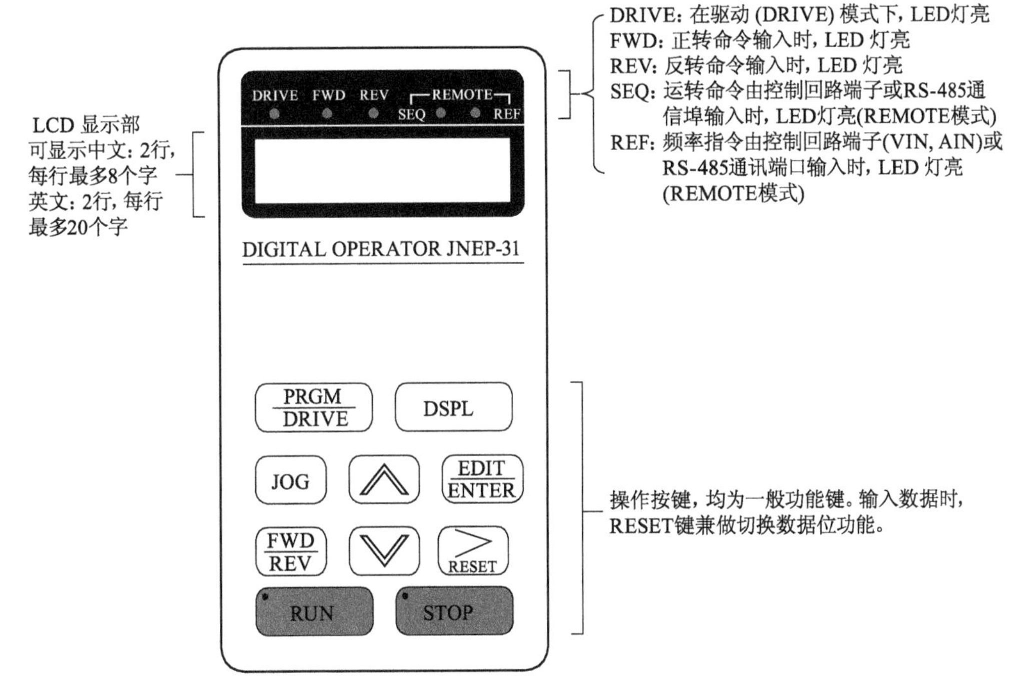

附图 7-2 LCD 数字操作器各部分名称及机能

第8章 机电一体化产品设计

实验一　数控机床的解剖实验

实验学时:2

实验类型:综合

实验要求:必修

教学方法与手段:多媒体教学＋学生操作

数控机床是学生都熟悉的大型高精密设备,是非常典型的机电液光一体化产品。本实验以数控机床为平台,对机电一体化产品的机械和电气结构进行解剖。

一、实验目的

1. 熟悉和理解数控机床的构成及产品的基本原理。

2. 了解数控机床功能模块之间的机械、电气接口特性,提高学生对机电一体化产品设计、设备故障诊断等方面的能力。

3. 根据数控机床的设计流程,编写数控机床每个模块的设计过程,同时完成该机床的功能分析形态学矩阵。

4. 认识数控机床实物,包括机械部件和主要电气部件。

5. 在软件中完成机械部件装配,并和实物对比。

6. 在软件中完成电气部件装配,并和实物对比。

二、预习要求

1. 实验前安装好"斯沃数控机床仿真" SSMAC1.5.3.6SetupDemo 软件,试用版运行(WIN7 以上系统以兼容模式 XP SP3 运行)。

2. 撰写预习报告。

三、实验设备和仪器

1. 斯沃数控机床仿真软件 1 套。

2. MVC850 加工中心 1 台或者 XK7124 数控铣床 1 台。

3. CAK6140 数控车 1 台。

四、实验内容及步骤

1. 认识机床的主轴结构;认识 X,Y,Z 和 A 轴(如有)机构;了解电机、丝杠联轴器、导轨等机构;了解换刀机构,填写表 8.1-1。

2. 认识机床电气结构,结合斯沃数控机床仿真软件,填写表 8.1-2。

3. 打开“斯沃数控机床仿真”软件—“机床模型”—“ 机床结构”,了解丝杠连接总成、主轴箱总成、伺服总成、Z 轴总成、主轴结构、铣床整体模型、车床整体模型等;打开“斯沃数控机床仿真”软件—“机床模型”—“机床装配”,选择“铣床整体模型”,完成机床结构装配,并填写表 8.1-3。

表 8.1-1 加工中心技术参数表

设备名称　　　　　　　　　　型号　　　　　　　　　　厂家

技术参数	指标
工作台面积	mm^2
三向行程	mm
主轴轴端至工作台距离	mm
主轴中心至导轨距离	mm
主轴锥孔	
主轴转速	r/min
主电机功率	kW
工作台最大承重	kg
切削进给速度	mm/min
快速进给速度	mm/min
定位精度	mm
重复定位精度	mm
控制系统	
控制轴数	
联动轴数	
最小输入单位	mm
最小输出单位	mm

表 8.1-2 机床主要电气元器件表

设备名称　　　　　　　　　　型号　　　　　　　　　　厂家

序号	名称	功能描述	备注
1	变频器		
2	交流伺服驱动器		
3	接触器		
4	断路器		
5	继电器模块		
6	灭弧器		
7	开关电源		
8	变压器		
9	步进驱动器		
10	继电器		
11	刹车电阻		

表 8.1-3 机床机械结构装配表

装配序号	名称	数量	装配序号	名称	数量	装配序号	名称	数量
1	机床床身	1	21			41		
2			22			42		
3			23			43		
4			24			44		
5			25			45		
6			26			46		
7			27			47		
8			28			48		
9			29			49		
10			30			50		
11			31			51		
12			32			52		
13			33			53		
14			34			54		
15			35			55		
16			36			56		
17			37			57		
18			38			58		
19			39			59		
20			40			60		

五、课后作业

完成加工中心(或者数控铣床)形态学矩阵。

实验二 工业机器人产品解剖

实验学时:2
实验类型:综合
实验要求:必修
实验教学方法与手段:教师面授+学生操作

一、实验目的

1. 通过给定的教学机器人,使学生认识和了解工业机器人的基本结构和组成。
2. 初步了解机械手的编程和控制方法。

二、实验设备和仪器

1. XS-RB-1500 六自由度工业机器人 1 台。
2. XS-XN-GF 虚拟工业机器人仿真系统 5 套。

三、实验内容及步骤

1. 熟悉机器人坐标系

(1) 关节坐标系
机器人的各轴进行单独动作,称为关节坐标系,如图 8.2-1 所示。

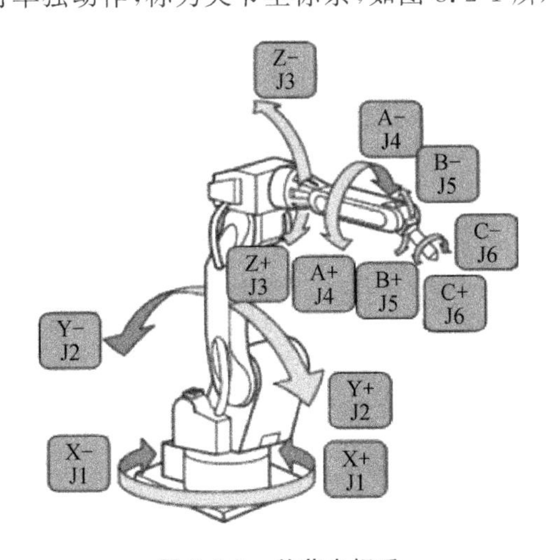

图 8.2-1 关节坐标系

(2) 直角坐标系

机器人沿设定的 X 轴、Y 轴、Z 轴平行移动，如图 8.2-2 所示。

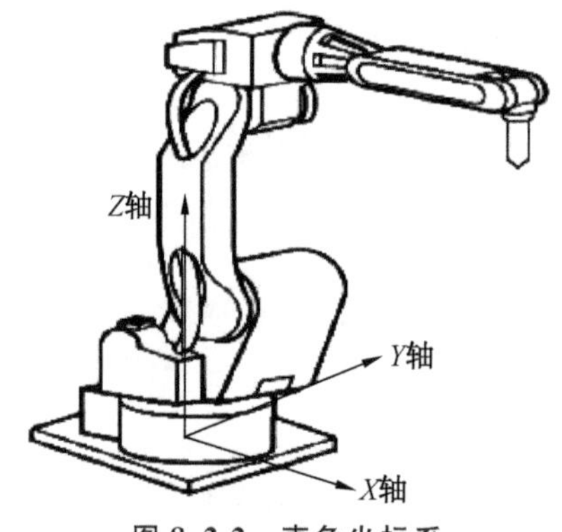

图 8.2-2 直角坐标系

(3) 工具坐标系

工具坐标系把机器人腕部法兰盘所持工具的有效方向作为 Z 轴，并把坐标系定义在工具的尖端点，如图 8.2-3 所示。

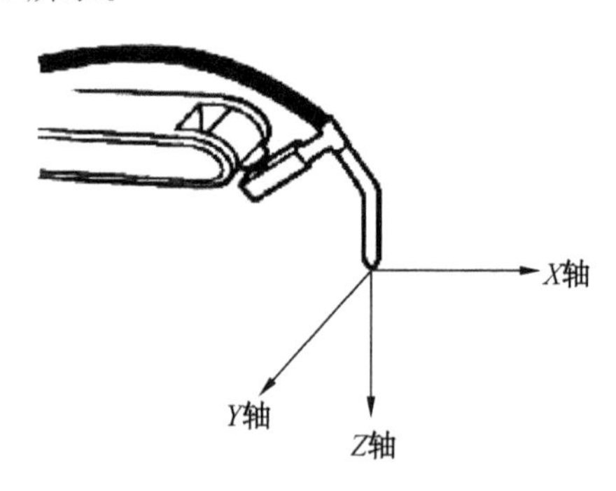

图 8.2-3 工具坐标系

(4) 用户坐标系

机器人沿所指定的用户坐标系各轴平行移动，如图 8.2-4 所示。

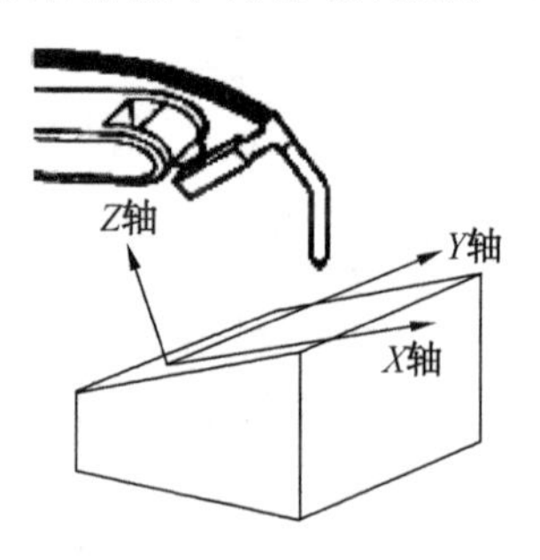

图 8.2-4 用户坐标系

2. 熟悉机器人 6 轴的机械结构

(1) $J1$ 轴

底座、$J1$ 轴 RV 减速机、$J1$ 轴上过渡板、$J1$ 轴伺服电机。

(2) $J2$ 轴

$J2$ 轴电机座、$J2$ 轴 RV 减速机、$J2$ 轴伺服电机(带刹车)、$J2$ 轴主臂。

(3) $J3$ 轴

$J3$ 轴电机座、$J3$ 轴 RV 减速机、$J3$ 轴伺服电机(带刹车)、$J2$ 轴主臂。

(4) $J4$ 轴

$J4$ 轴电机座、$J4$ 轴谐波减速机、$J4$ 轴伺服电机、$J4$ 轴同步轮、$J4$ 轴旋转臂。

(5) $J5$ 轴

$J5$ 轴电机座、$J5$ 轴谐波减速机、$J5$ 轴伺服电机、$J5$ 轴同步轮。

(6) $J6$ 轴

$J6$ 轴电机座、$J6$ 轴谐波减速机、$J6$ 轴伺服电机。

3. 绘制机器人 6 轴的机构简图

使用直尺、铅笔、白纸等工具，手工绘制实验提供的机器人的机构简图，并提交实验教师签字确认。

四、思考题

简述工业机器人用 RV 减速机和谐波减速器的原理。

附录　主要电气元件介绍

1. 变频器

(1) 变频器的意义

变频器是利用电力半导体器件的通断作用将工频电源变换为另一频率的电能控制装置，用于实现主轴的无级变速及正反转。

(2) 变频器的型号

变频器的型号有 7200CX 和 7200MA，如附图 8-1 所示。

(a) 7200CX 型

(b) 7200MA 型

附图 8-1　变频器型号

2. 交流伺服驱动器

交流伺服驱动器的型号有 TSDA15B-TSB301C27H 和 TSDA30B-TSB102B27H，如附图 8-2 所示。

(a) TSDA15B-TSB301C27H 型　　(b) TSDA30B-TSB102B27H 型

附图 8-2　交流伺服驱动器

数控机床的伺服系统是机床主体和数控系统（CNC）的连接环节，是数控机床的重要组成部分。伺服系统的作用：接收来自数控系统的指令信号，经过放大和转换，驱动工作台跟随指令脉冲运动，实现预期的运动，并保证动作的快速和准确。

3. 接触器

附图 8-3 所示为接触器原理图。

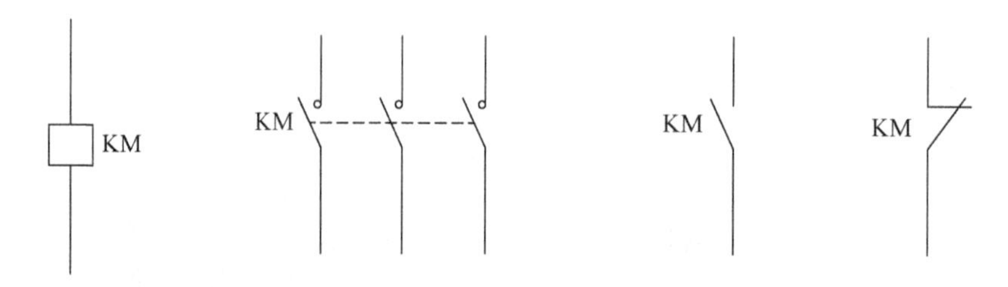

附图 8-3　接触器原理图

接触器是用于远距离频繁地接通与断开交直流主电路及大容量控制电路的一种自动切换电器。其主要控制对象是电动机，也可用于控制其他电力负载，如电热器、电焊机等。接触器不仅能实现远距离集中控制，而且操作频率高、控制容量大，具有低电压释放保护、工作可靠、使用寿命长等优点，是接触器控制系统最重要和最常用的元件之一。

接触器种类很多，按其主触头通过电流的种类，可分为交流接触器和直流接触器，机床控制上以交流接触器应用最为广泛。

(1) 交流接触器

交流接触器常用于远距离接通和分断电压小于 1140 V、电流小于 630 A 的交流电路，以及频繁控制交流电动机。它由电磁系统、触头系统、灭弧装置、弹簧和支架底座等部分组成。

① 电磁系统 交流接触器的电磁系统采用交流电磁机构，当线圈通电后，衔铁在电磁吸力的作用下克服复位弹簧的拉力与铁芯吸合，带动触头动作，从而接通或断开相应电路。当线圈断电后，动作过程与上述相反。

② 触头系统 根据用途不同，接触器的触头可分为主触头和辅助触头。主触头用以通断电流较大的主电路，一般由3对动合触头组成；辅助触头用于通断小电流的控制电路，由动合和动断触头成对组成。

③ 灭弧装置 接触器用于通断大电流电路，通常采用电动力灭弧、纵缝灭弧和金属栅片灭弧。

a. 电动力灭弧 当触头断开时，在断口产生电弧，根据右手螺旋定则，产生磁场，此时电弧可以看作一载流导体，又根据电动力左手定则，对电弧产生电动力，将电弧拉断，从而起到灭弧作用。

b. 纵缝灭弧 纵缝灭弧是依靠磁场产生的电动力将电弧拉入用耐弧材料制成的狭缝中，以加快电弧冷却，达到灭弧的目的。

c. 金属栅片灭弧 当电器的触头分开时，所产生的电弧在电动力的作用下被拉入一组静止的金属片中，这组金属片称为栅片，是互相绝缘的。电弧进入栅片后被分割成数股，并被冷却以达到灭弧目的。

④ 其他部分 其他部分包括反作用弹簧、缓冲弹簧、触头压力弹簧片、传动机构、接线柱和外壳等。接触器的额定电压是指主触头的额定电压，额定电流是指主触头的额定电流。

常用交流接触器的型号有TLC10901和CJX2等系列，如附图8-4所示。

(a) TLC10901 型

(b) CJX2 型

附图 8-4 接触器

(2) 接触器的使用

在选用接触器时，应遵循以下原则：

① 根据被接通或分断的电流种类选择接触器类型。

② 接触器的额定电压不小于主电路的额定电压。

③ 接触器线圈的额定电压(有 36 V,110 V 或 127 V,220 V,380 V4 种)必须与接入此线圈的控制电路的额定电压相等。

④ 接触器触头数量和种类应满足主电路和控制线路的需要。

⑤ 接触器的额定电流应等于或稍大于负载额定电流。

4. 断路器

① 低压断路器即低压自动开关,又称低压空气开关或自动空气断路器,如附图 8-5 所示。它相当于闸刀开关、熔断电压继电器等的组合,是一种既有手动开关作用,又能进行欠压、失压、过载、短路保护的电器。开关的主触头是靠操作机构手动或电动合闸的,并由自由脱扣机构将主触头锁在合闸位置上。过电流脱扣器的线圈和热脱扣器的热元件与主电路串联,欠电压失脱扣器的线圈与电路并联。当电路发生短路或严重过载时,过电流脱扣器的衔铁被吸合,使自由脱扣机构动作;当电路过载时,热脱扣器的热元件产生的热量增加,使双金属片向上弯曲,推动自由脱扣机构动作;当电路失压时,失压脱扣器的衔铁释放,也使自由脱扣机构动作。分励脱扣器则作为远距离控制分断电路之用。

附图 8-5 低压断路器

② 机床上常用的自动开关有 DZ47－63 和 DZ108－20 系列,适用于在交流电压 500 V,直流电压 220 V 以下的电路中做不频繁地接通和断开电路用。选择自动开关时,其额定电压和额定电流应不小于电路正常工作的电压和电流。热脱扣器及过电流脱扣器整定电流与负载额定电流一致。

③ 断路器电气符号如附图 8-6 所示。

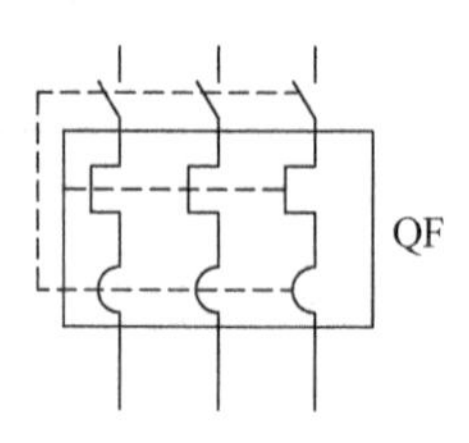

附图 8-6 断路器

5. 继电器模块

数控程序发出的刀具信号通过模块(见附图 8-7)来控制强电,使刀架选择数控操作工所需要的刀具;主轴旋转信号让主轴根据数控操作工所需要的转速旋转;机床接近开关和各个轴的回零开关发出的位置信号通过模块反馈给数控系统,使系统发出相对应的信号使机床做出对应的动作。

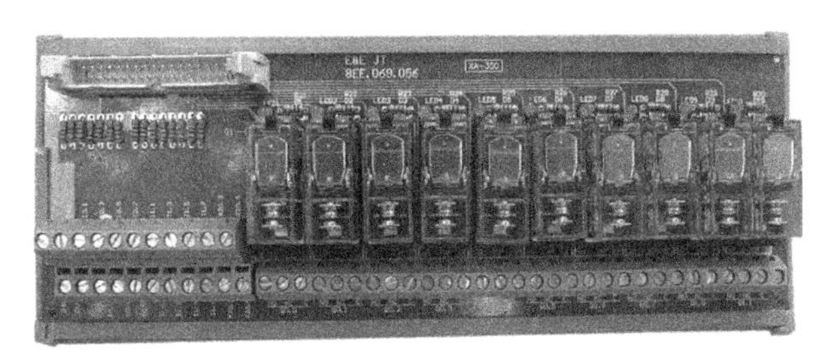

附图 8-7 XA-350 信号模块

6. 灭弧器

灭弧电容由一只电容与电阻串联组成,用环氧树脂(或塑壳)封装组成谐振电路(见附图 8-8),能有效地熄灭接触器触点在切断时所产生的电弧,用来保护触头不受电弧灼伤。除了灭弧电容外,还有其他几种灭弧方式:电动力灭弧、纵缝灭弧、栅片灭弧、磁吹灭弧。

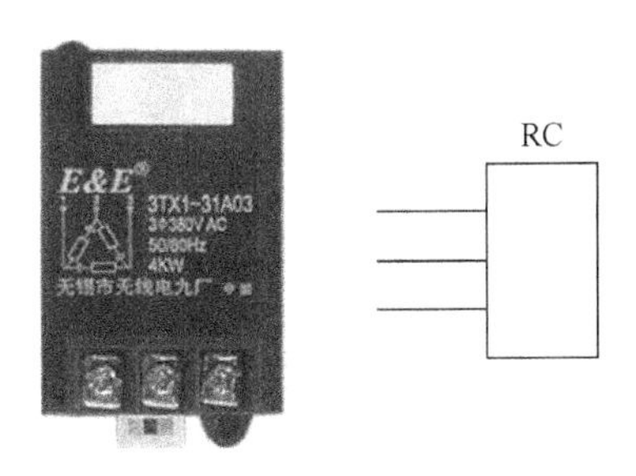

附图 8-8 3TX1-31A03 型灭弧器

7. 开关电源

开关电源(见附图 8-9)是一种电子变压器,其性能稳定、体积小、功率大,因而克服了传统的硅钢片变压器体积大、笨重、价格高的缺点。输入电压 220 V,输出电压有 24 V,12 V,5 V。

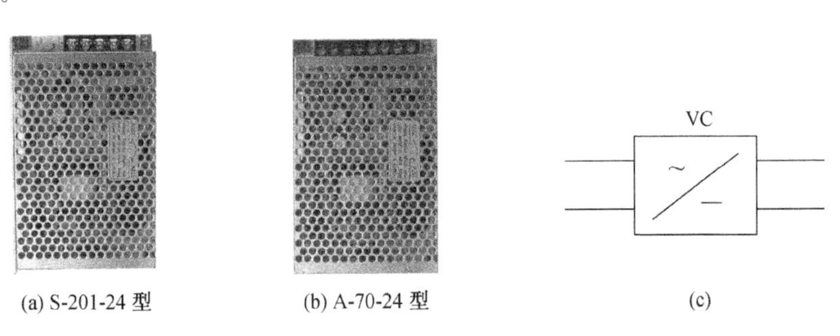

(a) S-201-24 型 (b) A-70-24 型 (c)

附图 8-9 开关电源

8. 变压器

单相变压器的结构与普通变压器(见附图 8-10 和附图 8-11)一样,分初级绕组和次级绕组。一般在机床电器中,初级绕组上输入 380 V 交流电压,在次级绕组上得到需要的电压,比如供给工作台快速运动电机、机床润滑泵电机、照明等使用。有中间抽头的单相变压器在次级绕组上分出几种不同大小的电压供不同部件使用,常用的有给驱动的中压,如 220 V,80 V,36 V;给开关电源的低压,如 24 V,12 V,5 V 等。有屏蔽的双绕组单相变压器较一般单相变压器在强弱电抗干扰方面有优势。

附图 8-10 变压器

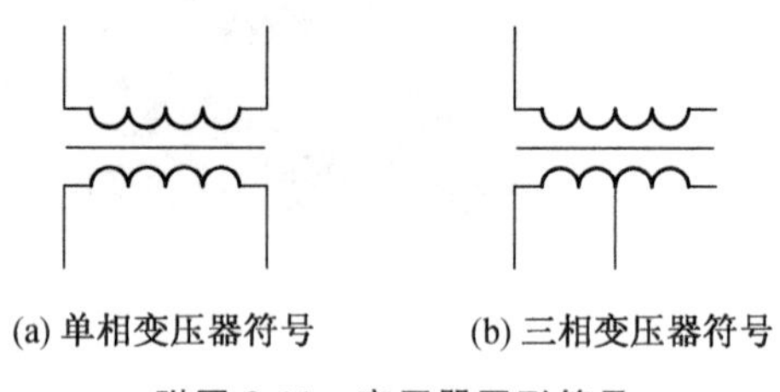

(a) 单相变压器符号 (b) 三相变压器符号

附图 8-11 变压器图形符号

9. 步进驱动器

步进驱动器(见附图 8-12)通常由放大器和执行机构等部分组成,在数控机床上,步进驱动器的作用主要体现在 2 个方面:一是使坐标轴按照数控装置给定的速度运行;二是使坐标轴按照数控装置给定的位置定位。

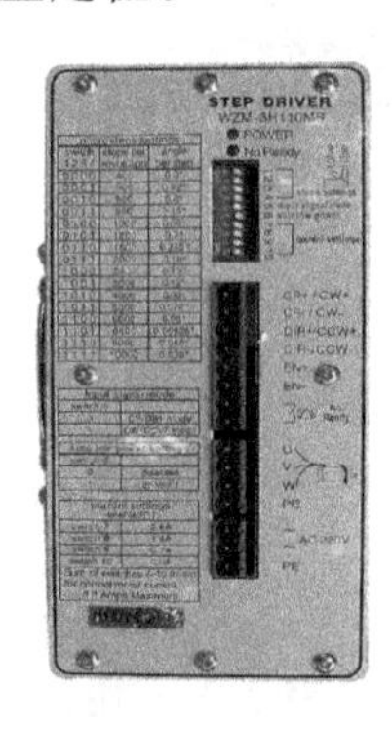

附图 8-12 WZM-3H110MS 型步进驱动器

10. 继电器

继电器实物及其电气符号分别如附图 8-13 和附图 8-14 所示。

附图 8-13 TP614X 型继电器

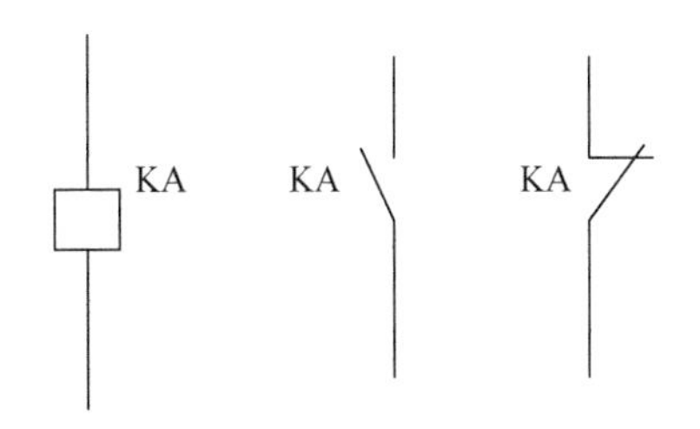

附图 8-14 继电器电气符号

(1) 继电器的作用

继电器是在自动控制电路中起控制与隔离作用的执行部件，它实际上是一种可以用低电压、小电流来控制高电压、大电流的自动开关。

(2) 继电器的种类

常用的继电器主要有电磁式继电器、干簧式继电器、磁保持湿簧式继电器、步进继电器和固态继电器等。电磁式继电器又分为交流电磁继电器、直流电磁继电器、大电流电磁继电器、小型电磁继电器、常开型电磁继电器、常闭型电磁继电器、极化继电器、双稳态继电器、逆流继电器、缓吸继电器、缓放继电器、快速继电器等多种。固态继电器又分为直流型固态继电器、交流型固态继电器、功率固态继电器、高灵敏度固态继电器、多功能开关型固态继电器、固态时间继电器、参数固态继电器、无源固态温度继电器、双向传输固态继电器等。

11. 刹车电阻

刹车电阻实物及电阻电气符号分别如附图 8-15 和附图 8-16 所示。

附图 8-15 C70309009－7.5 型刹车电阻

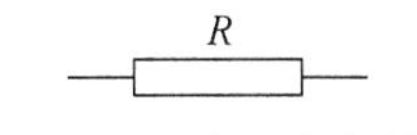

附图 8-16 电阻电气符号

在通用变频器、异步电动机和机械负载所组成的变频调速传统系统中，当电动机所传动的位能负载下放时，电动机将可能处于再生发电制动状态；或当电动机从高速到低速(含停车)减速时，频率可以突减，但因电机的机械惯性，电机可能处于再生发电状态，传动系统中所储存的机械能经电动机转换成电能，通过逆变器的 6 个续流二极管回送到变频器的直流回路中，此时的逆变器处于整流状态。这时，如果变频器中没采取消耗能量的措施，这部分能量将导致中间回路的储能电容器的电压上升。如果当制动过快或机械负载为提升机类时，这部分能量就可能对变频器造成损坏。利用设置在直流回路中的制动电阻吸收电机的再生电能的方式称为能耗制动。其优点是构造简单、对电网无污染(与回馈制动作比较)、成本低廉；缺点是运行效率低，特别是在频繁制动时将要消耗大量的能量且制动电阻的容量将增大。

一般在通用变频器中，小功率变频器(22 kW 及以下)内置有刹车单元，只需外加刹车电阻即可；大功率变频器(22 kW 以上)还需外置刹车单元、刹车电阻。

第9章 机电系统建模与仿真

实验一 典型机构建模与分析

实验学时:2
实验类型:综合
实验要求:必修
实验教学方法与手段:教师面授+学生操作

一、实验目的

1. 了解典型机构的基本组成。
2. 掌握机构建模与仿真分析的基本步骤和方法。
3. 熟悉使用ADAMS完成典型机构的仿真分析方法。

二、实验设备及资料

计算机、实验用ADAMS软件、机械原理教材和实验指导书。

三、实验内容及步骤

1. 实验内容

基于ADAMS的机构运动仿真,可以分为以下3个步骤:① 创建零3D模型;② 设计运动模型,包括设置材料特性、创建零件之间的连接方式,加载、创建运动驱动,以及定义测量;③ 分析模型,包括创建初始状态、运动装配分析、运行运动分析,以及运行结果查看。

本实验主要针对一个简化的齿轮多杆冲压机构,实现基于ADAMS的3D建模与运动仿真。

齿轮多杆机构简图如图9.1-1所示,其中构件1,2为齿轮配合,齿轮1由电动机驱动,连杆3连接大齿轮和4,5,6组成的曲柄滑块机构,当主动齿轮1转动时,实现滑块6(冲床模具)的直线往复运动。

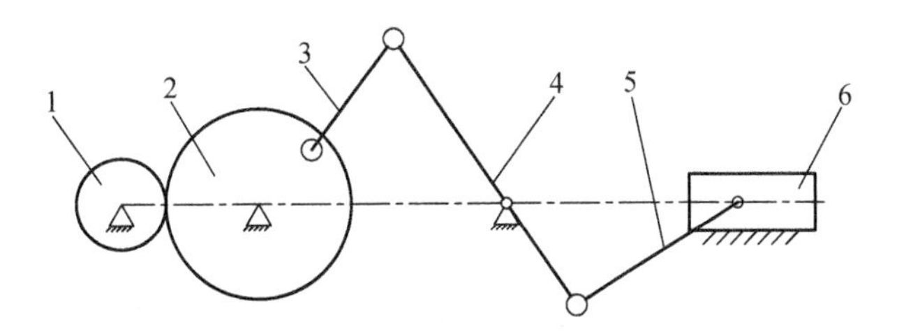

1—小齿轮；2—大齿轮；3—连杆；4,5,6—曲柄滑块机构

图 9.1-1 齿轮冲压机构简图

2. 实验步骤

(1) 建模参数的确定

在简图 9.1-1 中，设小齿轮 1 匀速转动小齿轮模数 $m=2$，齿数 $z_1=20$，转速 $w=60$ r/min；大齿轮模数 $2m_2=2$，齿数 $z_2=45$；各杆件长度为 $l_3=80$ mm，$l_4=150$ mm，$l_5=98$ mm。

(2) 模型的建立

通过杆长条件，确立了初始位置的 8 个点的坐标，通过 ADAMS 中的"Table Editor"写入，如图 9.1-2 所示。

Table Editor for Points in .MODEL_1zuizhongban

-45.0

	Loc_X	Loc_Y	Loc_Z
POINT_1	0.0	0.0	0.0
POINT_2	120.0	0.0	0.0
POINT_3	60.0	80.0	0.0
POINT_4	-10.0	40.0	0.0
POINT_5	150.0	-40.0	0.0
POINT_6	240.0	0.0	0.0
POINT_7	-65.0	0.0	0.0
POINT_14	-45.0	0.0	0.0

图 9.1-2 初始位置各构件端点坐标

写入后的各端点建模如图 9.1-3 所示。

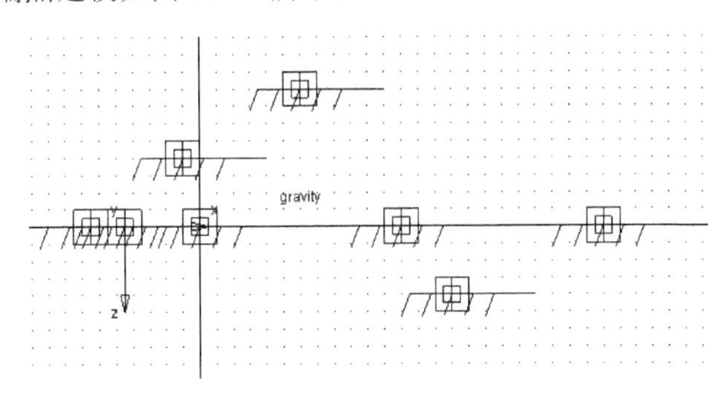

图 9.1-3 端点位置确定

在 POINT_1 和 POINT_7 处分别建立大、小齿轮的模型。选择 Main Toolbox 中的圆柱模块，分别以分度圆直径 40 mm、90 mm，厚度 10 mm 建立齿轮模型，选择工

具，对其翻转，使其在 Front 面显示。选择工具，在两圆的啮合点处建立一个 Maker，然后用工具在此 Maker 处建立齿轮副，在图 9.1-4 的对话框中分别选择大、小齿轮与 Ground 的回转副，则之前建立的 Maker 点形成完整的齿轮配合，如图 9.1-5 所示。完成后的齿轮配合在加载动力后便可实现啮合转动。

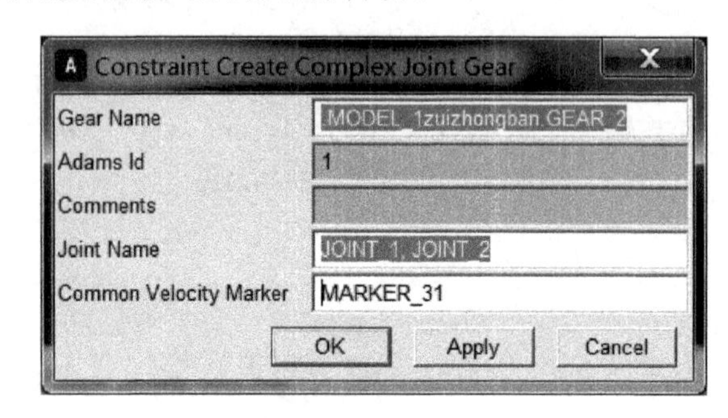

图 9.1-4　齿轮副参数设置对话框

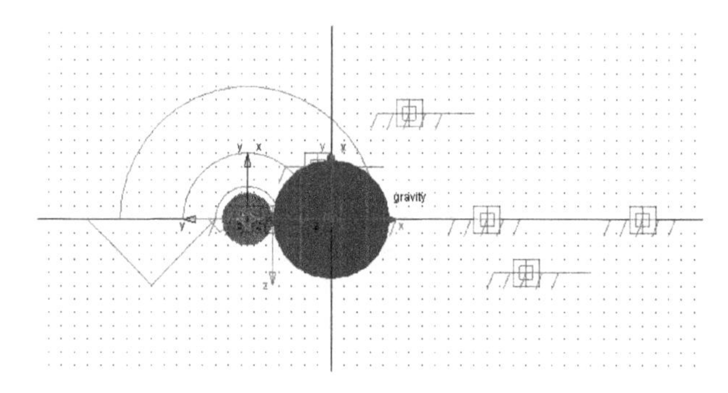

图 9.1-5　齿轮配合

杆件建模时，在 Main Toolbox 中选择工具(如图 9.1-6 所示)，Link 处选择 New Part，宽度和厚度分别为 30 mm、10 mm，依次连接 POINT_2 和 POINT_3、POINT_3 和 POINT_5、POINT_5 和 POINT_6，在 POINT_6 处建立一个滑块(冲压模具)，其长、宽、高分别 70.0 mm、40.0 mm、30.0 mm。在连杆与大齿轮，连杆间，连杆与机架处利用建立旋转副，选择工具建立滑块与地面之间的移动副。至此，模型的建立基本完成，如图 9.1-7 所示。

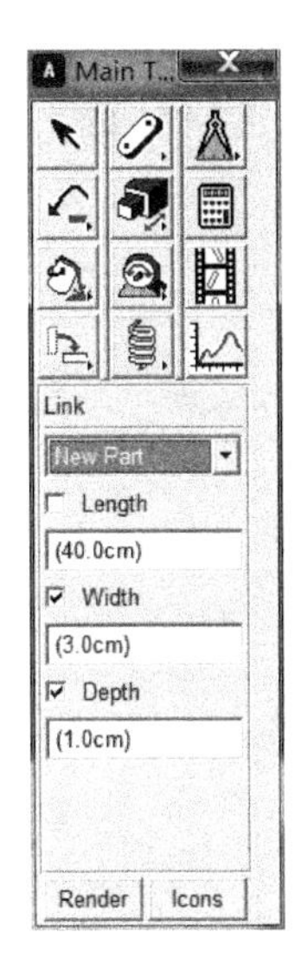

图 9.1-6 MainToolbox

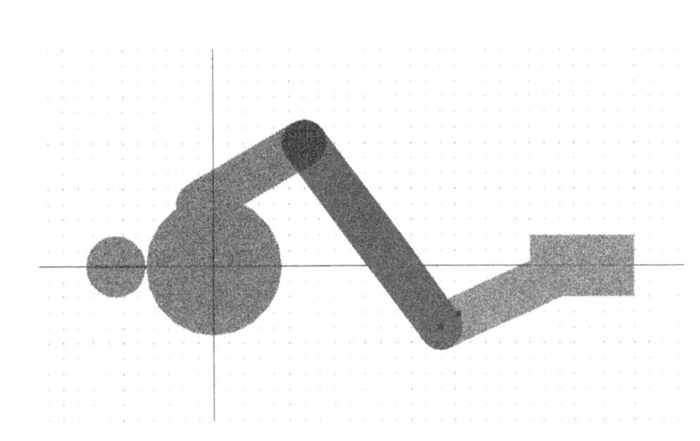

图 9.1-7 模型初步建立

(3) 定义运动

对小齿轮与地面之间的旋转副施加转动驱动，选择工具，使小齿轮实现逆时针回转，角速度为 360 d * time(即 60 r/min，逆时针方向)，如图 9.1-8 所示。

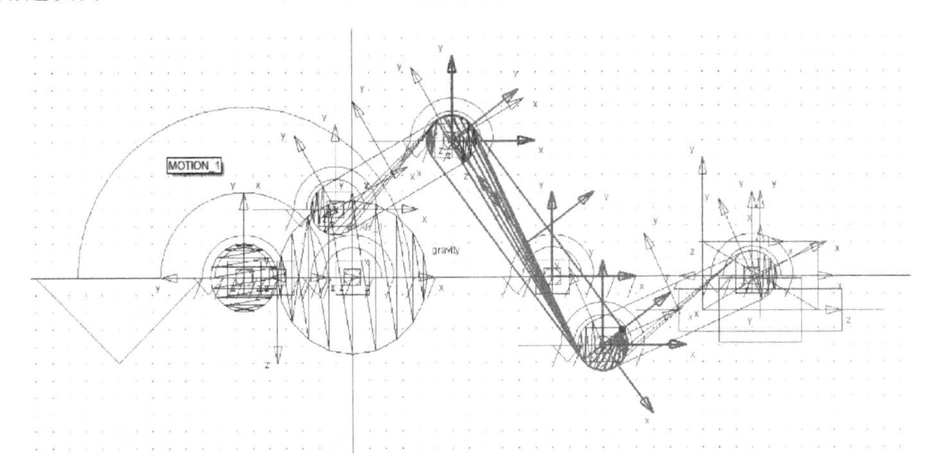

图 9.1-8 ADAMS 定义运动

(4) 仿真分析

选择 Main Toolbox 里面的仿真按钮，使用提供的 Default 模式仿真，End Time 选择为 3，Steps 为 600。点击开始仿真按钮进行仿真，可以观察到机构的运动状况。

四、思考题

1. 运用 ADAMS 进行机构运动仿真的一般步骤是什么？
2. 根据位移、速度、加速度曲线，分析齿轮多杆冲压机构模型的工作过程。

实验二　多闭环伺服控制系统的设计与仿真

实验学时：2
实验类型：综合
实验要求：必修
实验教学方法与手段：教师面授＋学生操作

一、实验目的

1. 掌握多闭环系统的基本组成。
2. 学会运用 MatLab/Simulink 进行控制系统设计及仿真的方法。
3. 通过对某锁相环位置伺服系统控制器的设计，了解机电系统设计与仿真的方法。

二、实验设备及参考资料

计算机、信号发生装置、信号显示装置及搭建控制系统所需的元器件；实验用专业软件、教材和实验指导书。

三、实验原理

某锁相位置伺服系统采用电动机驱动，电动机调速部分采用大功率晶闸管供电的脉宽调制系统（PWM），系统结构如图 9.2-1 所示。其中：$K_j=1.11$，$T_j=0.0132\ \text{s}$，$K_e=0.133$，$T_a=0.0035\ \text{s}$，$K_i=0.26$，$K_t=0.01$，$K_f=2.5$，$T_m=0.116\ \text{s}$，$T_1=0.0005\ \text{s}$，$K_1=33.3$，$K_2=0.5$，$K_3=15.05$。

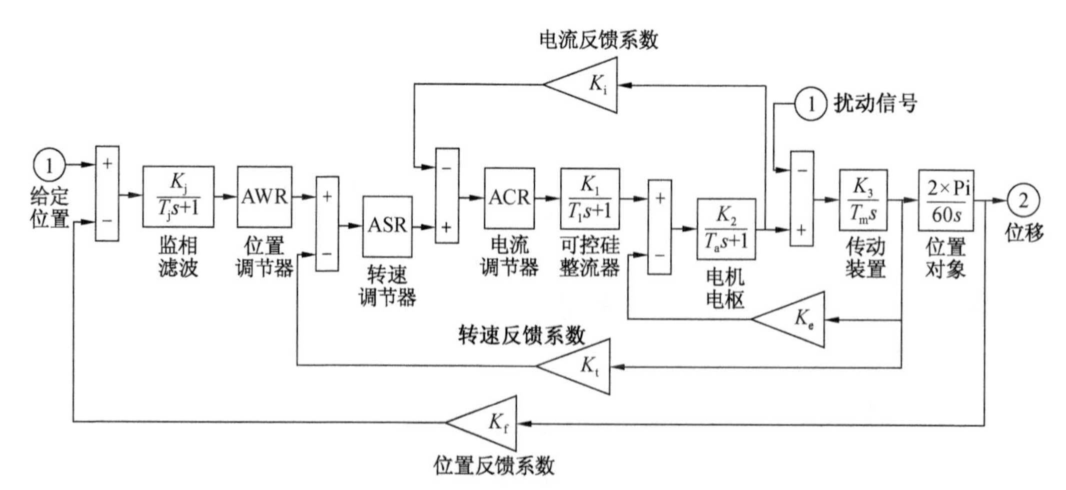

图 9.2-1　位置伺服三闭环系统结构图

设计合理的位置调节器（AWR）、转速调节器（ASR）和电流调节器（ACR），以实现系统的全面仿真。

为满足随动系统跟踪性能(快速性、灵敏性和准确性)的要求,电流调节器可以设计成 P 控制器或 PI 控制器;转速调节器可设计成 PI 控制器;位置环设计成 PID 控制器。

四、实验内容及步骤

该位置伺服系统属于一个包含电流环、速度环和位置环的三闭环控制系统,因此为确保控制器设计的可靠性,应自内而外进行控制器设计,即先设计电流环控制器(ACR),接着设计转速环控制器(ASR),最后设计位置环控制器(AWR)。

(1) 电流环控制器(ACR)设计

电流环的控制对象是双惯性型的,为确保电流环具有较小的超调量,将电流环按 I 型系统设计。根据自动控制理论,电流环控制器(电流调节器)应是一个比例积分调节器,可将其设计为

$$G_{ACR}=\frac{s+0.5}{s} \tag{9.2-1}$$

此时,电流环的动态结构如图 9.2-2 所示。

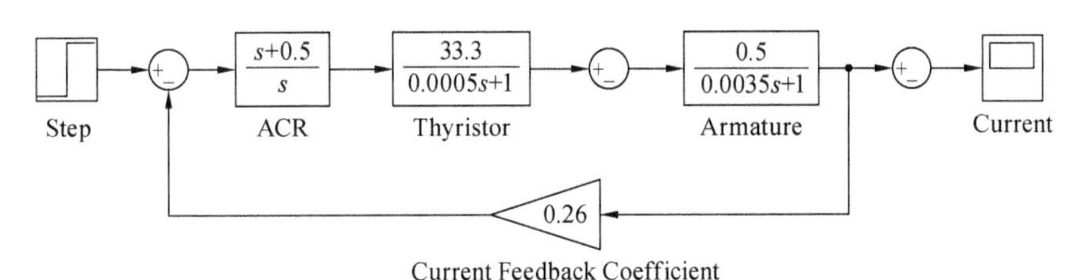

图 9.2-2 电流环动态结构图

进行仿真实验,并记录仿真结果。

(2) 转速环控制器(ASR)设计

转速环按典型 II 型系统设计,原因是典型 II 系统具有 II 型无差度,且具有较好的抗干扰性能。转速环控制器(ASR)也是一个比例积分调节器,可将其设计为

$$G_{ASR}=\frac{s+30}{0.005s} \tag{9.2-2}$$

此时,转速环的动态结构如图 9.2-3 所示。

进行仿真实验,并记录仿真结果。

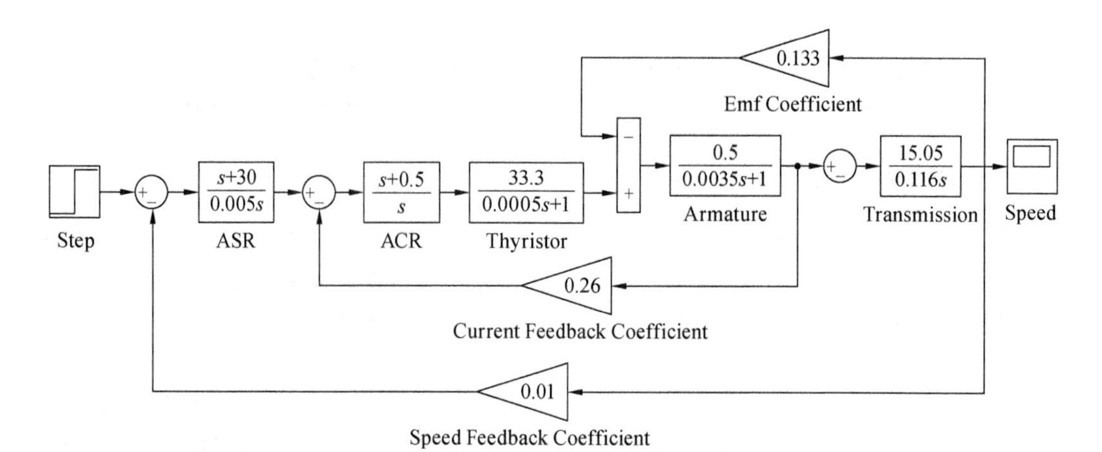

图 9.2-3 转速环动态结构图

(3) 位置环控制器(AWR)设计

位置环是最外环,为保证系统具有较好的动、静态性能,按典型Ⅱ系统设计位置环控制器(AWR),可将其设计成一个比例积分微分调节器,即

$$G_{AWR}=\frac{4.73s+118}{s+50} \tag{9.2-3}$$

此时,位置环的动态结构如图 9.2-4 所示。

进行仿真实验,并记录仿真结果。

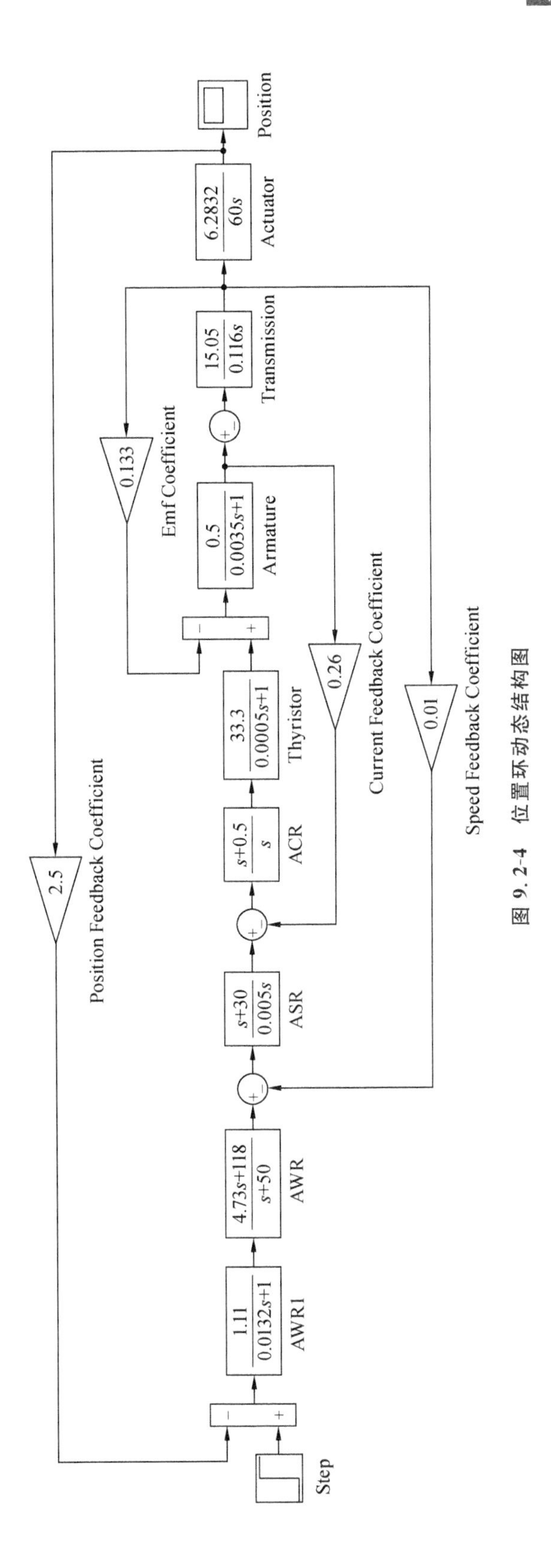

图 9.2-4 位置环动态结构图

五、思考题

1. 典型三闭环控制系统由哪几部分组成?(画出其组成图,并说明每一部分的功能。)

2. 比例系数、积分系数和微分系数在控制中的作用分别是什么?

第10章 工业机器人

实验一 工业机器人结构分析

实验学时:2
实验类型:综合
实验要求:必修
实验教学方法与手段:教师面授+学生操作

一、实验目的

通过给定的工业机器人,使学生认识和了解工业机器人的基本结构和组成,了解主要的电气元件。

二、实验设备和仪器

1. XS-RB-1500六自由度工业机器人1台。
2. 工业机器人维修装调3D仿真系统1套。

三、实验内容及步骤

1. 熟悉机器人坐标系

以XS-RB-1500六自由度工业机器人为例,介绍工业机器人的结构。

(1) 关节坐标系

机器人的各轴进行单独动作,称为关节坐标系,如图10.1-1所示。

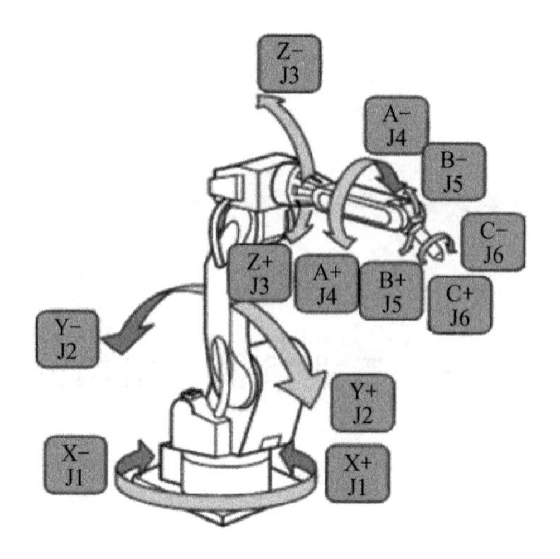

图 10.1-1　关节坐标系

(2) 直角坐标系

机器人沿设定的 X 轴、Y 轴、Z 轴平行移动，称为直角坐标系，如图 10.1-2 所示。

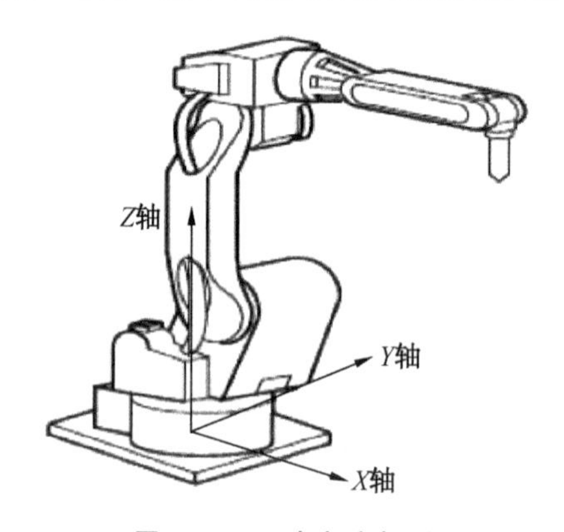

图 10.1-2　直角坐标系

(3) 工具坐标系

工具坐标系把机器人腕部法兰盘所持工具的有效方向作为 Z 轴，并把坐标系定义在工具的尖端点，如图 10.1-3 所示。

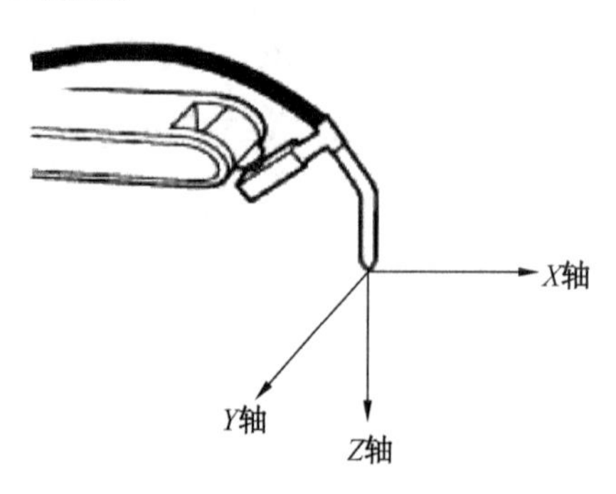

图 10.1-3　工具坐标系

(4) 用户坐标系

机器人沿所指定的用户坐标系各轴平行移动，如图 10.1-4 所示。

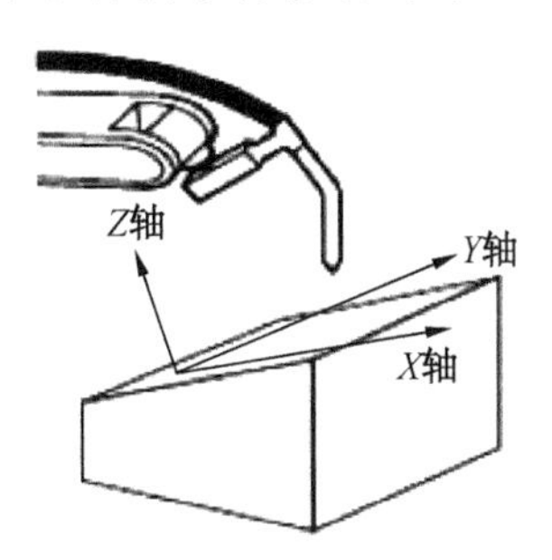

图 10.1-4　用户坐标系

2. 完成工业机器人 6 轴的机械结构装配

以工业机器人维修装调 3D 仿真系统为基础完成装配。

(1) 打开“工业机器人维修装调 3D 仿真系统”，如图 10.1-5 所示。

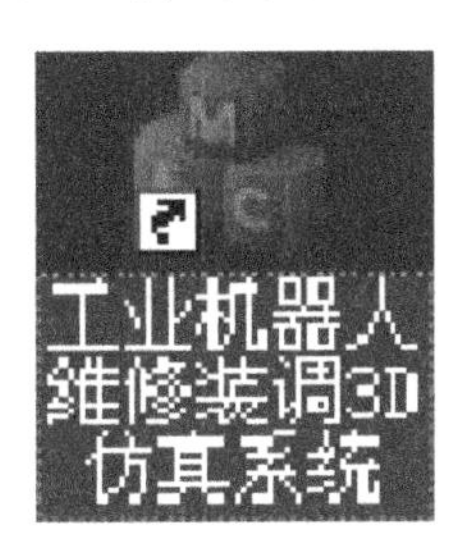

图 10.1-5　打开仿真系统

(2) 选择菜单栏“拆装操作”，勾选“零件展示模式”，如图 10.1-6 所示。

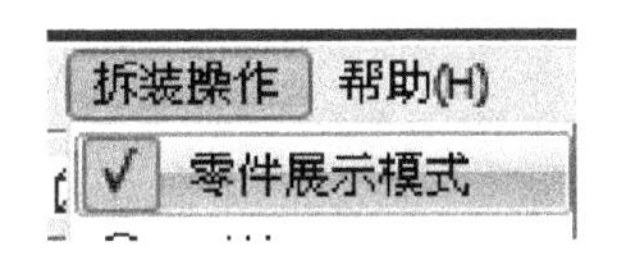

图 10.1-6　勾选“零件展示模式”

(3) 选择菜单栏“机器人全部零件”，查看机器人各个轴的结构，如图 10.1-7 所示。

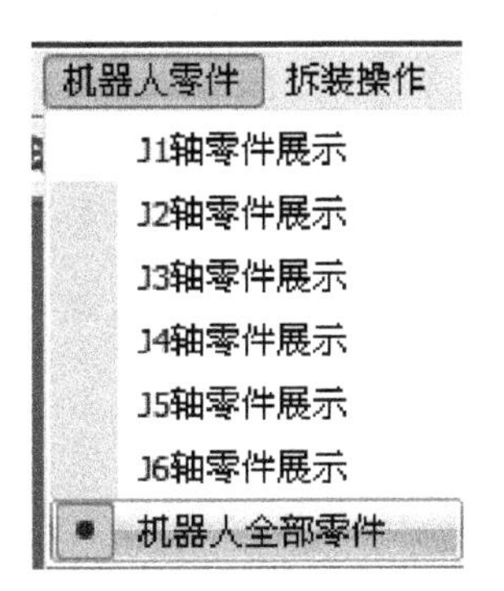

图 10.1-7　查看机器人各个轴的结构

查看完毕，取消勾选“零件展示模式”。

(4) 选择菜单栏“窗口”—“功能选项”—“机械拆装”—“自动拆装”，打开自动拆装对话框，如图 10.1-8 所示。

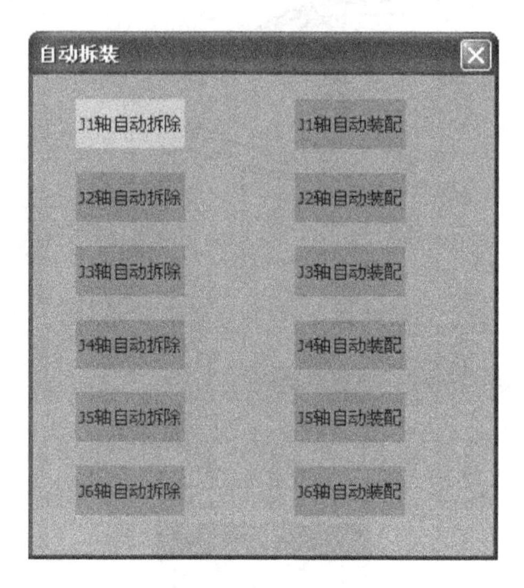

图 10.1-8 自动拆装

分别点击各轴的自动拆除和自动装配模块，然后在菜单栏选择“拆装操作”—“开始”，观摩每个轴的情况，如图 10.1-9 所示。

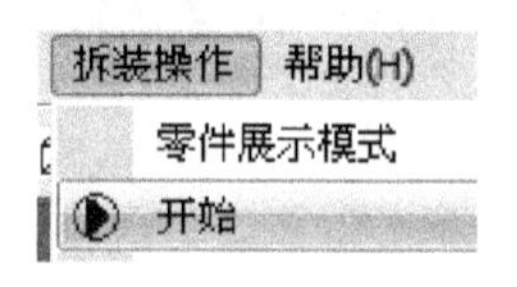

图 10.1-9 拆装操作

(5) 选择菜单栏“窗口”—“功能选项”—“机械拆装”—“手动拆装”，打开手动拆装对话框。根据注释的提示，在“工具”栏中选择相应的工具(注：左边是装配工具，右边是拆卸工具)，然后点击右键，选择“拆卸”，了解机器人的机构部件和拆装需要的工具，观察机器人机械本体的变化，如图 10.1-10 所示。

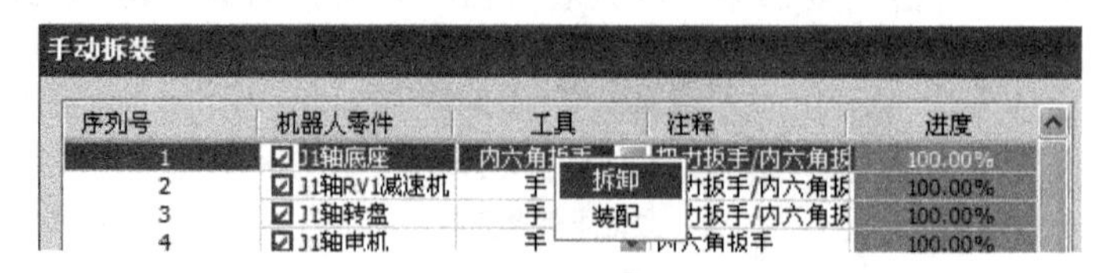

图 10.1-10 手动拆装

为了便于观察，可以右键隐藏某些轴(见图 10.1-11)，拆装完毕的机器人结构如图 10.1-12。

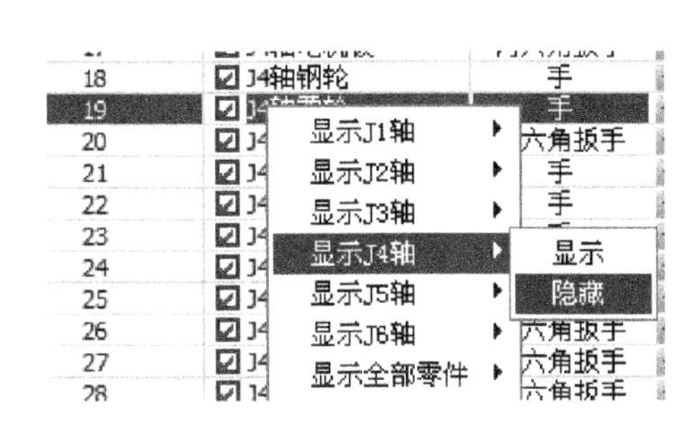

图 10.1-11 隐藏某些轴

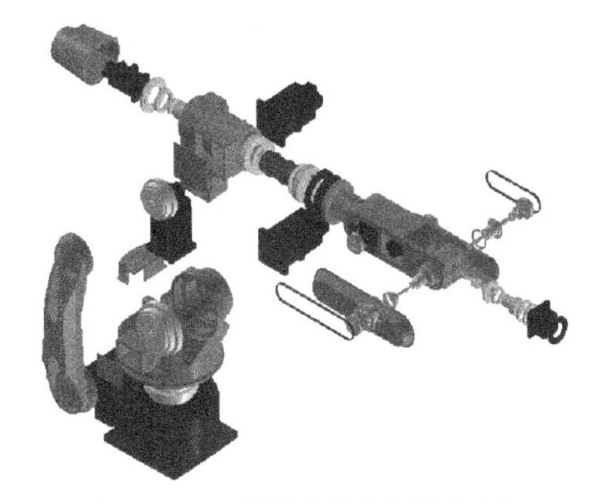

图 10.1-12 拆装完毕的机器人结构

(6) 选择菜单栏"窗口"—"功能选项"—"维修调试",打开维修调试对话框,如图10.1-13所示。

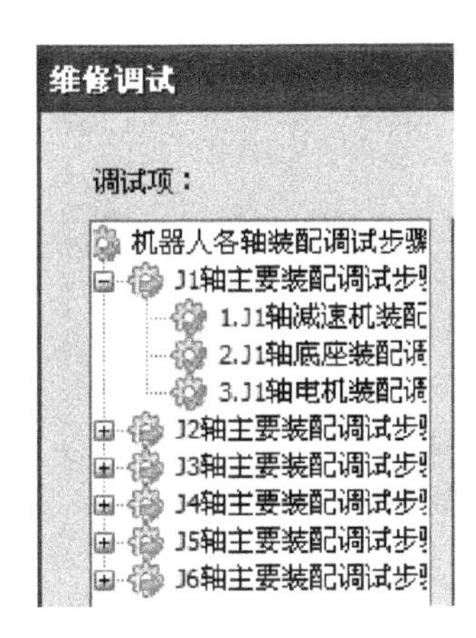

图 10.1-13 维修调试对话框

按照机器人各轴装配步骤,完成机器人装配,填写表10.1-1机器人装配表。

表 10.1-1 机器人装配表

序号	装配对象	装配零部件	工具	备注
1	J1 轴减速机	转盘、RV 减速机、O 型密封圈	扭力扳手	38 N·m
2				
3				
⋮	⋮	⋮	⋮	⋮

填写完毕,提交实验教师签字确认、批准后方可离开。

四、思考题

简述工业机器人装配要点。

实验二　智能机器人编程

实验学时：2
实验类型：设计/研究
实验要求：必修
实验教学方法与手段：多媒体教学+学生操作

一、实验目的

1. 通过实验，使学生掌握图形化交互式C语言（简称VJC）的基本原理，了解如何通过VJC编程控制能力风暴智能机器人。
2. 通过实验，初步掌握串口通信技术。
3. 通过VJC编程，实现能力风暴智能机器运动控制，走出学号末位的轨迹。
4. 学习参数调节。

二、实验设备和参考资料

1. 能力风暴智能机器人AS-U111台。
2. 串口通信线若干。
3. USB TO RS232转换通信线若干。
4. 参考资料：《VJC16使用手册》。

三、实验结果处理

学生提交预习报告，并在实验前设计好VJC控制程序，在实验中应用能力风暴智能机器人进行调试，独立完成实验。

程序要求如下：

① 设计程序控制机器人动作，走出学号的最后1位所对应的轨迹，走完后发信号。

② 实验后提交程序。

四、思考题

1. 如何调整直线运动速度？
2. 如何调整转弯运动角度？

实验三 工业机器人上下料

实验学时:2
实验类型:综合/设计
实验要求:必修
实验教学方法与手段:教师面授+学生操作

一、实验目的

1. 熟悉工业机器人手持盒按键功能,学会机器人基本操作。
2. 掌握工业机器人的上下料编程的基本指令。

二、实验设备和仪器

1. XS-RB-1500 六自由度工业机器人 1 台。
2. 工业机器人实训系统 1 套。
3. 数控机床上下料平台 1 套。

三、实验内容及步骤

1. 熟悉实体工业机器人配合数控铣床自动上下料的流程和控制方法。

如图 10.3-1 所示,工业机器人上下料平台由总控制台、自动旋转料仓、工业机器人和数控机床组成。其中,数控机床有气动自动门和气动自动开合虎钳 2 种。

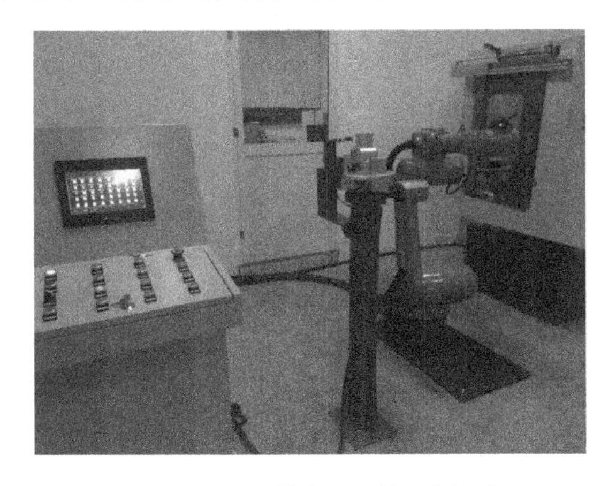

图 10.3-1 机器人上下料平台组成

观摩教师示教完整的机器人自动上下料全过程:

料仓送料→机器人取料→自动门打开→机器人上料→虎钳锁紧→机器人退出→自动门关闭→机床自动加工(机器人等待)→(加工完毕)自动门打开→虎钳打开→机器人

取料→机器人退出→自动门关闭→机器人卸料→机器人回原点。

2. 利用工业机器人实训系统,完成机器人上下料的编程和调试。

(1) 打开工业机器人实训系统,点击【示教编程】,打开“应用”—“搬运”模块,进行程序编写。

(2) 打开机器人示教盒控制柜开关(位于电脑桌下面)。

(3) 等待示教盒开机之后,松开急停(示教盒右上角○红色代表松开,灰色代表没有松开),旋转左上角按钮到“示教”,按下【伺服准备】(使能)。然后连续按两下【区域转换】,当光标落在系统设置上后使光标下移(示教盒左上方的方向键⊕)落在系统信息上。按下【选择】键后,菜单弹出下移光标,使光标落在安全模式上,按下【选择】确认。

(4) 弹出安全模式设置窗口,光标下移到管理模式,光标继续下移到选择完成,选择【确认】。输入密码“123456”,光标继续下移到确认完成,选择【确认】。

(5) 机器人末端执行器轨迹(见图 10.3-2)及动作程序(参考):

假设程序点 1 为机器人末端执行器的起始位置。起始位置→程序点 2→程序点 3(抓取工件)→程序点 4(与程序点 2 重合,或同一垂直方向)→程序点 5→程序点 6(放置工件)→程序点 7(与程序点 5 重合,或同一垂直方向)→程序点 8(与程序点 2 重合)。

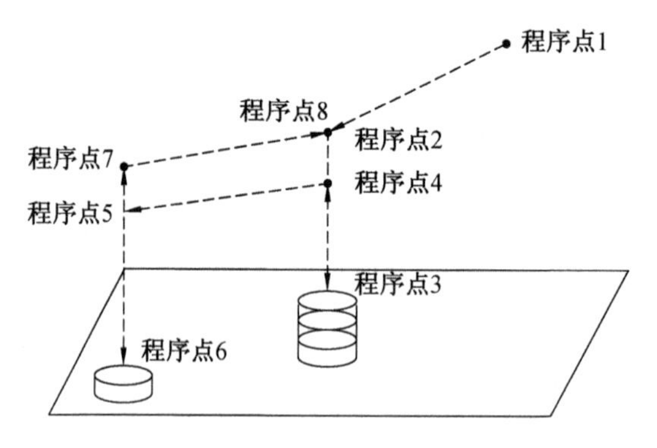

图 10.3-2 机器人运动轨迹

(6) 按下【F3】键(新建程序快捷键),弹出新建程序,按下【选择】键修改程序名,输入新建程序名称,继续按下【选择】完成选择,下移光标到完成,按下【选择】完成选择。

(7) 进入新建程序后,不可删除默认的两行语句(一条开始语句,一条结束语句)。

(8) 按下【坐标设定】,示教盒显示屏右上方坐标显示到“C”坐标(直角坐标)

(9) 按下示教盒背面【黄色按钮】(不松开),然后按下“X”轴或“Y”轴或“Z”轴,移动机器人手臂。移动到图形的第一点,按下【F4】(编程快捷键)弹出编程菜单,选择运动指令,弹出 3 个运动指令(MOVJ 为关节指令,MOVL 为直线指令,MOVC 圆弧指令),按下【选择】键选择相应的运动指令,按下【获取示教点】键,获取当前示教点,按下【输入键】,输入编辑好的指令,这时,通用显示区会显示已输入的指令。

(10) 控制气爪是选择【F4】(编程快捷键),选光标下移到【信号控制指令】确认,选择【SET】指令。其中,【SET OFF】是松开气爪,【SET ON】是夹紧气爪。

(11) 延时指令:选择【F4】(编程快捷键),选光标下移到【信号控制指令】确认,选择【DELAY】指令。其中,弹出的空格是延时时间。

(12) 按照以上步骤输入其他指令,完成程序的编辑。

(13) 程序检查。程序示教检查有2种方式可以选择,一种是单步模式,一种是连续模式。按下【F5】键,可在状态显示区看到两种模式的切换。单步模式下,每次按下【前进】键时,只执行一行程序;连续模式下,按下【前进】键,可连续检查整个程序。

按下【后退】键进行示教检查时,无论是单步模式还是连续模式,每次按下【后退】键时,只执行一行程序。(注意:2种模式下示教盒背部的使能按钮必须始终轻轻按下)。

如果发现程序有问题,可以移动光标到相应的程序行进行修改("删除""添加""修改"等多个功能)。

当确认程序没问题时,可以将示教盒左上方的"旋转按钮"旋转至再现,这时不需要按下示教盒背部按钮。单步模式下,每次按下【前进】键,只执行一次程序;连续模式下,按下【前进】键,可连续循环整个程序。

(14) 程序完成。

四、实验数据处理

1. 提交调试完毕的程序(附点位坐标值),需要教师签字确认。
2. 学有余力的同学,可进行实物编程和操作。

第11章 液压控制系统实验

实验一 电液伺服阀拆装实验

实验学时:2

实验类型:综合

实验要求:必修

实验教学方法与手段:教师面授+学生操作

一、实验目的

1. 掌握常见电液伺服阀的构成。
2. 掌握常见电液伺服阀的工作原理。
3. 掌握常见电液伺服阀的安装。

二、实验原理

1. 电液伺服阀的构成

以动铁式力反馈二级电液伺服阀为例,其主要由力矩马达、双喷嘴挡板阀(先导级)、滑阀(主级)、反馈弹簧构成。

为了使阀芯凸肩与油口精确匹配,在阀体内应安装阀套,如图 11.1-1 所示。阀体端盖用于通过从过滤器至比例阀先导级的控制油液,如图 11.1-2 所示。

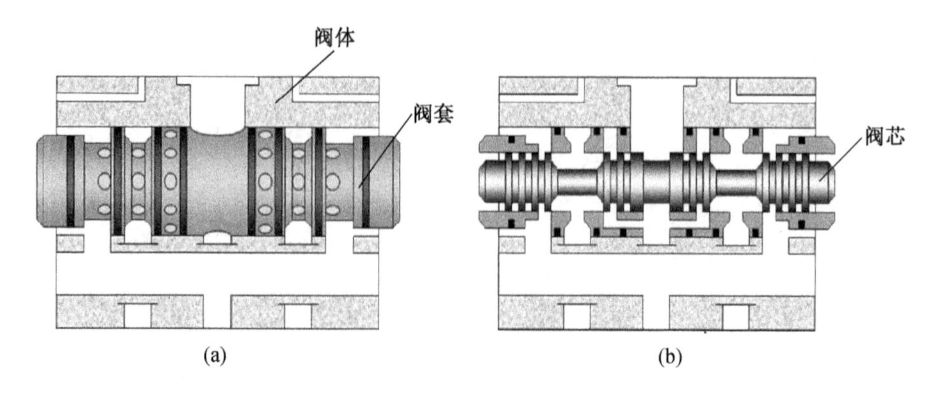

图 11.1-1 阀体示意图

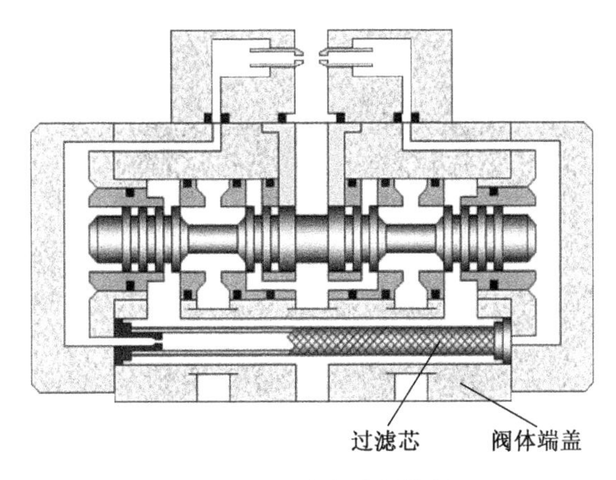

图 11.1-2 主阀内部结构

先导级含有 2 个喷嘴和 1 个力矩马达，挡板一方面与力矩马达衔铁连接，另一方面，穿过 2 个喷嘴，与主阀芯连接，如图 11.1-3 所示。

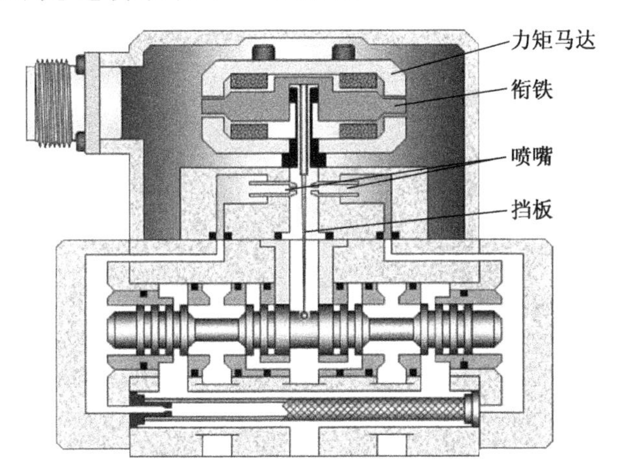

图 11.1-3 阀体结构图

2. 电液伺服阀的工作原理

① 当伺服阀失电时，挡板位于 2 个喷嘴中间，所以主阀 2 个控制腔中的压力是相等的，即主阀芯也是位于中位，如图 11.1-4 所示。

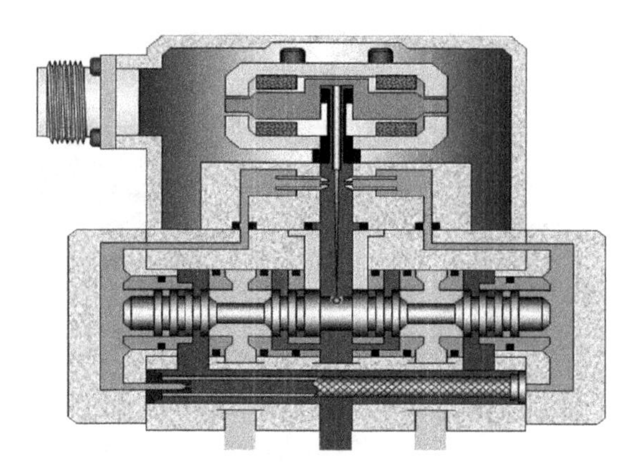

图 11.1-4　阀芯中位

② 在力矩马达线圈中通入电流会激磁衔铁，并引起其倾斜，如图 11.1-5 所示。衔铁倾斜方向由电压极性来确定，倾斜程度则取决于电流大小。

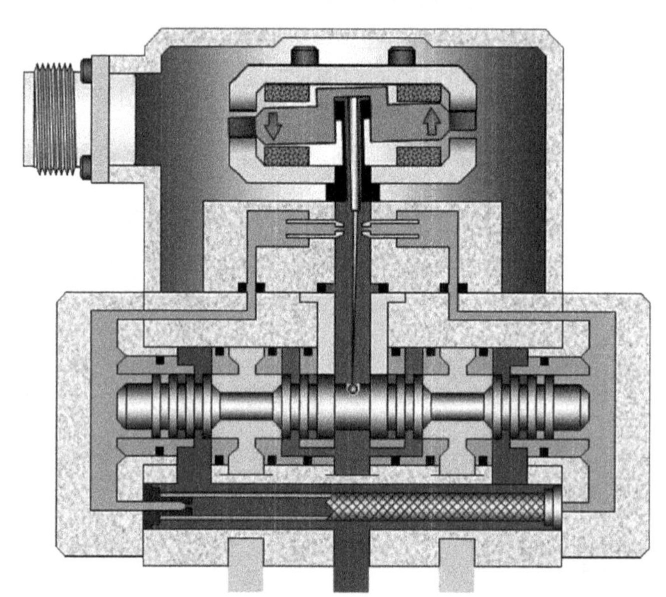

图 11.1-5　衔铁倾斜

③ 衔铁倾斜会使挡板更加靠近一个喷嘴，而远离另一个喷嘴，如图 11.1-6 所示。

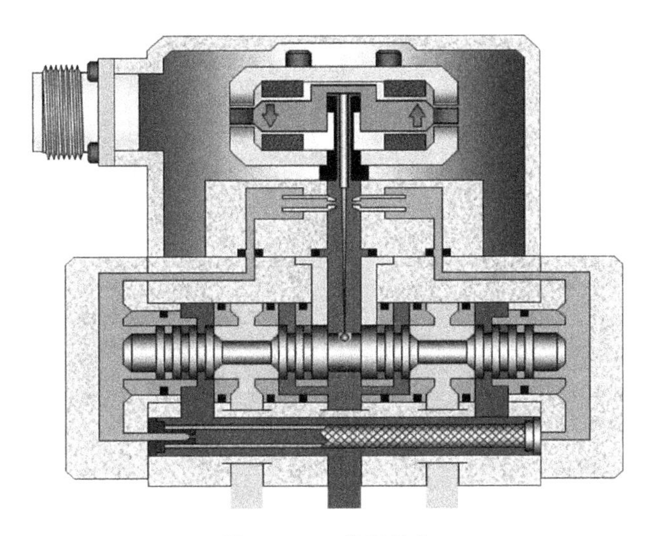

图 11.1-6 挡板偏移

④ 主阀两端控制腔中的压力产生压差,如图 11.1-7 所示。

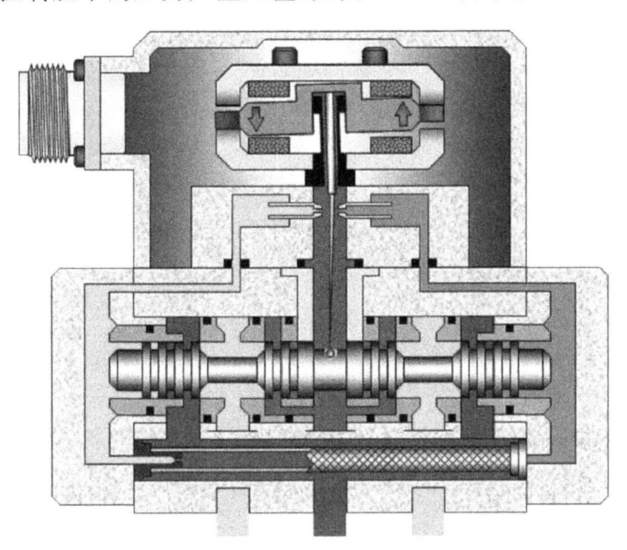

图 11.1-7 产生压差

⑤ 主阀芯移动,比例阀有流量输出。随着主阀芯移动,当 2 个控制腔中的压力相等时,挡板又处于 2 个喷嘴中间,这时主阀芯停止移动,如图 11.1-8 所示。

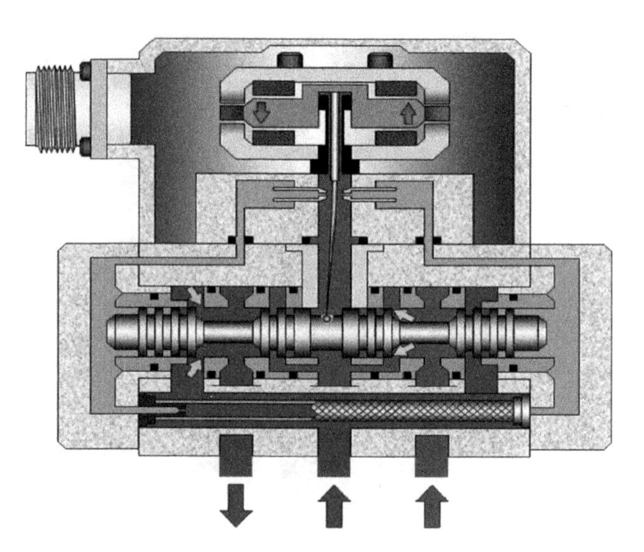

图 11.1-8 主阀芯停止移动

3. 电液伺服阀的安装

① 伺服阀安装座表面粗糙度值应小于 $Ra1.6$，表面不平度不大于 0.025 mm。

② 不允许用磁性材料制造安装座，伺服阀周围也不允许有明显的磁场干扰。

③ 伺服阀安装的工作环境应保持清洁，安装面无污粒附着，清洁时应使用无绒布或专用纸张。

④ 进口油和回油口不要接错，特别是当供油压力达到或超过 20 MPa 时。

⑤ 检查底面各油口的密封圈是否齐全。

⑥ 每个线圈的最大电流不要超过 2 倍额定电流。

⑦ 油箱应密封，并尽量选用不锈钢板材；油箱上应装有加油及空气过滤用滤清器。

⑧ 禁止使用麻线、胶粘剂和密封带作为密封材料。

⑨ 伺服阀的冲洗板应在安装前拆下，并保存起来，以备将来维修时使用。

⑩ 对于长期工作的液压系统，应选较大容量的滤油器。

三、实验内容及步骤

1. 采用工具对伺服阀进行拆卸，并对每个零件进行序号标示，每个伺服阀拆下的零件单独放在一个零件盆中，防止遗失，记录拆卸步骤。

2. 对照伺服阀结构图，理解主要零件的作用，尤其是喷嘴挡板部分；测量喷嘴孔径和挡板间隙的大小，感受反馈弹簧杆的弹性。

3. 对照伺服阀结构图，理解伺服阀工作原理。

4. 测量感兴趣的零件的尺寸。

5. 按照零件序号逆序安装，记录安装步骤。

四、实验报告

1. 描述伺服阀的零件构成。

2. 描述伺服阀的工作原理。
3. 描述伺服阀的拆卸、安装步骤。
4. 绘制感兴趣零件的零件图。

实验二 电液位置伺服系统实验

实验学时:2
实验类型:综合
实验要求:必修
实验教学方法与手段:多媒体教学+学生操作

先修课程和环节:掌握电液伺服原理和 PDF 和 PID 相关理论知识;了解 PLC 控制原理和控制机床电气相关知识;掌握闭环系统构成;掌握数据采集的基本理论;了解信号的分类。

一、实验目的

1. 学会采用研华 PCI-1712 板卡进行数据采集及信号输出的方法。
2. 掌握 PDF 控制算法,并掌握控制参数对控制效果的影响。
3. 了解油缸伺服控制系统的构成及实现方法。

二、预习要求

1. 电液位置控制数学建模及简化。
2. PDF 和 PID 控制原理,闭环控制思想。

三、实验设备和仪器

1. 伺服试验台。
2. 数字万用表 1 台。
3. 计算机 1 台。

四、实验原理

本实验主要是对油缸位置进行控制,采用 PID 和 PDF 算法,鉴于 PID 算法已经在某些课程做了介绍,这里只对采用 PDF 的位置控制原理进行介绍。

控制从根本上来说是能量的控制,能量控制由 2 部分组成:能量控制单元和能量输出单元。能量控制单元往往是发出控制信息,对能量输出单元进行能量的支配,使其向受控系统提供或抽取能量。典型的控制系统一般是闭环控制,需要 4 个基本环节:控制器、末级控制单元、受控对象和测量单元。控制器就是能量控制单元,FCE 是能量输出单元,测量单元是用来对反馈信息进行采样。

控制器的作用是将被控变量与参考输入进行比较，通过比较误差来向 FCE 发出命令，向被控系统提供能量，使误差逐渐趋于 0，以使被控系统达到稳态。在前馈回路中，每增加一种运算就相当于在系统微分方程右边增加一个强迫项，因为每增加一种对误差的运算，实际上也增加了对参考输入和被控量的运算。因此，由补偿目的而要求的被控量的微分必须全部在反馈回路中。对于二阶被控系统微分反馈控制框图如图 11.2-1 所示。

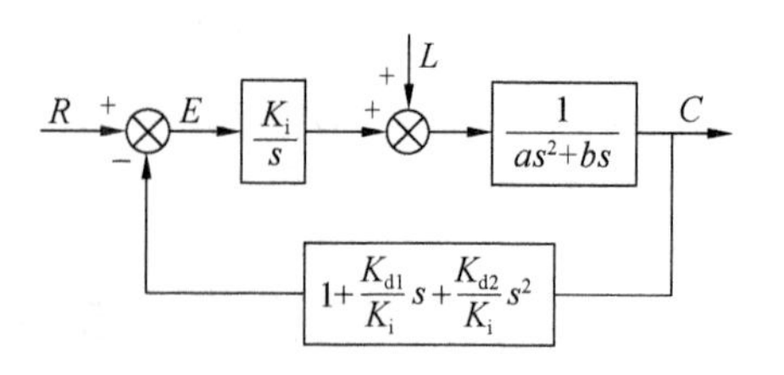

图 11.2-1　微分反馈控制方框图

从图中可看出，对输出信号 C 微分的积分仍是 C，这就说明没有必要对 C 进行微分，可更改图 11.2-1 为图 11.2-2。

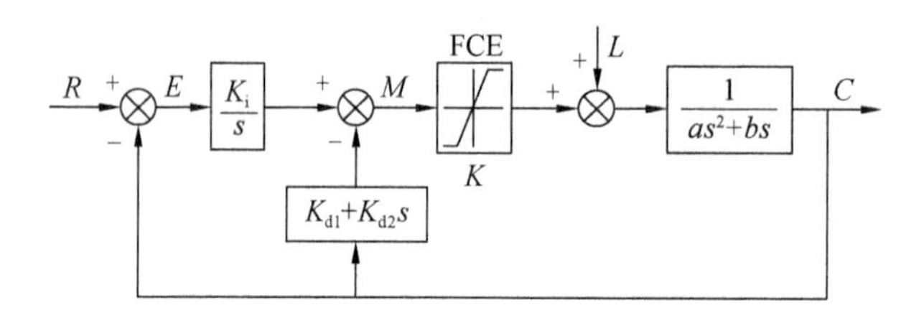

图 11.2-2　伪微分反馈控制方框图

系统的输出方程为

$$C(s)=\frac{K_iR(s)}{as^3+(b+K_{d2})s^2+(K+K_{d1})s+K_i}+\frac{sL(s)}{as^3+(b+K_{d2})s^2+(K+K_{d1})s+K_i} \tag{11.2-1}$$

式中，K 为 FCE 的放大倍数。

修改后位置反馈的微分就降了一次，图 11.2-2 虽然没有对被控变量直接进行微分，但得到与微分完全相同的结果，因而称之为伪微分反馈，简称 PDF。

设计 PDF 控制参数时只考虑了所有极点相等的情况，因为所有极点相等时，系统对于任意小的误差带均能获得最快的阶跃响应。由于所有参数大于 0，所以此时系统必须满足稳定性要求，这里唯一需满足的条件是：

$$m\leqslant m_{\max} \tag{11.2-2}$$

式中：$m_{\max}$为 FCE 在线性范围内的最大值。

由式(11.2-1)可以得到系统对于参考输入 r_0 与负载干扰 l_0 的阶跃响应：

$$C(t)=r_0\left[1-\left(1+\sqrt[3]{\frac{K_i}{a}}\cdot t+\frac{1}{2}\cdot\sqrt[3]{\frac{K_i^2}{a^2}}\cdot t^2\right)\cdot e^{-\sqrt[3]{\frac{K_i}{a}}\cdot t}\right]+\frac{l_0}{2a}\cdot t^2\cdot e^{-\sqrt[3]{\frac{K_i}{a}}\cdot t} \tag{11.2-3}$$

由图 11.2-2 可知

$$m(t)=K_i\int(r(t)-c(t))\mathrm{d}t-K_{d1}c(t)-K_{d2}\frac{\mathrm{d}c(t)}{\mathrm{d}t} \tag{11.2-4}$$

首先，考虑 $B_m=0$ 的情况，并且暂不考虑负载干扰的影响，由式(11.2-3)和(11.2-4)得

$$m(t)=\frac{K_i r_0}{2a}\left(2t-\sqrt[3]{\frac{K_i}{a}}\cdot t^2\right)e^{-\sqrt[3]{\frac{K_i}{a}}\cdot t} \tag{11.2-5}$$

由式(11.2-5)可求出 $m(t)$ 的极大值，且当阶跃输入信号幅值 $r_0=r_{0,ml}$（$r_{0,ml}$ 为 r_0 在线性范围内的最大值）时，仍需满足式(11.2-2)，因此可解得

$$K_i\leqslant 9.032\left(\frac{1}{J_m}\right)^{\frac{1}{2}}\left(\frac{m_{max}}{r_{0,ml}}\right)^{\frac{3}{2}} \tag{11.2-6}$$

由等极点条件，可得

$$K_{d1}=3\sqrt[3]{K_i^2 a} \tag{11.2-7}$$

$$K_{d2}=3\sqrt[3]{K_i a^2} \tag{11.2-8}$$

若式(11.2-6)中取等号，则有

$$\begin{cases} K_i=9.032\left(\frac{1}{a}\right)^{\frac{1}{2}}\left(\frac{m_{max}}{r_{0,ml}}\right)^{\frac{3}{2}} \\ K_{d1}=13.011\,\frac{m_{max}}{r_{0,ml}} \\ K_{d2}=6.248\left(\frac{a\cdot m_{max}}{r_{0,ml}}\right)^{\frac{1}{2}} \end{cases} \tag{11.2-9}$$

对于 $B_m\neq 0$ 的情况，将式(11.2-9)修正为式(11.2-10)：

$$\begin{cases} K_i=9.032\left(\frac{1}{a}\right)^{\frac{1}{2}}\left(\frac{m_{max}}{r_{0,ml}}\right)^{\frac{3}{2}} \\ K_{d1}=13.011\,\frac{m_{max}}{r_{0,ml}} \\ K_{d2}=6.248\left(\frac{a\cdot m_{max}}{r_{0,ml}}\right)^{\frac{1}{2}}-b \end{cases} \tag{11.2-10}$$

式(11.2-10)就是进行 PDF 设计的控制参数。为了进行程序设计，将图 11.2-2 改写成图 11.2-3 的形式。

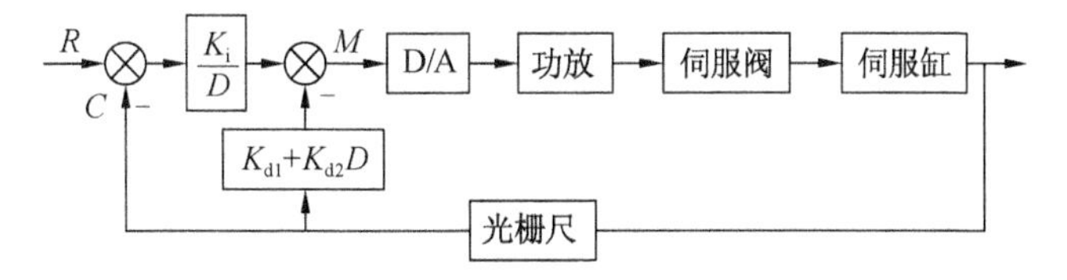

图 11.2-3 改进型位置伪微分反馈控制框图

由图 11.2-3 和式(11.2-4)可得到连续方程，如式(11.2-11)所示：

$$M=(R-C)\frac{K_i}{D}-(K_{d1}+K_{d2}D)C \tag{11.2-11}$$

式(11.2-11)经过离散化后得到：

$$M=K_iT\sum_{j=0}^{n-1}(R-C_j)-K_{d1}C_{n-1}-\frac{K_{d2}}{T}(C_{n-1}-C_{n-2}) \tag{11.2-12}$$

式(11.2-12)可以直接进行计算机程序编制，且可用于液压缸位置控制的数字量控制

信号。

五、实验内容及步骤

1. 实验系统构成

实验系统构成和液压原理分别如图 11.2-4 和图 11.2-5 所示。

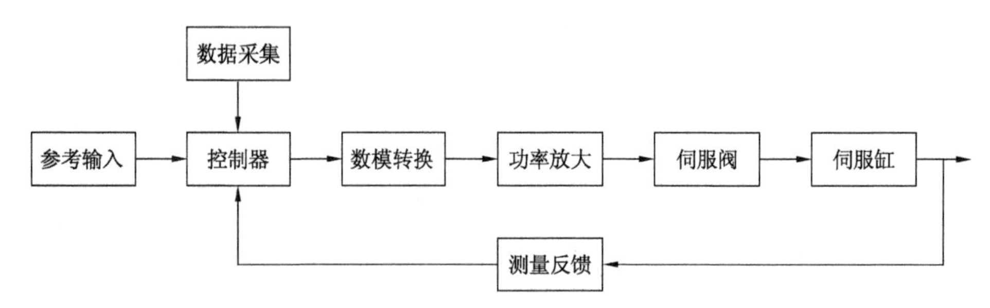

图 11.2-4　实验系统构成

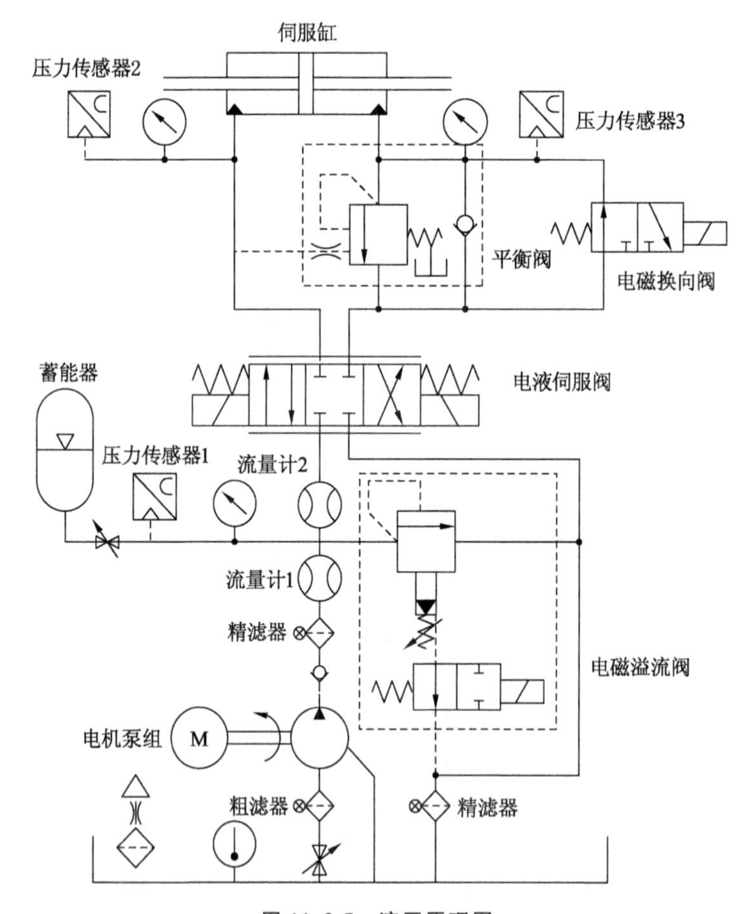

图 11.2-5　液压原理图

对照图 11.2-4 和图 11.2-5，确定各功能模块对应试验台的各个组成部分，并结合控制算法理解各个功能模块在控制系统中的具体作用。

2. 仿真部分

根据分组情况进行仿真实验，理解参数对仿真效果的影响。

六、实验注意事项

1. 实验中存在电高压和液压高压，实施每个操作都应在指导教师许可下进行。
2. 实验中若出现管路漏油等现象，不要慌张，应立即关闭电源。

七、思考题

1. 控制参数对控制效果有何影响？
2. 简述 PDF 控制算法的实现原理。

八、实验报告

1. 实验目的。
2. 实验内容。
3. 实验装置。
4. 实验原理。
5. 实验步骤。
6. 仿真实验结果与分析。
7. 思考题解析。

模块二

数字控制技术

第12章 数控技术

实验一 数控编程实验

实验学时:2
实验类型:设计
实验要求:必修,实验前学生必须先熟悉实验软件的使用
实验教学方法与手段:多媒体教学+学生操作

一、实验目的

1. 了解数控机床加工的工艺特点、数控加工工序的划分原则与内容。
2. 了解刀具、夹具等基本知识。
3. 掌握 NC 编程的代码、方法及步骤。

二、实验设备和仪器

1. 配备数控仿真软件和 CIMCO Edit 的高档电脑 1 台。
2. 数控车床 1 台(FANUC 0i mate TC)。
3. 加工中心 1 台(西门子 810D)。

三、实验原理

在数控机床上加工零件时,要把加工零件的全部工艺过程、工艺参数和位移数据以信息的形式记录在控制介质上,用控制介质上的信息来控制机床,以实现零件的全部加工过程,这就是数控编程。

编程坐标用来指定刀具的移动位置。运动轨迹的终点坐标是相对于起点计量的坐标,称为相对坐标(增量坐标);所有坐标点的坐标值均是从编程原点计量的坐标,称为绝对坐标。相对坐标和绝对坐标分别应用于数控编程的增量编程方式(G91)和绝对编程方式(G90)。

数控加工程序是由一个个程序段组成的,而一个程序段则由若干个指令字组成。每个指令字是控制系统的一个具体指令,由指令字符(地址符)和数值组成。

程序段中不同的指令字符及其后续数值确定了每个指令字的含义,以下基于 FANUC 0i 数控指令格式,对基本指令做一简要介绍。注意:由于数控系统的个性差异,

每台机床的指令以机床说明书为主。

数控程序是若干个程序段的集合，每个程序段独占一行，由若干个字组成，每个字由地址和跟随其后的数字组成。地址是一个英文字母。一个程序段中各个字的位置没有限制，但是，长期以来表12.1-1的排列方式已经成为大家都认可的方式。

表12.1-1 程序段中字的位置排列

N—	G—	X—Y—Z—	…	F—	S—	T—	M—	LF
行号	准备功能	位置代码		进给速度	主轴转速	刀具号	辅助功能	行结束

在一个程序段中间如果有多个相同地址的字出现，或者出现同组的G功能，取最后一个有效。

(1) 行号。

N××××是程序的行号，可以省略，但是有行号，在编辑时会方便些。行号可以不连续，最大为9999，超过后再从1开始。

选择跳过符号“/”只能置于一个程序的起始位置，如果有这个符号，并且机床操作面板上“选择跳过”打开，则本条程序不执行。这个符号多用在调试程序中，如在开冷却液的程序前加上这个符号，在调试程序时可以使这条程序无效，而在正式加工时使其有效。

(2) 准备功能。

地址“G”和数字组成的字表示准备功能，也称之为G功能。G功能根据其功能分为若干个组，在同一条程序段中，如果出现多个同组的G功能，那么取最后一个有效。

G功能分为模态与非模态两类。一个模态G功能被指令后，直到同组的另一个G功能被指令才无效。而非模态的G功能仅在其被指令的程序段中有效。

例：

```
…
N10 G01 X250. Y300.
N11 G04 X100
N12 G01 Z-120.
N13 X380. Y400.
…
```

N12这条程序中出现了“G01”功能，由于这个功能是模态的，所以尽管在N13这条程序中没有“G01”，但是其作用还是存在的。

(3) 辅助功能。

地址“M”和两位数字组成的字表示辅助功能，也称之为M功能。

(4) 主轴转速。

地址S后跟四位数字；单位：转/分；格式：S××××。

(5) 进给功能。

地址F后跟四位数字；单位：毫米/分；格式：F××××；尺寸字地址：X，Y，Z，I，J，K，R；数值范围：－999999.999～＋999999.999 mm。

四、实验内容及步骤

1. 实验内容

① 实验给定或由学生自行选择(需要实验教师确认)一个难度适中的车削类或铣削类零件,按照数控编程的方法、计算步骤,编制数控加工程序。

② 选定数控机床,传入数控程序。

③ 设置机床参数,并在机床通过轨迹仿真检查程序正确性,并完成仿真加工。

通过实验,使学生能够自主完成零件工艺分析、节点坐标计算,完成零件加工程序编制和仿真;要求学生学会独立查阅资料、选择加工设备,并能独立操作完成全部实验;掌握 CNC 机床的数控编程与加工方面的基本技能。

2. 实验步骤

1) 看懂图纸,编写加工工艺,计算切削三要素。课前编写好加工程序,并提交预习报告,经教师同意后方可进入教室做实验。

2) 基于 CIMCO Edit 完成数控轨迹编写。

双击打开 CIMCO Edit V6。

(1) 在"编辑器"菜单模式下,设置机床参数。

① 选择"file type"工具条中的"机床模板",打开设置对话框。

② 点击左侧"文件类型"里面的【仿真】,系统在右边显示相应仿真设置项目。

③ 在"控制器类型"里面选择需要的机床控制系统及其他参数。

④ 点击【刀库】按钮,在弹出的对话框中选择刀具。

⑤ 选择完毕后按【确定】按钮,返回 CIMCO Edit V6 初始界面。

(2) 编程。

在"编辑器"菜单模式下,选择"文件"工具栏中的"新建",在打开的空白区域编程并保存。或者点击【打开】,打开已经存在的程序。注意程序的格式要与"控制器类型"匹配,否则仿真容易出错。

(3) 仿真。

在"仿真"菜单模式下,完成仿真。

① 在"文件"工具条中点击【窗口文件仿真】可进行当前窗口的仿真,也可以点击【磁盘文件仿真】打开已经存在的程序进行仿真。点击【设置】可更改(1)中③条款的内容。

② 在"view"工具条里进行全视角的观测仿真刀路。

③ 在"Toolpath"工具条里观察刀路的形态。

④ 在"刀具"工具条里设置刀具的显示和隐藏;设置刀具参数,该功能与(1)中④条款类同。

⑤ 在"Solid"工具条里设置毛坯大小和有关实体模型。

⑥ 在"其他"工具条里可导入模型,导出刀路为 dxf 文档供其他软件调用。

此外,双击左边的程序行,右边可以显示对应的刀路和坐标等状态参数;同理,双击右边的刀路,左边可以显示对应的程序行。用该功能可以逐行检验程序的正确性。

3）基于数控仿真软件完成实验，以自己学号命名，提交仿真加工的电子文档。（选做）程序结果填入表 12.1-2。

表 12.1-2 程序分析表

程序行号	程序内容	程序注释	备注
N100	×××.MPF T1M6	程序开头（×××为学号） 使用 1 号刀	SIEMENS 系统 直径 8 mm

注：对于切削速度和主轴转速，需给出计算方法和公式。

五、思考题

1. 详细分析说明 G00，G01，G02，G03，G04，G17，G18，G19，G90，G91，G92 等基本 G 指令的功能和含义。

2. 为什么程序的后缀要改为“*MPF”？

3. 简述刀具半径补偿指令（G40，G41，G42）的功能和使用注意事项。

六、实验报告

实验报告簿应事先准备好，用来做实验预习、实验记录和实验报告，要求这 3 个过程在一个实验报告中完成。

（1）实验预习。

在实验前，每位同学都需要对本次实验进行认真的预习，并写好预习报告，在预习报告中要写出实验目的、要求，需要用到的仪器设备、物品资料及简要的实验步骤，形成一个操作提纲。

（2）实验记录。

学生将实验中所做的每一步操作、观察到的现象和所测得的数据及相关条件如实地记录下来。实验记录中应有指导教师的签名。

（3）实验报告。

实验报告主要内容包括对实验数据、实验中的特殊现象、实验操作的成败、实验的关键点等内容进行整理、解释、分析总结，回答思考题，提出实验结论或提出自己的看法等。

实验二　数控插补实验

实验学时：2

实验类型：验证、设计

实验要求：必修，实验前要求学生了解如何基于 VB 或者 VC 编写插补原理仿真软件

实验教学方法与手段：多媒体教学+学生操作

一、实验目的

理解插补的含义及逐点比较法和数字积分法插补的区别。

二、实验设备和仪器

1. 计算机、数控插补教学软件。
2. 坐标纸、铅笔、直尺、橡皮等。
3. 固高 $x-y$ 伺服控制平台。

三、实验原理(数控机床插补原理)

机床数控系统依据一定方法确定刀具运动轨迹，进而产生基本廓形曲线，如直线、圆弧等。其他需要加工的复杂曲线由基本廓形逼近，这种拟合方式称为“插补”(Interpolation)。“插补”实质是数控系统根据零件轮廓线型的有限信息(如直线的起点、终点，圆弧的起点、终点和圆心等)，在轮廓的已知点之间确定一些中间点，以完成所谓的“数据密化”工作。

四、实验内容及步骤

1. 实验内容

① 逐点比较法插补(直线插补 、圆弧插补)。

② DDA 法(数字积分法)插补(直线插补 、圆弧插补)。

③ 时间分割法插补(直线插补 、圆弧插补)。

2. 实验步骤

① 比较逐点比较法插补、DDA 法插补和时间分割法插补 3 种算法的异同。

② 分别绘出逐点比较法插补和 DDA 法插补的轨迹，并与软件生成的轨迹比较。要求如下：

已知：第一象限直线 OA，起点 O 在原点，终点 $A(4,2)$。取被积函数寄存器分别为 J_{Vx}，J_{Vy}，余数寄存器分别为 J_{Rx}，J_{Ry}，终点计数器 J_E，均为三位二进制寄存器。填写插补过

程表 12.2-1 和表 12.2-2，画出插补轨迹如图 12.2-1 所示。

表 12.2-1 逐点比较法直线插补过程

脉冲个数	偏差判别	进给方向	偏差计算	坐标计算	终点判别

表 12.2-2 数字积分(DDA)法直线插补过程

累加次数(Δt)	X 积分器			Y 积分器			终点计数器 J_E
	J_{Vx} (x_e)	J_{Rx}	溢出 Δx	J_{Vy} (y_e)	J_{Ry}	溢出 Δy	

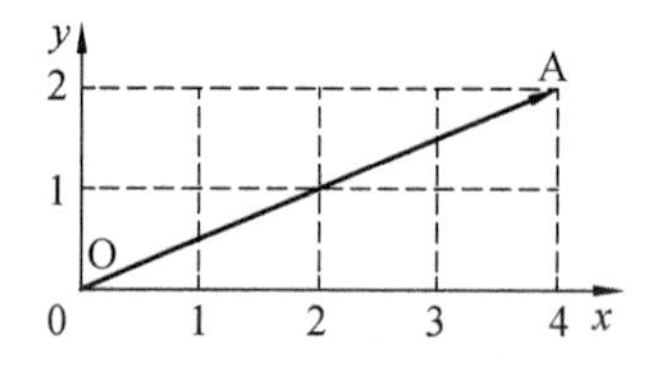

图 12.2-1 插补轨迹图

五、软件操作说明

下面以逐点比较法直线插补为例，简要地介绍本软件的操作方法，以下各个插补由学生自己完成。

1. 在如图 12.2-2 软件初始界面“插补类型”选择框中选择“逐点比较法”。
2. 插补类型选直线，输入所要插补直线的参数 X，Y 值(建议不大于 8)。
3. 点击【画直线】按键，画出所给定的直线。网格的间距相当于脉冲当量，此时可以进行插补。

4. 点击【插补仿真】按键，完成插补。

其他插补类型的操作与此类似，不再一一细述。

图 12.2-2 数控插补仿真软件

六、思考题

1. 简述数控机床插补原理。

2. 画出实现逐点比较法和数字积分（DDA）法直线插补的流程图，结合流程图说明如何实现第一象限的直线插补。

3. 使用高级语言自己开发数控插补软件（选做）。

4. 使用固高 $x-y$ 伺服控制平台实现硬件插补（选做）。

实验三 车间分布式数控技术应用实验

实验学时：2

实验类型：综合

实验要求：选修

实验教学方法与手段：多媒体教学＋学生操作

一、实验目的

通过本实验的学习，使学生了解 DNC 这一先进技术的作用与实现原理，拓宽知识面，了解机械制造领域的新发展。

二、实验设备和仪器

内装 DNC（Zwo-NCmgr 程序管理系统）的计算机。

三、实验原理

DNC是以一台计算机对多台数控机床进行集成控制管理的一种方式。近年来随着计算机网络和通信技术的飞速发展,如何将制造车间分散的数控机床通过计算机网络实施综合数字控制构成分布式数控系统(DNC),已成为现代企业继CAD/CAPP/CAM/MIS系统联网集成后进一步实现制造自动化需要解决的关键技术之一。DNC的实施能明显改善车间的生产组织与管理,提高数控机床利用率,相对FMS来说,它更侧重于信息流的集成,具有投资小、规模小、见效快、可大量介入人机交互并具有较好柔性的特点,已被看作是现代制造车间自动化的一种简易、切实可行的重要方式。

四、实验内容及步骤

1. 实验内容

① 掌握DNC(Distributed Numerical Control)分布式数控的基本原理与作用。

② 熟悉如何利用DNC进行数控程序的编辑与管理。

③ 了解如何利用DNC通过串口服务器与加工中心进行机床联网与远程通信的方法及其基本实现原理。

2. 实验步骤

1) 了解DNC系统软件的组成及各子系统的作用。

2) 了解利用DNC技术实现机床联网的体系结构和基本工作原理。

3) 了解如何利用DNC进行NC程序编辑与仿真。

4) 了解如何利用DNC进行NC程序流程管理与版本管理。

5) 了解如何利用DNC与EUMA加工中心进行NC程序的上传、下载。具体操作如下:

(1) 程序上传操作。

在编辑状态下选择要上传的程序,然后直接点击【输出】。

(2) 程序下载操作。

在编辑状态下选择“1111”程序上传—接收“3333”程序—选择要下载的程序前面加“/”—“3333”程序上传—接收程序。

实例:

① 发送机床内的“1111”程序调用程序列表。

```
%
O1111
//DM;
M30
```

② 接收“3333”程序列表。

③ 编辑修改程序列表,在所需要调用的程序目录前加“/”。

④ 发送修改后的“3333”程序。

⑤ 接收新程序。

总结:整个远程调用程序可简单地概括为“两次收发循环,中间一次修改”。

五、思考题

1. 什么是 DNC,有何作用?

2. DNC 系统软件是如何实现与机床联网通信的?

3. 机床内的“1111”与“3333”两个程序有什么作用? 为什么要在机床需要调用的程序号前加“/”?

六、实验报告

在实验前,每位学生都需要对本次实验进行认真的预习,复习数控编程的基本知识,通过查阅相应文献及资料了解 DNC 的一些背景。

在实验报告中应说明 DNC 系统软件 3 个组成部分的主要功能及它们之间的关系,详细说明利用该系统进行 NC 程序管理与传输的主要步骤并回答思考题。

第13章 数控系统

实验一 数控系统连接与调试实验(非控制元器件)

实验学时:2
实验类型:综合
实验要求:必修
实验教学方法与手段:多媒体教学+学生操作

一、实验目的

1. 了解数控机床的数控系统的硬件结构、外设结构及检测元件和伺服系统。
2. 掌握XK713数控铣床非控制元器件的布局、接线。

二、实验设备和仪器

1. 总电源开关HR-31(1个)。
2. 变压器GA85(1个)。
3. 端子排L1(1个)和S1(1个)。
4. 低压断路器DZ47-60-C6(1个),DZ47-63-C2(2个,作用相当于熔断器)。
5. 机床灯JY37-1(1个)。
6. 润滑站MLZ-15/1.5(1个)。
7. 电器柜冷却风扇MU1125M-41(1个)。
8. 接地端子。

三、实验内容及步骤

1. 熟悉电气原理图,找到非控制元器件的接线部分。
2. 接线步骤为:

(1) 总电源开关三相380 V到端子排L1(上端进,下端出),变压器变压到220 V(非控制元器件的电压为220 V),两相220 V(任意两相,取U和W两相)到端子排S1(位置根据电气原理图),两相到低压断路器DZ47-60-C6,到端子排S1,到机床灯。

(2) 总电源开关三相380 V到端子排L1(上端进,下端出),变压器变压到220 V(非控制元器件的电压为220 V),两相220 V(任意两相,取U和W两相)到端子排S1(位置根据电气原理图)，端子排U相到DZ47-63-C2(上端进，下端出，电气图里代号为FU3)，到端子排S1(位置根据电气原理图)，和另外W相一起到风扇。

(3) 总电源开关三相380 V到端子排L1(上端进，下端出)，端子排到变压器变压为220 V(非控制元器件的电压为220 V)，两相220 V(任意两相，取U和W两相)到端子排S1(位置根据电气原理图)，端子排U相到DZ47-63-C2(上端进，下端出，电气图里代号为FU2)，到端子排S1(位置根据电气原理图)，和另外W相一起到润滑站。

(4) 接地端子都要接地。

3. 联机调试，所有设备应运行正常。

实验二　四工位数控刀架设计实验

实验学时：2
实验类型：设计
实验要求：必修
实验教学方法与手段：教师面授十学生操作

一、实验目的

1. 通过本实验，使学生能够独立完成刀架设计，学会根据电气图纸自主完成接线调试。
2. 掌握刀架的换刀过程。
3. 了解数控刀架的硬件结构及原理。

二、实验设备和仪器

1. 旭上四工位刀架实验台XS-DJ01。
2. 斯沃数控软件。

三、实验原理

刀架为四工位，单向转动(定义为正转)。当刀架接收到启动信号时，刀架机械松开并开始正转，旋转过程中检测刀架刀位信号。当刀架到位时，正转信号断开并接受反转信号，刀架反转锁紧。反转信号到机械锁紧，完成换刀。换刀原理如图13.2-1所示。

手动：将工作方式改为手动方式，若按一下【启动】按钮后松开，刀架在当前位置更换到下一把刀位后锁紧停止；若按住【启动】按钮，刀架会一直旋转，当松开【启动】按钮后，刀架会在检测到任意刀位后锁紧停止。

自动：将工作方式改为自动方式，先通过【刀位】按钮选择目标刀位，选择的目标刀位指示灯点亮，再按【启动】按钮，刀架开始自动换刀，当找到目标刀位后，刀架锁紧并停止。若选择的当前刀位为目标刀位，刀架不会动作。

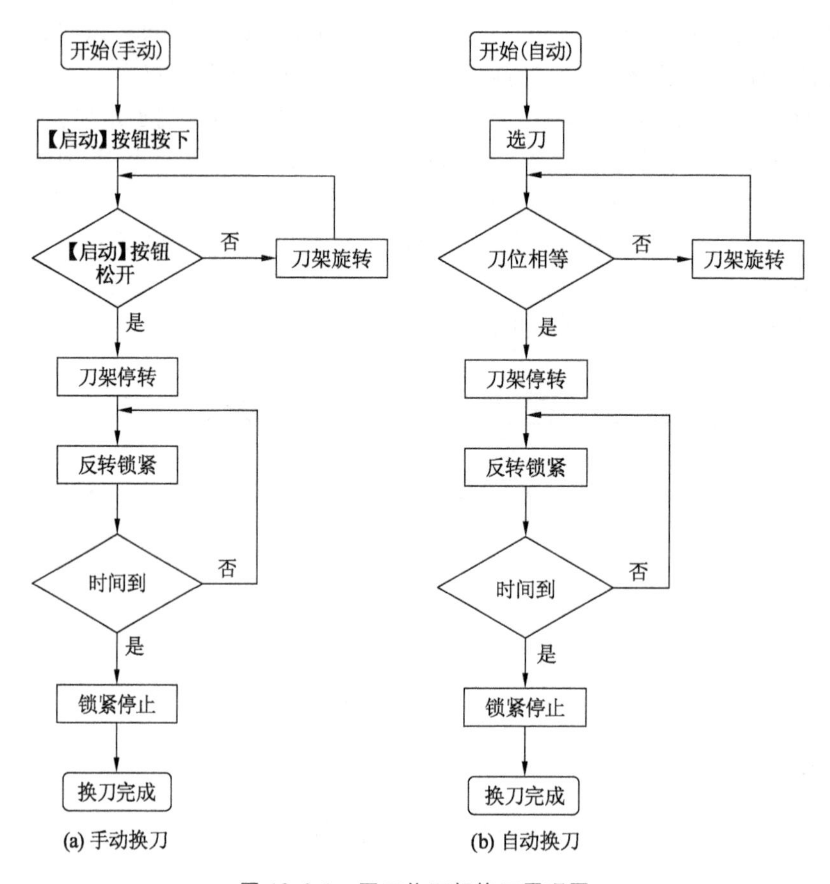

图 13.2-1 四工位刀架换刀原理图

四、实验内容及步骤

1. 实验前，学生应熟悉斯沃数控软件和 PLC 编程软件。通过斯沃数控软件，熟悉刀架各个零部件及装配。

2. 实验前设计刀架控制电气原理图。

3. 将设计的电气原理图与参考的电路比较，完善电路图；学生根据电气原理图完成线路连接，使用万用表进行线路检测。

4. 设计 PLC 控制程序，打开主机电源，将程序下载到主机中。

5. 调试 PLC 程序，运行程序并观察实验现象，完成手动换刀功能设计。程序的纸质稿交给教师签字认可，程序的电子稿文件夹以“学号＋姓名”保存并统一上交。

6. 完成自动换刀功能设计。(选做)

实验参考图如图 13.2-2 至图 13.2-5 所示。

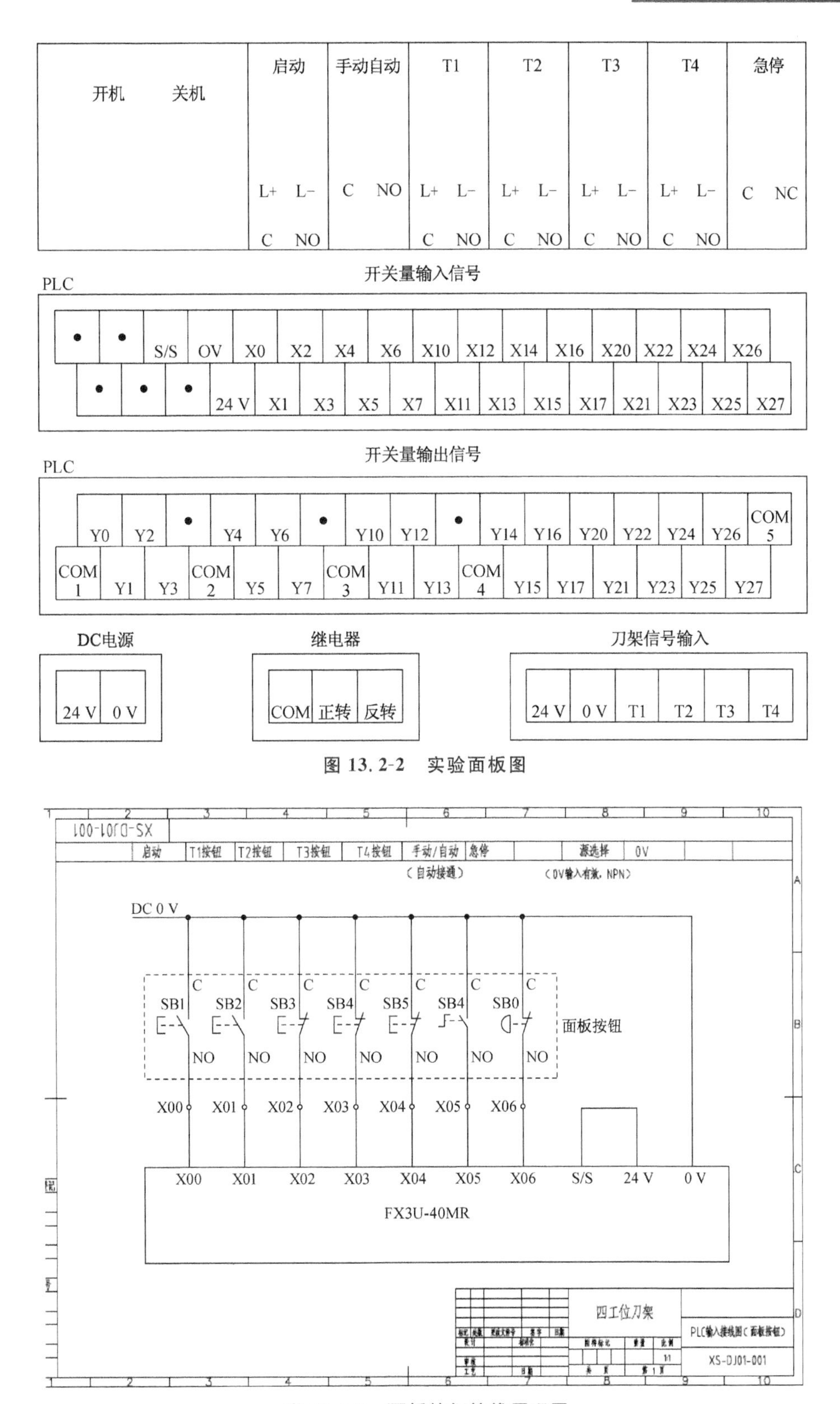

图 13.2-2　实验面板图

图 13.2-3　面板按钮接线原理图

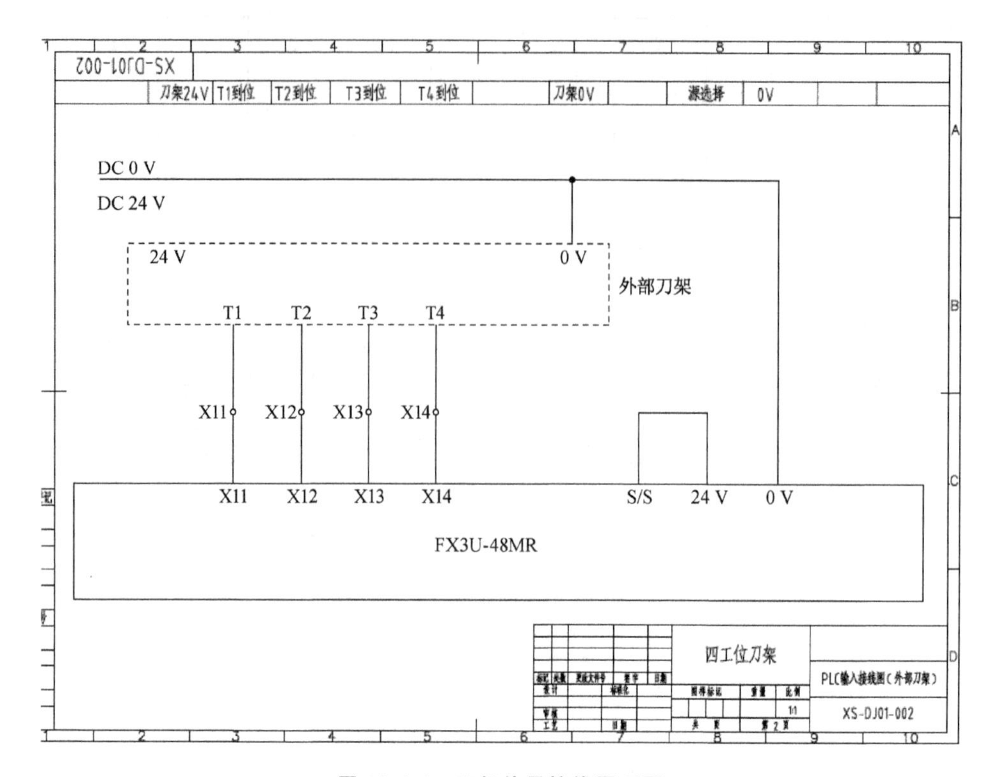

图 13.2-4　刀架信号接线原理图

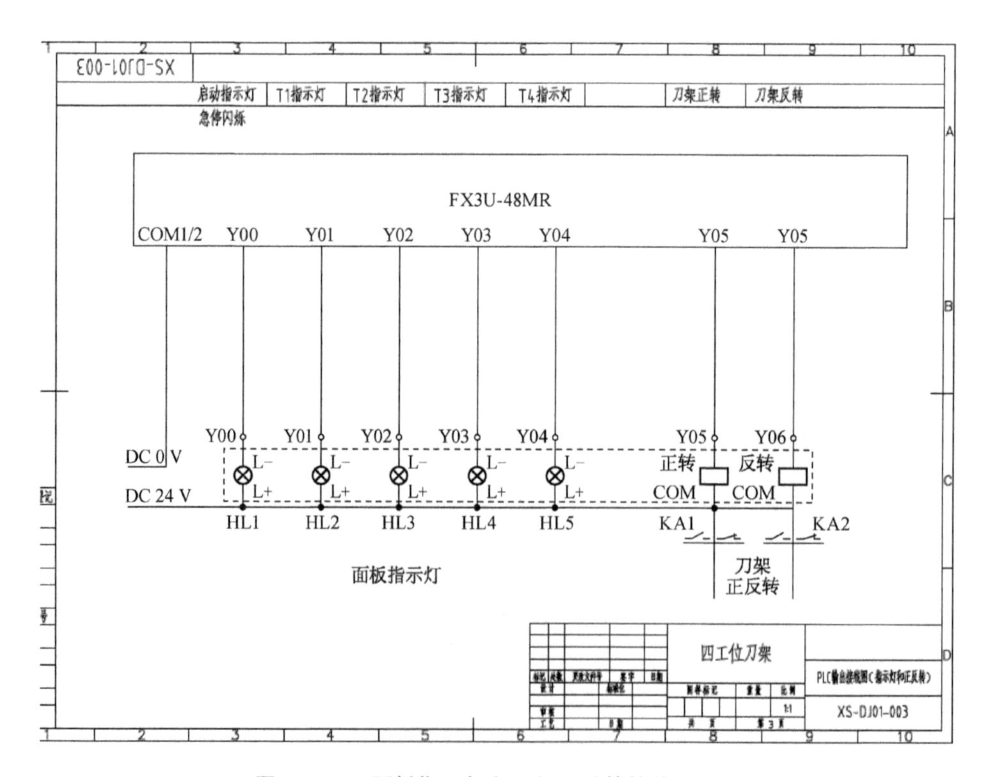

图 13.2-5　面板指示灯和刀架正反转接线原理图

实验三　开放式数控系统软件设计实验

实验学时：2
实验类型：设计
实验要求：选修
实验教学方法与手段：多媒体教学＋学生操作

一、实验目的

1. 通过本系统，使学生了解开放式数控系统的软硬件构成、特点及功能模块的划分。

2. 通过开放式数控系统软件设计实验，使学生能够独立完成软件的编写，熟悉开放式数控系统软件的开发方法和过程；要求学生学会独立查阅资料，并能自主设计软件，独立操作完成全部实验。

二、实验设备和仪器

1. 多轴运动控制系统 1 套（含电控箱）。
2. PC 机 1 台。
3. GT－400－SG－PCI 卡 1 块（插在 PC 机内部）。
4. VC＋＋软件开发平台。

三、实验原理

开放式数控系统是以通用计算机（PC）的硬件和软件为基础，采用模块化、层次化的体系结构，能通过各种形式向外提供统一应用程序接口的系统。开放式数控系统可分为 3 类：CNC 在 PC 中；PC 作为前端，CNC 作为后端；单 PC，双 CPU 平台。本实验采用第一类，把顾高公司的 GT－400－SG－PCI 多轴运动控制卡插入 PC 机的插槽中，实现电机的运动控制，并完成多轴运动控制系统的控制，如图 13.3-1 所示，优点为：① 成本低，采用标准 PC 机；② 开放性好，用户可自定义软件；③ 界面比传统的 CNC 友好。

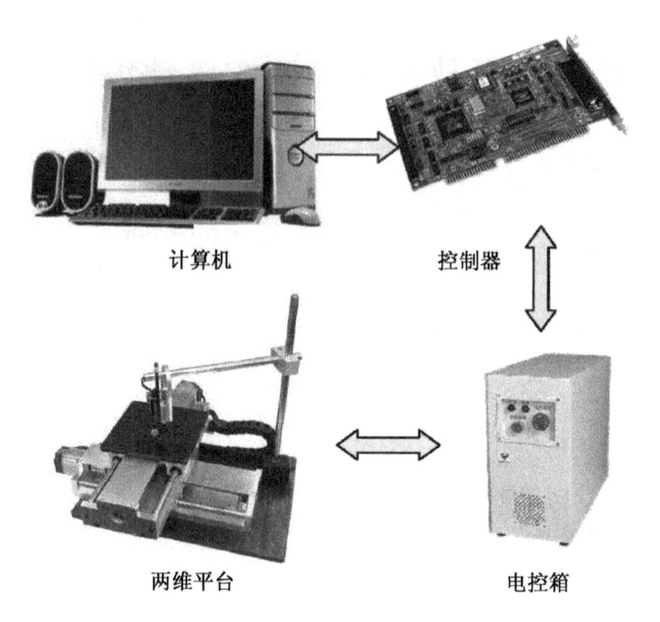

图 13.3-1 开放性数控系统硬件构成

四、实验内容及步骤

1. 实验内容

① 实验前预习基于 GT－400 运动控制卡的开放式数控系统的软件开发方法。

② 用 VC 等高级编程语言编写开放式数控系统的软件，实现点动等基本功能。

③ 运行编写好的软件，控制数控平台的运动。

2. 实验步骤

① 实验前使用 VC＋＋6.0 编写软件程序，基本界面如图 13.3-2 所示。

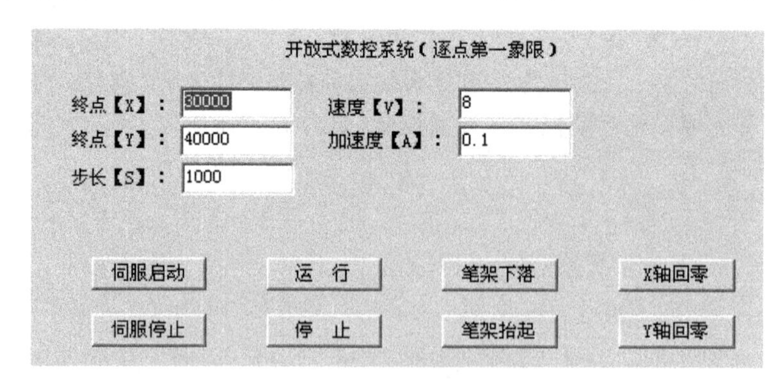

图 13.3-2 开放式数控系统软件界面

② 编写程序流程图。软件运行流程为：伺服启动→X 轴回零→Y 轴回零→笔架下落→输入终点坐标值→运行→停止→笔架抬起→伺服停止。

③ 使用逐点比较法完成第一象限的编程，以实现点动等基本功能，即起点为(0,0)，

终点为输入值。本设备的脉冲当量约为 2000 单位 1 mm，建议不要超过 20 mm。加速度建议为 0～10 pulse/st，速度建议为 1～100 pulse/st。

④ 本实验用到的函数主要有：初始值定义和板卡初始化函数、轴开启（伺服开启）函数、轴关闭（伺服关闭）函数、X 轴回零函数、Y 轴回零函数、“运行”函数、“停止”函数、笔架下落函数、笔架抬起函数、参数检查函数（加速度、速度、终点坐标值、插补方式、步长、寄存器容量）、回零函数、判断轴移动函数、象限判断函数、直线插补前处理函数、插补完成后处理函数、更新数据函数、速度值输入判断函数、加速度值输入判断函数、轴初始化函数、逐点比较法直线插补函数（第一象限）等。

⑤ 实验调试完毕，以“学号＋姓名”建立文件夹，保存文件。

五、课后作业

完善开放式数控系统软件程序流程图。

第14章 数控机床与故障诊断

实验一 机床综合精度测量实验

实验学时:2
实验类型:综合
实验要求:必修
实验教学方法与手段:多媒体教学+学生操作

一、实验目的

1. 了解使用激光干涉仪测量数控机床精度的原理和方法。
2. 掌握使用激光干涉仪测量数控机床精度的方法。

二、实验设备和仪器

1. 激光干涉仪1台,型号Renishaw laser XL。
2. 数控机床1台,型号EUMA850,系统西门子810D。
3. VNUM数控机床调试维修教学软件1套。

三、实验原理

1. 系统原理分析

图14.1-1是用于测量线性轴定位精度的典型系统。

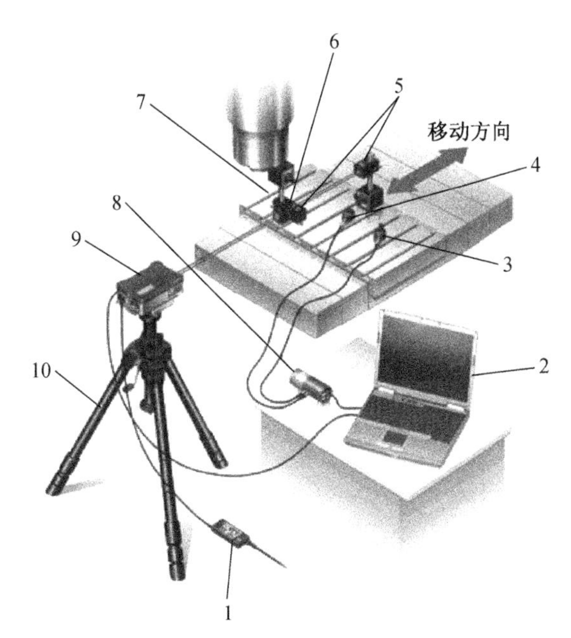

1—电源装置；2—计算机运行激光校准软件；3—空气温度传感器；4—材料温度传感器；5—线性反射镜；6—线性干涉镜；7—光学镜安装组件；8—XC 补偿单元；9—XL 激光头；10—三脚架

图 14.1-1　用于测量线性轴定位精度的典型系统

2. 光学原理(迈克尔逊干涉原理)

图 14.1-2 是线性测量的光学原理图。

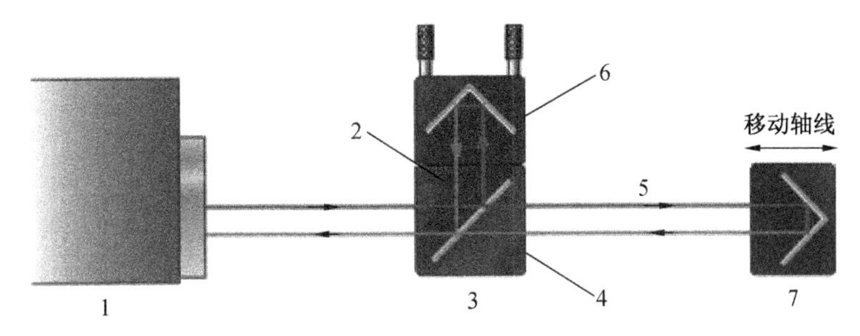

1—XL 激光；2—参考光束；3—线性干涉仪；4—分光镜；5—测量光束；6—线性反射镜；7—线性反射镜

图 14.1-2　线性测量的光学原理图

来自 XL 激光头的光束进入线性干涉仪，在此光束被分成 2 束。一束光(称为参考光束)被引向装在分光镜上的反射镜，另一束光(测量光束)则穿过分光镜到达第二个反射镜。然后，两束光都被反射回分光镜，在此它们重新组合并被导回激光头，激光头内的探测器监测两束光之间的干涉。

在线性测量过程中，一个光学组件保持静止不动，另一个光学组件沿线性轴移动。通常，将反射镜设定为移动光学部件，将干涉镜设定为静止部件。通过监测测量光束和参考光束之间的光路差异的变化，产生定位精度测量值(注意，它是 2 个光学组件之间的差异测量值，与 XL 激光头的位置无关)，此测量值可以与被测机器定位系统上的读数比较，以获得机器的精度误差。

四、实验内容及步骤

1. 对光

以测量 Y 轴为例，按照图 14.1-1 完成系统接线。目测以保证激光头、干涉镜和反射镜在同一条轴线上，并且平行与 Y 轴。当干涉镜和反射镜近距离时，只允许采用机床手摇脉冲器和激光头的水平移动校准；反之，远距离时只允许采用激光头的左右偏摆和上下偏摆校准。如果反射光和干涉光不能聚焦到一起，且朝一个方向移动，可适当调整（主要是旋转）三脚架，理想的结果是反射光束和参考光束在光闸处重合，激光头上一排指示灯全亮绿色，先进行近距离对光，再进行远距离对光。

2. 编程

以 $Y=-1$ mm 为起点，然后从 $Y=0$ 点开始走刀测量，测量暂停时间为 4 s，间隔 50 mm 进行测量；测量完 400 mm 后，线性进给到 401 mm，暂停 1 s，再退回 400 mm，暂停 4 s 测量，依次走刀，一直测量到 $Y=0$，最后退回 $Y=-1$ mm，并进行循环。前后 1 mm 的作用是消除误差。假定程序命名为“Y. MPF”。

3. 软件设置

在“文件”—“对象属性”中，输入机床信息和测量信息。

在“目标点”—“等距设定目标”设定参数，如图 14.1-3 所示。

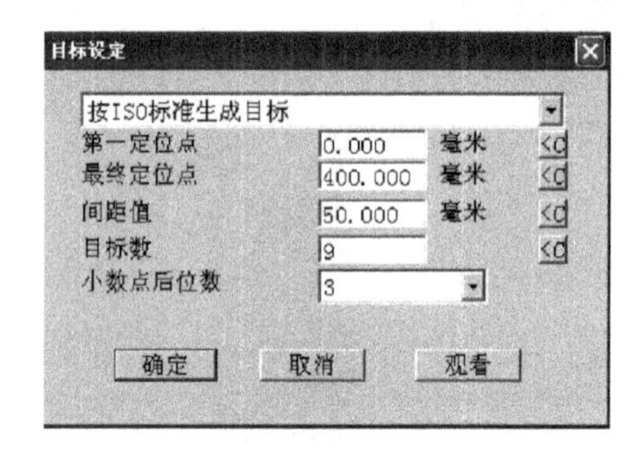

图 14.1-3 设置参数 Ⅰ

在“采集数据”开始，或者点▶开始测量，设置参数如图 14.1-4 所示。

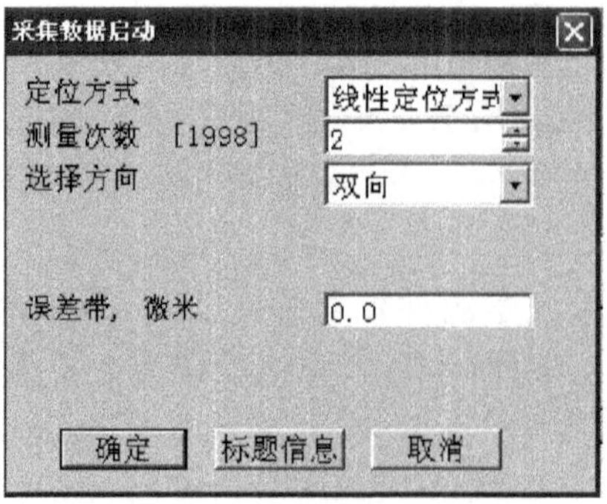

图 14.1-4 设置参数 Ⅱ

设定越程量大小为0,如图14.1-5所示。

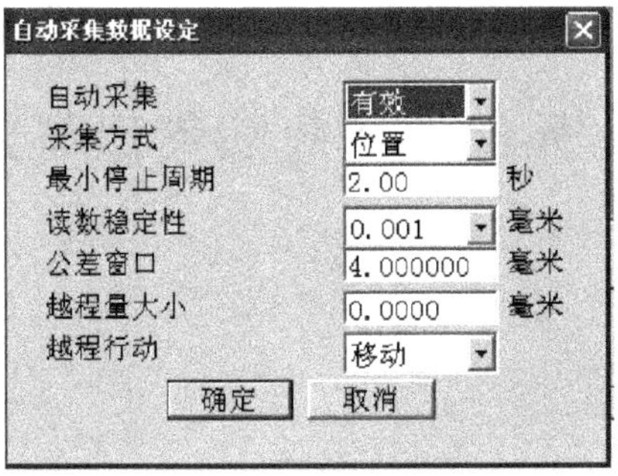

图14.1-5 设置参数Ⅲ

4. 测量数据

设置完毕,开动机床。当机床运行到 $Y=0$ 时,点击完成清零工作。继续运行机床,直到数据采集结束。注意:① 在正向上移动机器,检查计算机上的激光测量显示的方向识别是否与机器读数显示的方向识别相匹配。如果不匹配,则单击工具栏中的按钮或按【Ctrl】+【—】键,以改变激光的方向识别。② 采样过程中,机床运行速度要一致,不可中途变速。

5. 分析数据

采集完毕,选择“数据”—“分析数据”,打开数据分析窗口。选择“分析数据”-GB/T1742.2进行分析,着重关注单向重复精度 R,定位精度 A 和反向精度 B。再选择“误差补偿图表”,在弹出的对话框中依次选择均值补偿/绝对值/1/误差值/0/0/400/20(注意:该设定为西门子系统专用,其他系统不一样;最后的20要与机床的补偿程序“LECY.MPF”中设定的补偿距离一致),即可生成补偿数据表。

6. 机床补偿

将第5步生成的螺距补偿数据表的数据填入“LECY.MPF”对应位置,然后执行该程序,最后NC复位即可完成螺距补偿。螺距补偿之前,必须查看对应的轴参数“323700[0]”。螺距补偿的条件是机床间隙均匀、重复性好。

将第5步生成的反向补偿数据填入轴参数“32450[0]”,注意方向。

补偿完毕,需要再次运行测量验证。

最后存盘,完成实验。

五、实验注意事项

1. 为避免伤害眼睛,请不要直视射出光束。
2. 不要让光束直射,或通过光学元件,或任何其他反射面反射到人的眼睛。
3. 本实验所用设备均为高精密测量仪器仪表,请务必小心取用,若损坏需原价赔偿。

六、思考题

1. 请简要描述迈克尔逊干涉原理。

2. 为什么在测量的过程中要保持恒定的进给速率？
3. 编写精度测量时所需的数控程序，要求见实验步骤“2. 编程”。

实验二　外围机床故障模拟与诊断实验

实验学时：2
实验类型：设计
实验要求：必修
实验教学方法与手段：教师面授＋学生操作

一、实验目的

1. 了解数控机床常见故障。
2. 掌握数控机床外围电器简单故障的诊断方法，学会使用仪器仪表排除故障。

二、预习要求

1. 实验前安装好“斯沃数控机床仿真”软件，试用版运行（WIN7 以上系统以兼容模式 XP SP3 运行）。
2. 实验前预习操作视频，进行故障预排查。

三、实验设备和仪器

1. 斯沃数控机床仿真软件 1 套。
2. 数控实训平台 1 套，南京日上 RS－S1/S2。

四、实验必备知识

1. 外围机床报警是确保机床安全运行的必要因素，通常由安装在各相关位置上的传感器来完成。当机床的运动使某一传感器动作，传感器（如行程开关）将电压信号送至某一 PLC 输入地址，使得该地址的电平产生变化，当该变化满足 PLC 程序所规定的报警条件时，机床运动将被干预（干预的程度视报警信号的严重程度而定），显示屏上出现报警号与报警内容。

2. 报警号是通过 PLC 程序激活某一位信息以显示请求地址位（地址 A0～A24）而产生的，报警内容则通过编辑信息数据表来实现。

五、实验内容及步骤

1. 认识数控实训平台的基本结构；了解如何设置故障和排除故障的方法。

2. 实验前，预习“斯沃数控机床仿真”软件—“故障设置与诊断”—“西门子 802C 铣床”的相关知识，选择图 14.2-1 所示各个故障模块，完成机床故障排查，并且全程录制排查录像，保存正确的实验结果。

图 14.2-1　机床故障

3. 打开教师随机设计的故障模板进行故障排除，并且全程录制排查录像，保存正确的实验结果。

4. 学生 2 人一组，分别设计故障供对方排查。

六、实验报告

实验报告必须包含 3 部分内容：

① 提交完成故障排查的文件。

② 提交完成故障排查的文件所对应的录像。

③ 撰写实验报告。

实验三　数控车削中心机构分析与应用

实验学时：2

实验类型：综合

实验要求：选修

实验教学方法与手段：教师面授＋学生操作

一、实验目的

1. 了解数控车削中心的原理；了解车削中心在结构上的主要特点，与普通数控车床相比所增加的功能，包括 C 轴控制、动力刀盘控制等。

2. 使用全球顶级车铣复合加工软件 Edgecam 完成圆柱凸轮的车铣复合加工。

3. 了解数控车床的原理和机构与普通车床功能上的差异。

4. 熟悉数控车削中心的基本操作和按钮。

5. 熟悉数控车削中心的加工过程。

6. 了解车铣复合加工软件 Edgecam 的使用。

二、实验原理

机床的主要部件如图 14.3-1 所示

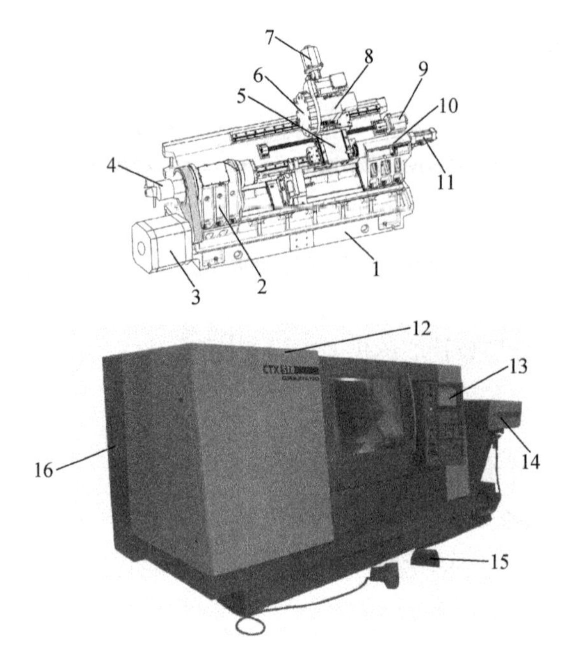

1—床身；2—主轴箱；3—主轴电动机；4—卡盘油缸；5—横向托板部件；6—刀盘；7—X 轴电动机；8—转塔；9—Z 轴电动机；10—尾架；11—尾架移动油缸电气柜；13—控制柜；14—排屑器；15—踏板；16—液压-气动系统

图 14.3-1 机床的主要部件

1. 主轴箱

主轴箱如图 14.3-2 所示。主轴箱体 1 由铸铁制成，其上带有 V 形皮带传动系统，该系统由固定皮带轮 3 的电动机 2 带动。运动通过皮带 4 传递给固定的轴（主轴）6 上的皮带轮 5。该主轴由 4 个精密球轴承 7 支撑。皮带由调节设备 8 带动。

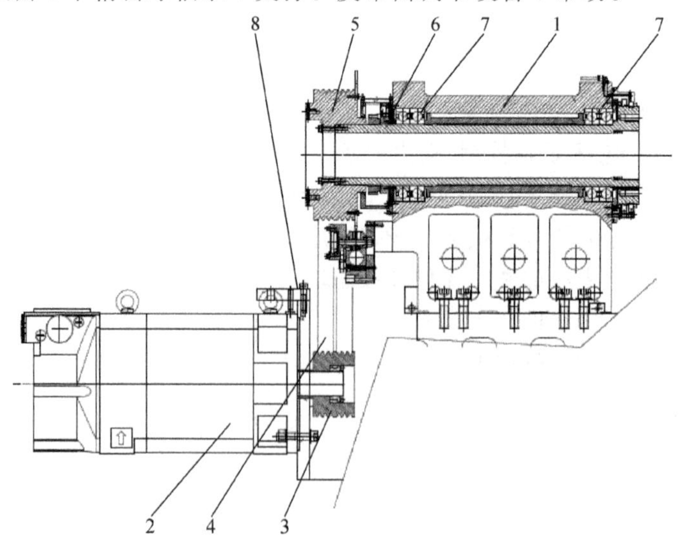

1—主轴箱体；2—电动机；3，5—皮带轮；4—皮带；6—主轴；7—球轴承；8—调节设备

图 14.3-2 主轴箱

2. X-Z 轴装置

(1) X 轴装置

X 轴装置(见图 14.3-3)由滑动座架组成,该滑动座架利用了安装在 Z 轴滑架导轨上的循环球轴承座,且通过安装在支承上的电动机移动。该装置通过一个接头连接到滚珠循环丝杆。

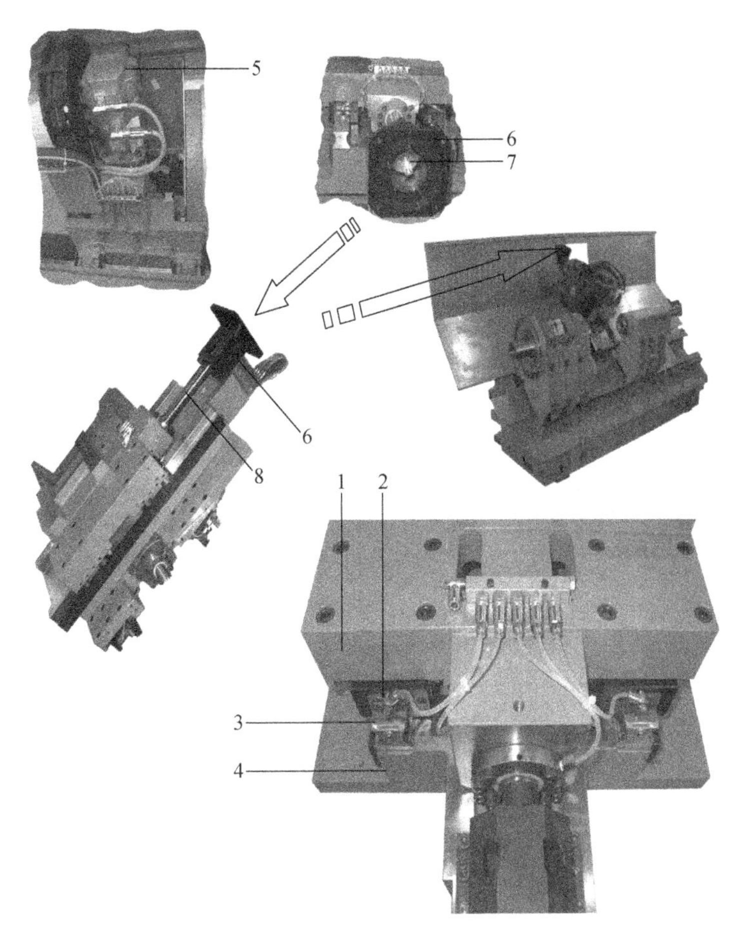

1—滑动座架;2—循环球轴承座;3—导轨;4—Z 轴滑架;
5—电动机;6—支承;7—接头;8—滚珠循环丝杆

图 14.3-3 X 轴装置

(2) Z 轴装置

Z 轴装置(见图 14.3-4)由球轴承安装座上的滑动尾架组成,该球轴承安装座在安装于机床床身上的导轨上滑行。运动可通过安装在支承上的电动机进行,并通过接头直接连接到前段用支承支撑的循环滚珠丝杠。

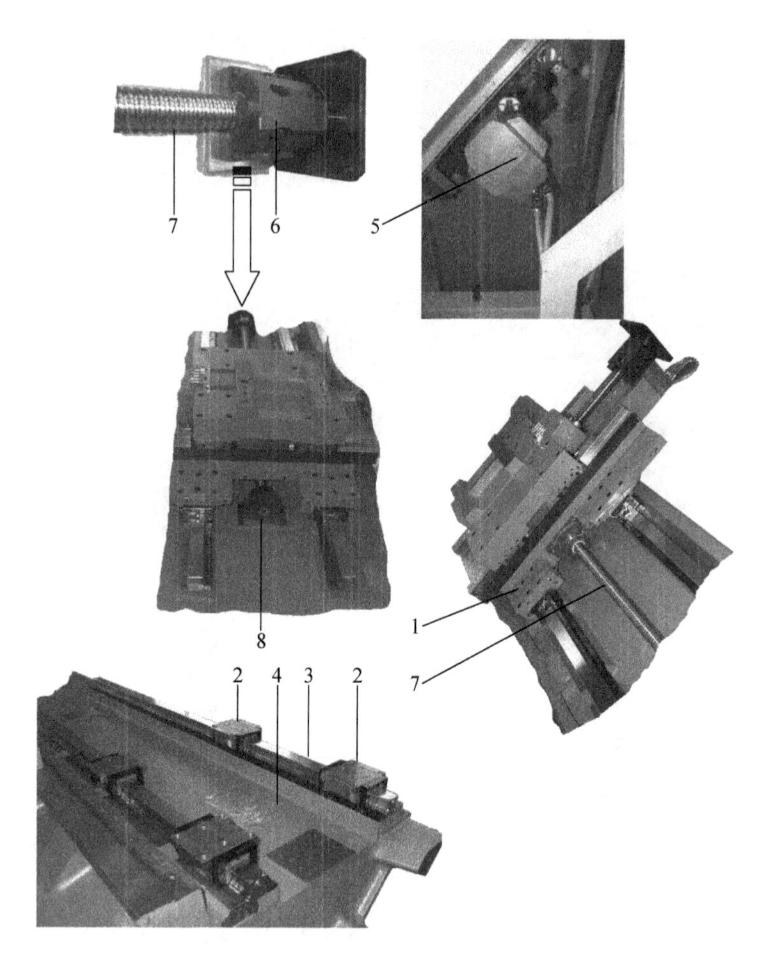

1—滑动尾架；2—安装座；3—导轨；4—机床床身；
5—电动机；6—支承；7—循环滚珠丝杠；8—支承

图 14.3-4 Z 轴装置

3. 转塔刀架

转塔刀架如图 14.3-5 所示。电磁控制转塔是双向的，能携带 12 把刀具。它带有一个油基冷却液的专用输入口，以使液体直接进入到盘。在电动机驱动形式下，可以驱动 6 把铣刀。

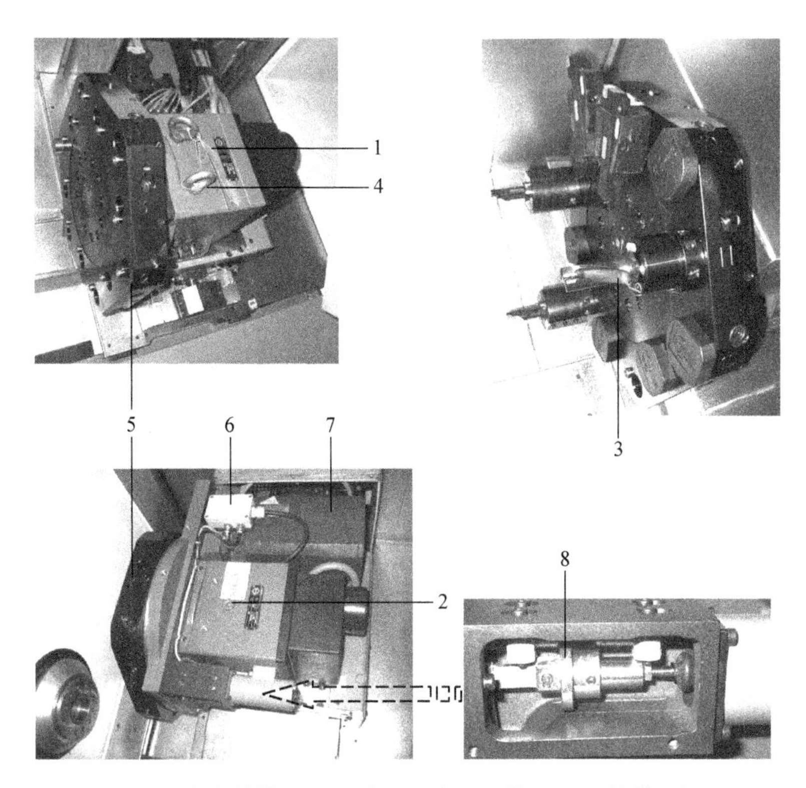

1—电磁控制转塔；2—电动机驱动；3—铣刀；4—转塔刀架；
5—刀盘；6—电气连接箱；7—电机体；8—动力刀附件

图 14.3-5 转塔刀架

4. 电气柜

电气柜(见图 14.3-6)符合 IEC/VDE 标准，含有数控装置、轴和主轴动力转换装置及辅助控制电路。电气盒由空调进行冷却。

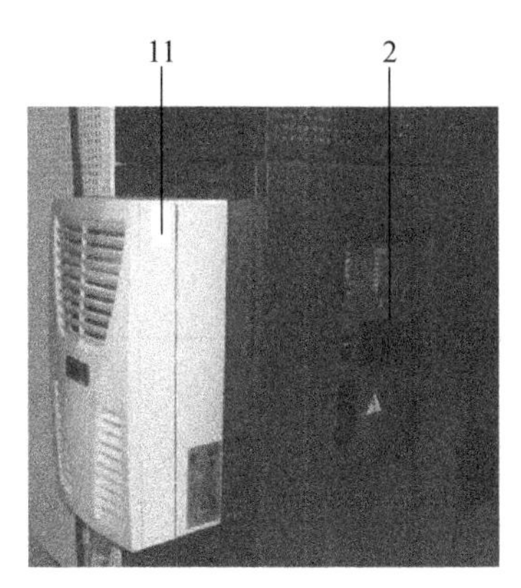

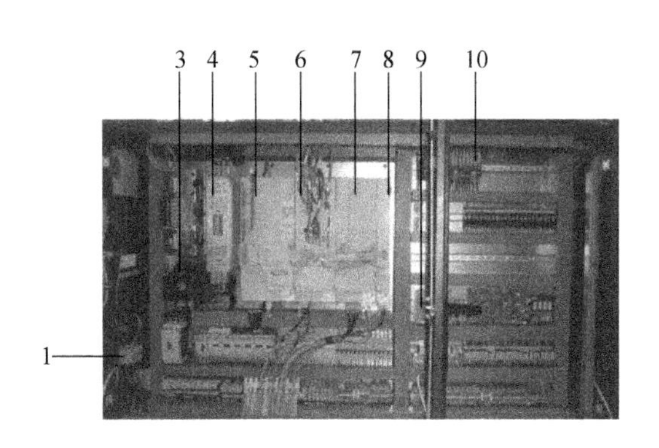

1—线路连接端子板；2—总开关；3—TM1 变压器；4—干扰滤波器；5—电源模块；
6—CCU 模块；7—电主轴模块；8—动力刀驱动模块；9—PLC 模块 DC 电源；11—空调

图 14.3-6 电气柜

5. 液压控制系统

液压控制系统如图 14.3-7 所示。

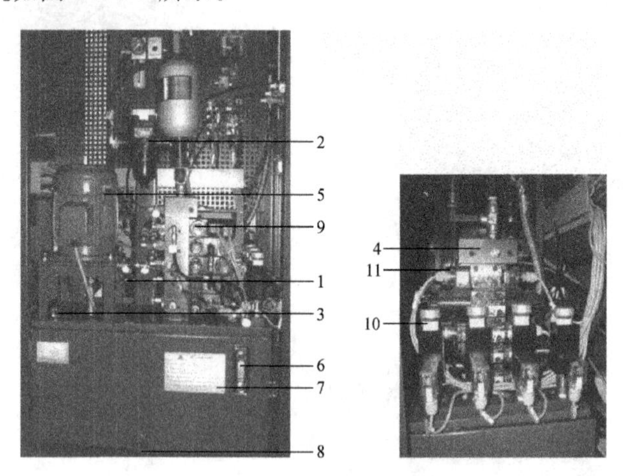

1—通用压力调节器；2—过滤器；3—注油塞；4—电磁阀组；5—液压马达/泵；6—目测表；7—储液罐；8—泄油孔；9—调节器；10—安全压力开关；11—电磁阀

图 14.3-7 液压控制系统

三、实验内容及步骤

1. 根据实验介绍的机床的基本机构，观察和分析数控加工中心的机构及大部件的特征。
2. 观察数控车铣复合机床在车铣功能上与普通机床的差别。
3. 观察数控车铣复合机床的车铣复合的功能。
4. 使用 Edgecam 完成圆柱凸轮的车铣复合仿真加工，要求如图 14.3-8 所示。

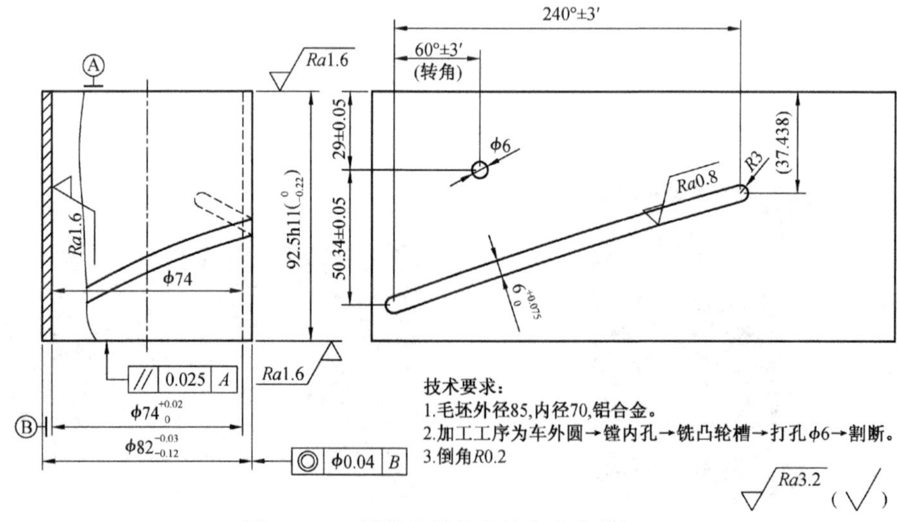

图 14.3-8 圆柱凸轮的车铣复合仿真加工

四、思考题

数控车削中心与数控车床、数控加工中心的区别。

模块三

机电专业综合独立授课实验

第15章 线路板焊接与调试

实验一 电子综合实验

实验学时:8
实验类型:设计
实验要求:必修
实验教学方法与手段:教师面授+学生操作

一、元器件清单

(1) 专门设计的全工艺电路板1块。
(2) 电源部分元件:
① 9 V左右直流插头式小电源,带插头(空载12 V)。
② 电源插座1个。
③ 7805稳压芯片1个。
④ 470 μF/16 V电源滤波电容2个。
⑤ 0.1 μF独石电容2个。
⑥ 电源指示绿色LED 1个。
⑦ LED限流560 Ω电阻1个。
(3) 单片机部分元件:
① AT89S51单片机芯片1片。
② 40脚零拔插力ZIF插座1个。
③ 复位用22 μF/16 V电容1个。
④ 复位用1 kΩ电阻1个。
⑤ 30 pF小电容2个。
⑥ 12 MHz晶振1个。
(4) 实验部分元件:
① 小红色长方形LED 8个。
② 8位1 kΩ数码管限流排阻。
③ 共阴两位一体化的数码管1个。
④ 5 V电磁型蜂鸣器1个。

⑤ 8550 驱动三极管(e/b/c)1 个。

⑥ 1 kΩ 三极管基极驱动电阻 3 个。

⑦ 微型轻触开关 4 个。

⑧ 4 位的红色拨码开关 1 个。

⑨ 12 VJQC-3F 继电器(一组常开转常闭)2 个。

⑩ IN4148 防反峰二极管 2 个。

8050 驱动三极管(e/b/c)2 个。

继电器状态指示红色发光二极管 2 个。

MAX232 芯片 1 片。

5.1 kΩ 上拉电阻 2 个。

10 μF 电容 4 个。

塑封一体化红外线接收头 1 个。

AT24C02 存储器芯片 1 片。

220 μF 滤波电容 1 个。

0.1 μF 电容 1 个。

32 个按键的红外遥控手柄 1 个。

㉑ 串口通信电缆 1 根。

DS18B20 的 4.7 kΩ 上拉电阻 1 个。

二、注意事项

因为需要焊接的是单层板，一旦在一个焊盘上焊接的次数过多，就容易使焊盘脱落，所以，为了保证一次成功，在焊接之前请认真阅读焊接的注意事项，再严格按照焊接流程焊接。

1）注意事项

(1) 此电路板要求使用 25 W 左右尖烙铁。

(2) 所有集成芯片都不直接焊在电路板上，而是先把芯片插座焊到电路板上，再把芯片插到芯片插座上。焊接芯片插座时注意，芯片插座上的半圆形缺口要与电路板上标的半圆缺口相对应，把芯片插到芯片插座时也要注意半圆形缺口需相对应，否则接通电源后会将芯片烧坏。

(3) 注意排针、排插、排座的区别，3 种元件不能搞混，如图 15.1-1 所示。

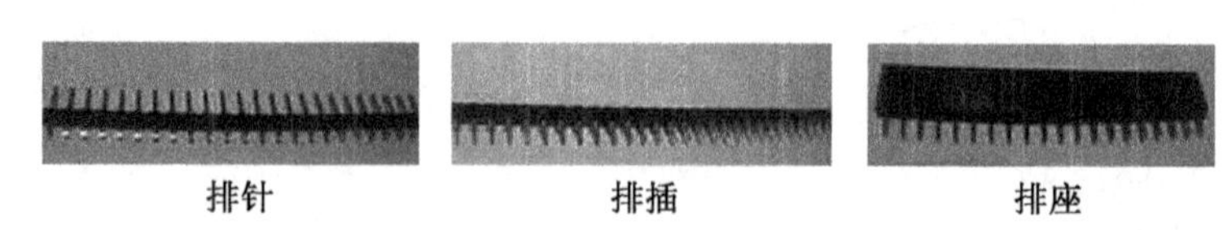

排针　　排插　　排座

图 15.1-1　排针、排插、排座

以上 3 种元件在电路板上的表示符号一样，不同的是代号。一般而言，排针以 JP 开头，排插以 JK 开头，排座以 JS 开头。焊接时请认真核对。

(4) 排阻焊接要注意公共端，图 15.1-2 是排阻实物的公共端和在电路板中的公共端

(画圈的一端)。排阻以 PZ 开头。

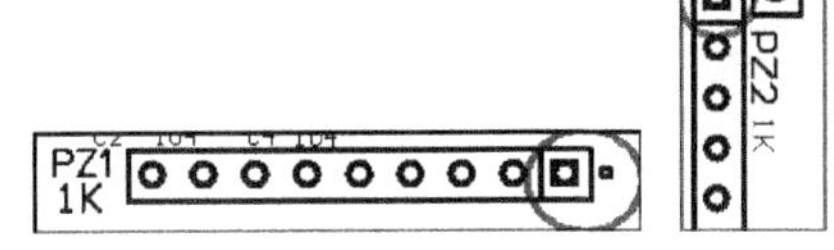

图 15.1-2 排阻

(5) LM7805 电路板示意图与实物图如图 15.1-3 所示,注意方向不要焊反。

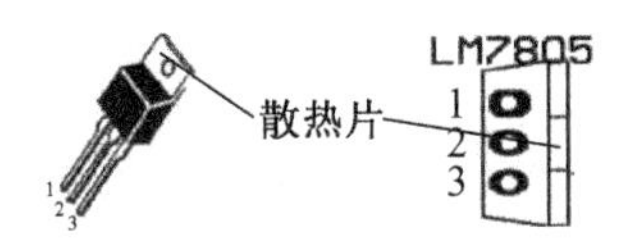

图 15.1-3 LM7805 电路板示意图与实物图

(6) 晶振不要直接焊在电路板上,应该在焊晶振的位置焊上排座,再把晶振插到排座上,如图 15.1-4 所示。

图 15.1-4 晶振焊接

(7) 焊接二极管、发光二极管、电解电容时要注意管脚极性,不能弄反。

(8) 焊接时要仔细、小心,着锡要适度,不要虚焊,不要短路。

2) 焊接流程

(1) 制作短接线并做元件整形,将铜导线的绝缘层剥开,按板间距折弯,制成短接线,将电阻、电容、二极管按板间距把管脚折弯,以便插到电路板上。

(2) 焊接步骤(略)。焊接元件的顺序是按元件的个头,从低到高,从大到小。

3) 检测电路

(1) 首先肉眼观察各个焊点是否有虚焊、漏焊、断路的焊点。如果有这些错误,请认真排除。

(2) 通电前,检查电源与地之间是否短路。用万用表检测+5 V 与 GND 之间的电阻阻值,如果阻值很小且接近零,那么电源与地已经短路,请认真检查各个焊点,以排除故障;如果阻值很大,则电源与地之间没有问题。

(3) 接通电源。正常情况下,电源指示灯(POWER)被点亮,用万用表测量电源测试点电压,检查芯片工作电压是否为+5 V。

电源工作不正常,有可能是出现以下错误:

① LM7805 焊错或者有问题。

② 发光二极管(POWER)焊错。

③ 电源(变压器)无输出,电源正常时的输出用数字万用表测量,其值应该在 11 V 左右。

排除以上错误,使电源部正常工作。

(4) 将芯片插入插座,注意不要插错。

三、焊接练习

焊接用线路板原理图如图 15.1-5 所示。

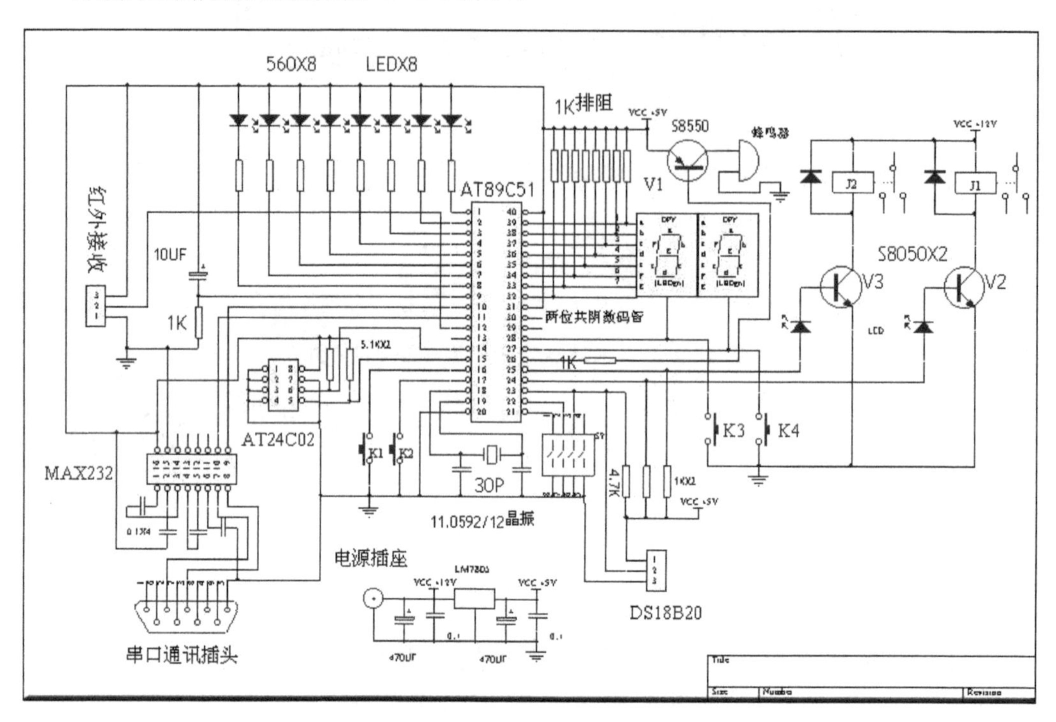

图 15.1-5 线路板原理图

焊接用线路板 PCB 图如图 15.1-6 所示。

图 15.1-6 线路板 PCB 图

实物图如图 15.1-7 所示。

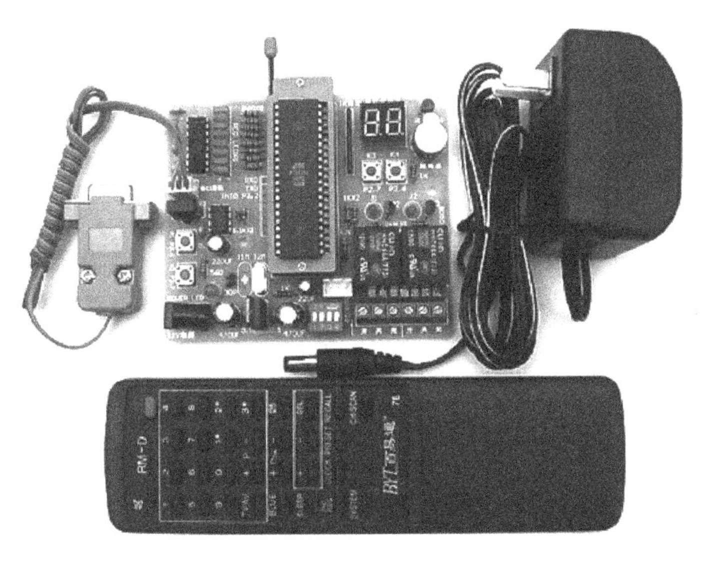

图 15.1-7　实物图

实验二　Protel 线路板设计训练

实验学时:8
实验类型:设计
实验要求:必修
实验教学方法与手段:教师面授+学生操作

一、绘制原理图

1. 电路板设计步骤

一般而言,设计电路板最基本的过程可以分为 3 大步骤:

1) 电路原理图的设计

电路原理图的设计主要是用 Protel 99 的原理图设计系统(Advanced Schematic)来绘制。在这一过程中,要充分利用 Protel 99 所提供的各种原理图绘图工具、各种编辑功能来绘制一张正确、精美的电路原理图。

2) 产生网络表

网络表是电路原理图设计(SCH)与印制电路板设计(PCB)之间的一座桥梁。网络表可以从电路原理图中获得,也可从印制电路板中提取出来。

3) 印制电路板的设计

印制电路板的设计主要是针对 Protel 99 的另外一个重要的部分 PCB 而言的,在这个过程中,借助 Protel 99 提供的强大功能实现电路板的板面设计,完成高难度的布线等工作。

2. 绘制简单电路图

1）原理图设计过程

原理图的设计可按以下步骤完成，设计流程图如图 15.2-1 所示。

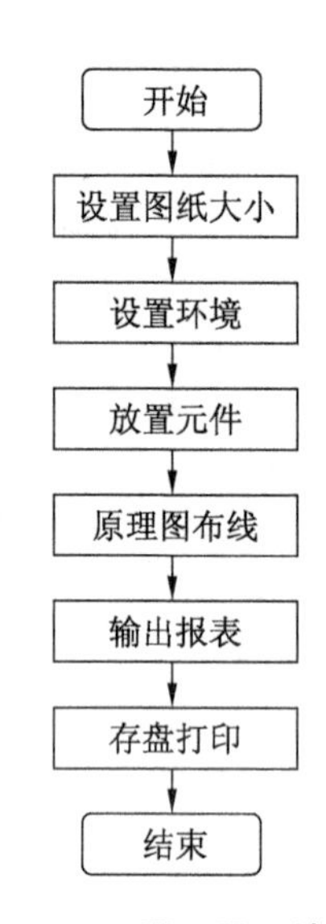

图 15.2-1　原理图设计流程

（1）设计图纸大小

进入 Protel 99/Schematic 后，首先要构思好元件图，设计好图纸大小。图纸大小根据电路图的规模和复杂程度而定，设置合适的图纸大小是设计好原理图的第一步。

（2）设置 Protel 99/Schematic 设计环境

设置 Protel 99/Schematic 设计环境，包括设置格点大小和类型、光标类型等，大多数参数也可以使用系统默认值。

（3）放置元件

用户根据电路图的需要，将元件从元件库里取出放置到图纸上，并对放置元件的序号、元件封装进行定义和设定等。

（4）连线

利用 Protel 99/Schematic 提供的各种工具，将图纸上的元件用具有电气意义的导线、符号连接起来，构成一个完整的原理图。

（5）调整线路

将初步绘制好的电路图作进一步的调整和修改，使得原理图更加美观。

（6）报表输出

通过 Protel 99/Schematic 提供的各种报表工具生成各种报表，其中最重要的报表是网络表(Netlist)，通过网络表为后续的电路板设计做准备。

（7）文件保存及打印输出

最后的步骤是文件保存及打印输出。

2）新建一个设计库

① 启动 Protel 99，出现以下启动界面，如图 15.2-2 所示。

图 15.2-2　启动界面

启动后出现的窗口如图 15.2-3 所示。

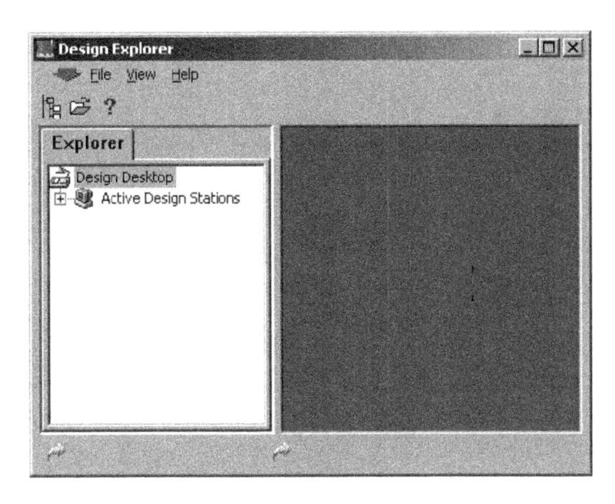

图 15.2-3 启动后的窗口

② 通过菜单“File/New”来新建一个设计库，出现如图 15.2-4 所示对话框。“Database File Name”处可输入设计库存盘文件名，点击【Browse】改变存盘目录。

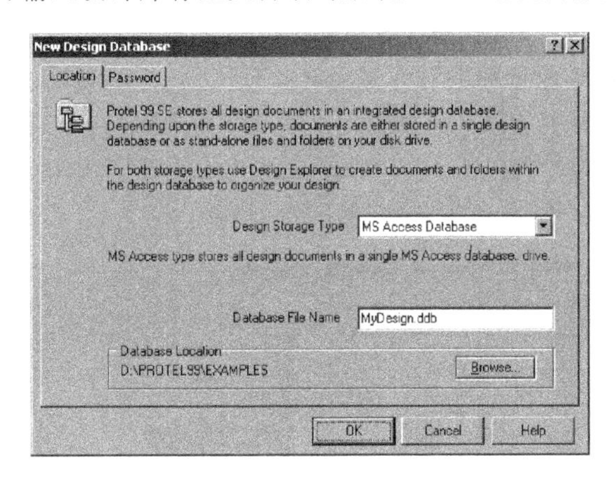

图 15.2-4 新建设计库对话框

如果想用口令保护设计文件，可点击【Password】选项卡，再选【Yes】并输入口令，点击【OK】按钮后，出现如图 15.2-5 所示主设计窗口。

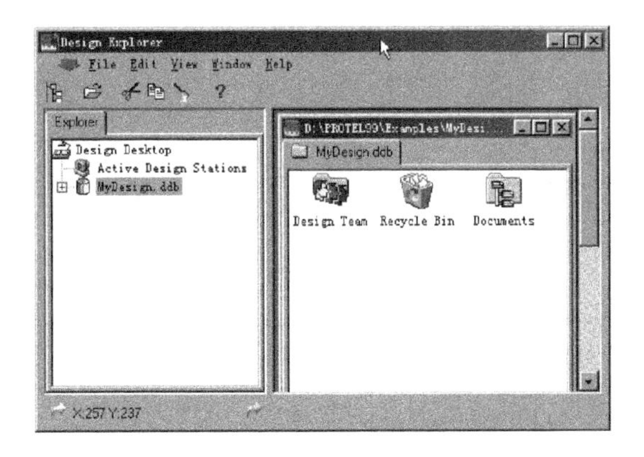

图 15.2-5 主设计窗口

③ 选取 File/New，打开“New Document”对话框，如图 15.2-6 所示。选取 Schematic Document，建立一个新的原理图文档。

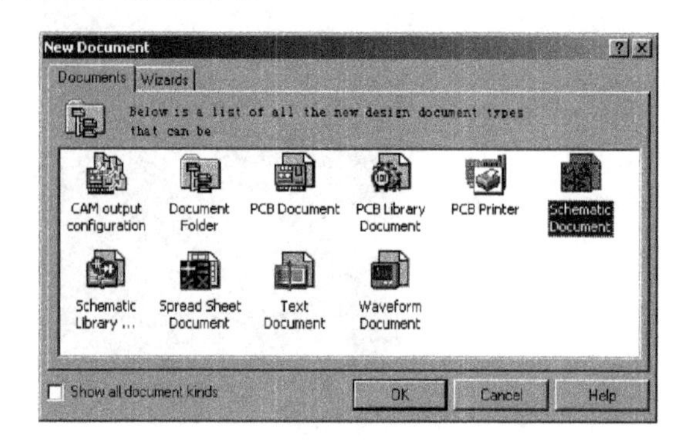

图 15.2-6　新建文档对话框

3）添加元件库

在放置元件之前，必须先将该元件所在的元件库载入内存。如果一次载入过多的元件库，将会占用较多的系统资源，同时也会降低应用程序的执行效率。所以，通常只载入必要而常用的元件库，其他特殊的元件库当需要时再载入。添加元件库的步骤如下：

① 双击设计管理器中的【Sheet1.Sch】原理图文档图标，打开原理图编辑器。

② 点击设计管理器中的【Browse.Sch】选项卡，然后点击【Add/Remove】按钮，屏幕将出现如图 15.2-7 所示的“元件库添加、删除”对话框。

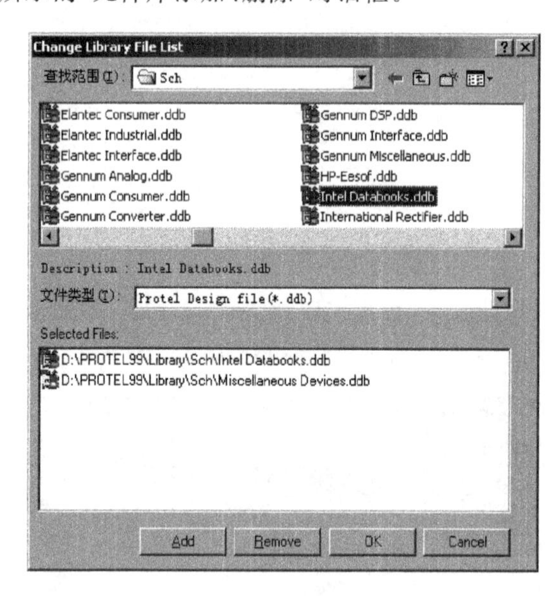

图 15.2-7　“元件库添加/删除”对话框

③ 在“Design Explorer 99\Library\Sch”文件夹下选取元件库文件，然后双击鼠标或点击【Add】按钮，此元件库就会出现在“Selected Files”框中，如图 15.2-7 所示。

④ 然后点击【OK】按钮，完成该元件库的添加。

4）添加元件

由于电路是由元件（含属性）及元件间的边线所组成，所以要将所有可能使用到的元件都放到空白的绘图页上。

通常用下面两种方法来选取元件：

（1）通过输入元件编号来选取元件

通过菜单命令 Place Part 或直接点击电路绘制工具栏上的按钮，打开如图 15.2-8 所示的“Place Par”对话框，然后在该对话框中输入元件的名称及属性。

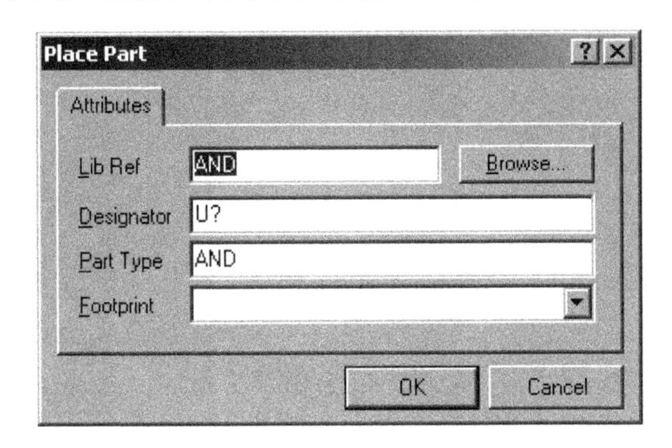

图 15.2-8 输入元件的编号及属性

Protel 99se 的“Place Part”对话框包括以下选项：

① Lib Ref 在元件库中所定义的元件名称不会显示在绘图页中。

② Designator 流水序号。

③ Part Type 显示在绘图页中的元件名称，默认值与元件库中名称 Lib Ref 一致。

④ Footprint 包装形式。应输入该元件在 PCB 库里的名称。

放置元件的过程中，按空格键可旋转元件，按下【X】或【Y】，可在 X 方向或 Y 方向镜像，按【Tab】键可打开编辑元件对话框。

（2）从元件列表中选取

添加元件的另外一种方法是直接从元件列表中选取，该操作必须通过设计库管理器窗口左边的元件库面板来进行。

下面示范如何从元件库管理面板中取一个与门元件，如图 15.2-9 所示。首先在面板上的“Libraries”栏中选取“Miscellaneous Devices. lib”，然后在“Components In Library”栏中利用滚动条找到“AND”并选定它。接下来单击【Place】按钮，此时屏幕上会出现一个随鼠标移动的 AND 符号，按空格键可旋转元件，按下【X】或【Y】可在 *X* 方向或 *Y* 方向镜像，按【Tab】键可打开编辑元件对话框。将符号移动到适当的位置后单击鼠标左键，使其定位即可。

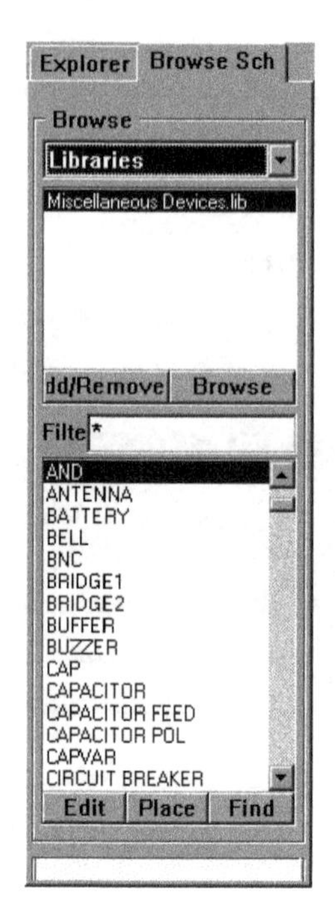

图 15.2-9 选取元件

5）编辑元件

Schematic 中所有的元件对象都各自拥有一套相关的属性，某些属性只能在元件库编辑中进行定义，而另一些属性则只能在绘图编辑时定义。

在将元件放置到绘图页之前，元件符号可随鼠标移动，如果按下【Tab】键就可打开如图 15.2-10 所示的“Part”对话框。

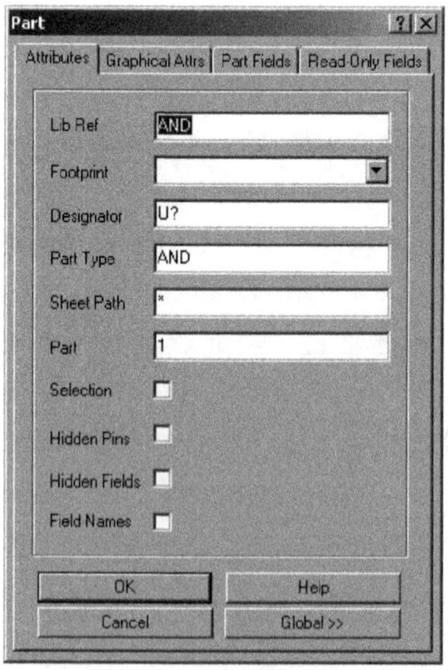

图 15.2-10 Part 对话框

"Attribute"选项卡中的内容较为常用,包括以下选项:

① Lib Ref 在元件库中定义的元件名称,不会显示在绘图页中。

② Footprint 包装形式。应输入该元件在 PCB 库里的名称。

③ Designator 流水序号。

④ Part Type 显示在绘图页中的元件名称,默认值与元件库中名称 Lib Ref 一致。

⑤ Sheet Path 成为绘图页元件时,定义下层绘图页的路径。

⑥ Part 定义子元件序号,如与门电路的第一个逻辑门为 1,第二个为 2。

⑦ Selection 切换选取状态。

⑧ Hidden Pins 是否显示元件的隐藏引脚。

⑨ Hidden Fields 是否显示"Part Fields 1-8""Part Fields 9-16"选项卡中的元件数据栏。

⑩ Field Name 是否显示元件数据栏名称。

改变元件的属性,也可以通过菜单命令"Edit/Change"实现。该命令可将编辑状态切换到对象属性编辑模式,此时只需将鼠标指针指向该元件,然后单击鼠标左键,就可打开"Part"对话框。

在元件的某一属性上双击鼠标左键,则会打开一个针对该属性的对话框。如在显示文字"U"上双击,由于这是 Designator 流水序号属性,所以出现对应的"Part Designator"对话框,如图 15.2-11 所示。

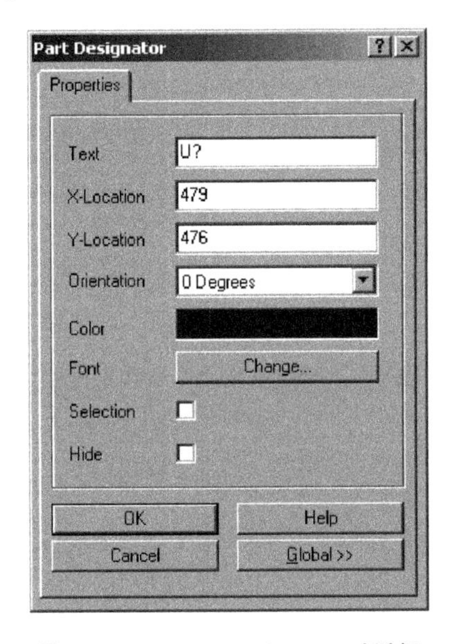

图 15.2-11 Part Designator 对话框

6) 放置电源与接地元件

VCC 电源元件与 GND 接地元件有别于一般的电气元件,它们必须通过菜单"Place/Power Port"或电路图绘制工具栏上的按钮来调用,这时编辑窗口中会有一个随鼠标指针移动的电源符号,按【Tab】键,即出现如图 15.2-12 所示的"Power Port"对话框。

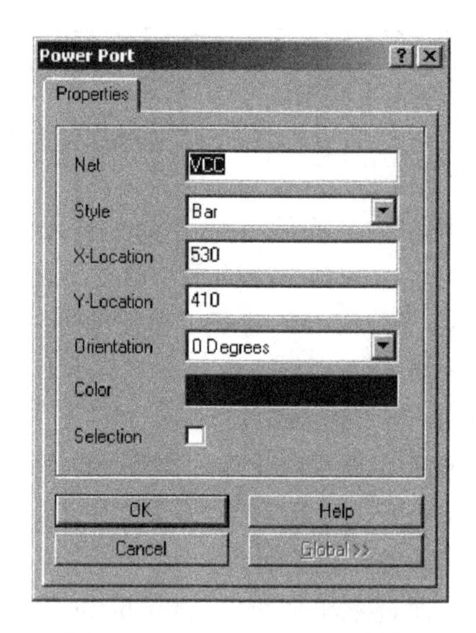

图 15.2-12 Power Port 对话框

在对话框中可以编辑电源属性，在“Net”栏中修改电源符号的网络名称，在“Style”栏中修改电源类型，在“Orientation”栏修改电源符号放置的角度。电源与接地符号在“Style”下拉列表中有多种类型供选择，如图 15.2-13 所示。

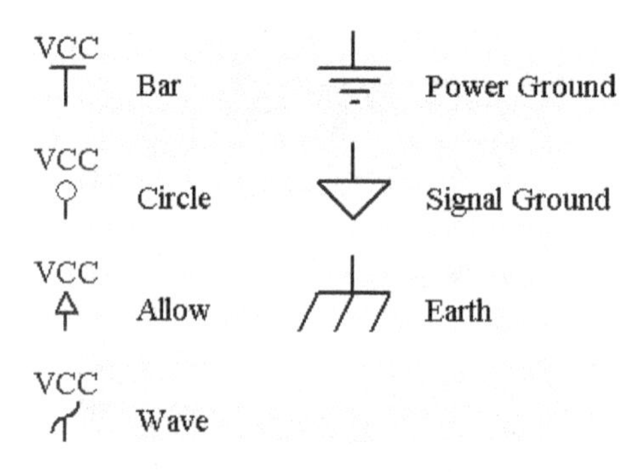

图 15.2-13 各种电源与接地符号

7）连接线路

所有元件放置完毕后，就可以进行电路图中各对象间的连线（Wiring），连线的主要目的是按照电路设计的要求建立网络的实际连通。

要进行操作，可单击电路绘制工具栏上的按钮或执行菜单“Place/Wire”，将编辑状态切换到连线模式，此时鼠标指针由空心箭头变为大十字，只需将鼠标指针指向欲拉连线的元件端点，单击鼠标左键，就会出现一条随鼠标指针移动的预拉线。当鼠标指针移动到连线的转弯点时，单击鼠标左键就可定位一次转弯。当拖动虚线到元件的引脚并单击鼠标左键，可在任何时候双击鼠标左键，就会终止该次连线。若想将编辑状态切回到待命模式，可单击鼠标右键，也可按下【Esc】键。

更快捷的连线方法：在待命模式，按鼠标右键，出现如图 15.2-14 所示的右键菜单，点击“Place Wire”菜单项就可以进行连线。

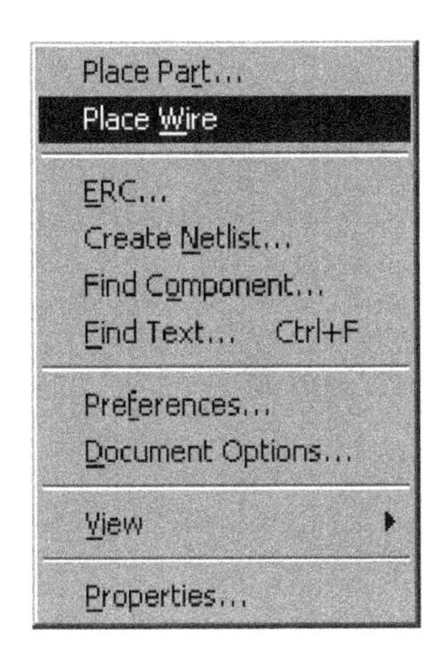

图 15.2-14 右键菜单

8）放置接点

在某些情况下 Schematic 会自动在连线上加接点（Junction），但通常仍有许多接点要自己动手才可以加上，如默认情况下十字交叉的连线是不会自动加上接点的，如图 15.2-15 所示。

图 15.2-15 连接类型

要放置接点，可单击电路绘制工具栏上的按钮或执行菜单“Place/Junction”，这时鼠标指针会由空心箭头变成大十字，且还有一个小黑点。将鼠标指针指向欲放置接点的位置，单击鼠标左键即可，单击鼠标右键可按【Esc】键退出放置接点状态。

9）保存文件

电路图绘制完成后要保存起来，以供日后调出修改及使用。打开一个旧的电路图文件并进行修改后，执行菜单“File/Save”可自动按原文件名将其保存，同时覆盖原先的旧文件。

在保存文件时，如果不希望覆盖原来的文件，可换名另存。具体方法是：执行“File/Save As”菜单命令，打开如图 15.2-16 所示的 Save As 对话框，在对话框中指定新的存盘文件名就可以了。

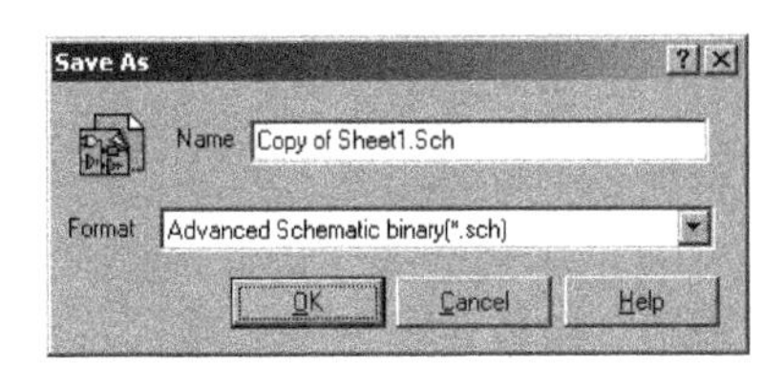

图 15.2-16 换名存盘对话框

在“Save As”对话框中打开“Format”下拉列表框，就可以看到 Schematic 所能够处理的各种文件格式：

Advanced Schematic binary（*.sch） Advanced Schematic 电路绘图页文件，二进制格式；

Advanced Schematic ASCII（*.asc） Advanced Schematic 电路绘图页文件，文本格式；

Orcad Schematic（*.sch） SDT4 电路绘图页文件，二进制文件格式；

Advanced Schematic template ASCII（*.dot） 电路图模板文件，文本格式；

Advanced Schematic template binary（*.dot） 电路图模板文件，二进制格式；

Advanced Schematic binary files（*.prj） 项目中的主绘图页文件。

在默认情况下，电路图文件的扩展名为.sch。

二、制作 PCB 的基本流程

1. 线路板(PCB)设计的先期工作

① 利用原理图设计工具绘制原理图，并且生成对应的网络表。当然，有些特殊情况下，如电路板比较简单、已经有了网络表等情况下也可以不进行原理图的设计，而是直接进入 PCB 设计系统，在 PCB 设计系统中，可以直接取用零件封装人工生成网络表。

② 手工更改网络表。将一些元件的固定引脚等原理图上没有的焊盘定义到与它相通的网络上，没任何物理连接的可定义到地或保护地等。将一些原理图和 PCB 封装库中引脚名称不一致的器件引脚名称改成与 PCB 封装库中的一致，特别是二极管、三极管等。

2. 画出自己定义的非标准器件的封装库

建议将自己所画的器件都放入一个自己建立的 PCB 库专用设计文件。

3. 设置 PCB 设计环境和绘制印刷电路的版框

① 进入 PCB 系统后的第一步就是设置 PCB 设计环境，包括设置格点大小和类型、光标类型、板层参数、布线参数等。大多数参数都可以用系统默认值，而且这些参数经过设置之后符合个人的习惯，以后无须再去修改。

② 规划电路板，主要是确定电路板的边框，包括电路板的尺寸大小等。在需要放置固定孔的地方放上适当大小的焊盘。对于 3 mm 的螺丝，可用 6.5～8 mm 的外径和 3.2～3.5 mm 内径的焊盘；对于标准板，可从其他板或 PCB izard 中调入。

注意：在绘制电路板的边框前，一定要将当前层设置成 Keep Out 层，即禁止布线层。

4. 打开所有要用到的 PCB 库文件后，调入网络表文件和修改零件封装

这一步是非常重要的一个环节，网络表是 PCB 自动布线的灵魂，也是原理图设计与印象电路板设计的接口，只有将网络表装入后，才能进行电路板的布线。在原理图设计的过程中，ERC 检查不会涉及零件的封装问题。因此，原理图设计时，零件的封装可能被遗忘，在引进网络表时可以根据设计情况来修改或补充零件的封装。

当然，可以直接在 PCB 内人工生成网络表，并且指定零件封装。

5. 布置零件封装的位置(零件布局)

Protel 99 可以进行自动布局，也可以进行手动布局。如果进行自动布局，运行“Tools”下面的“Auto Place”。布线的关键是布局，多数设计者采用手动布局的形式。用鼠标选中一个元件，按住鼠标左键不放，拖住这个元件到达目的地，放开左键，将该元件

固定。Protel 99 在布局方面新增加了一些技巧，新的交互式布局选项包含自动选择和自动对齐。使用自动选择方式可以很快地搜集相似封装的元件，然后旋转、展开和整理成组，移动到板上所需位置。当简易的布局完成后，使用自动对齐方式可整齐地展开或缩紧一组封装相似的元件。

提示：在自动选择时，使用【Shift】+【X】/【Y】和【Ctrl】+【X】/【Y】可展开和缩紧选定组件的 X,Y 方向。

注意：零件布局应当从机械结构的散热性、抗电磁干扰性、将来布线的方便性等方面综合考虑。先布置与机械尺寸有关的器件，并锁定这些器件，然后是大的占位置的器件和电路的核心元件，再是外围的小元件。

6. 根据情况再做适当调整，然后将全部器件锁定

假如板上空间允许，则可在板上放一些类似于实验板的布线区。对于大板子，应在中间多加固定螺丝孔。板上有重的器件或较大的接插件等受力器件，边上也应加固定螺丝孔。有需要的话可在适当位置放上一些测试用焊盘，最好在原理图中就加上。将过小的焊盘过孔改大，将所有固定螺丝孔焊盘的网络定义到地或保护地等。

放好后用“VIEW”3D 功能察看一下实际效果，然后存盘。

7. 布线规则设置

布线规则是设置布线的各个规范（像使用层面、各组线宽、过孔间距、布线的拓扑结构等部分规则，可通过“Design”“Rules”的“Menu”处从其他板导出后，再导入这块板），这个步骤不必每次都设置，按个人的习惯，设定一次就可以。

选“Design”—“Rules”一般需要重新设置以下几点：

(1) 安全间距（“Routing”标签的“Clearance Constraint”）

它规定了板上不同网络的走线焊盘过孔等之间必须保持的距离。一般板子可设为 0.254 mm，较空的板子可设为 0.3 mm，较密的贴片板子可设为 0.20～0.22 mm，极少数印板加工厂家的生产能力在 0.10～0.15 mm。0.10 mm 以下是绝对禁止的。

(2) 走线层面和方向（“Routing”标签的“Routing Layers”）

此处可设置使用的走线层和每层的主要走线方向。请注意：贴片的单面板只用顶层，直插型的单面板只用底层，但是多层板的电源层不是在这里设置（可以在“Design-Layer Stack Manager”中，点顶层或底层后，用“Add Plane”添加，用鼠标左键双击后设置，点中本层后用“Delete”删除），机械层也不是在这里设置（可以在“Design”—“Mechanical Layer”中选择所要用到的机械层，并选择是否可视和是否同时在单层显示模式下显示）。

① 机械层 1：一般用于画板子的边框。

② 机械层 3：一般用于画板子上的挡条等机械结构件。

③ 机械层 4：一般用于画标尺和注释等，具体可自己用 PCB Wizard 中导出一个 PCAT 结构的板子看一下。

(3) 过孔形状（“Routing”标签的“Routing Via Style”）

它规定了手工和自动布线时自动产生的过孔的内、外径，均分为最小、最大和首选

值，其中首选值是最重要的，下同。

(4) 走线线宽("Routing"标签的"Width Constraint")

它规定了手工和自动布线时走线的宽度。整个板范围的首选值一般取 0.2～0.6 mm，另添加一些网络或网络组(Net Class)的线宽设置，如地线、+5 V 电源线、交流电源输入线、功率输出线和电源组等。网络组可以事先在"Design"—"Netlist Manager"中定义好，地线一般可选 1 mm，各种电源线一般可选 0.5～1 mm，印板上线宽和电流的关系大约是每毫米线宽允许通过 1 A 的电流，具体可参看有关资料。当线径首选值太大而使得 SMD 焊盘在自动布线时无法走通时，它会在进入到 SMD 焊盘处自动缩小成最小宽度和焊盘的宽度之间的一段走线，其中 Board 为对整个板的线宽约束，它的优先级最低，即布线时首先满足网络和网络组等的线宽约束条件。图 15.2-17 为一个布线实例。

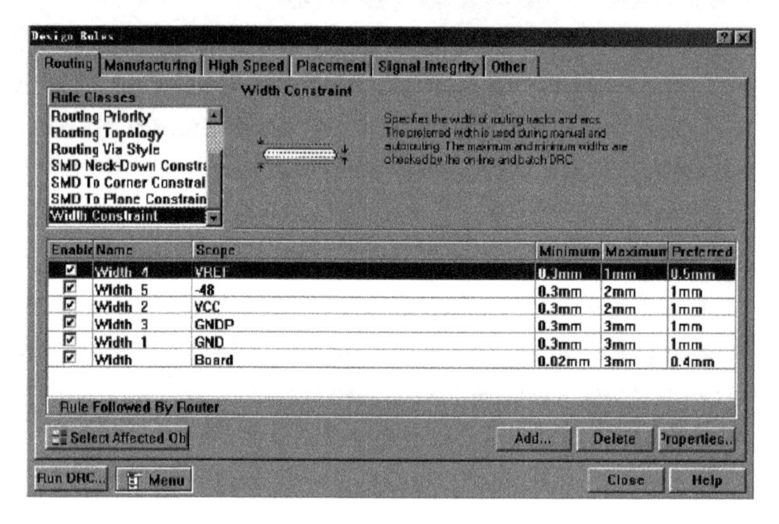

图 15.2-17 布线规则设置

(5) 敷铜连接形状的设置("Manufacturing"标签的"Polygon Connect Style")

建议用 Relief Connect 方式，导线宽度(Conductor Width)取 0.3～0.5 mm，4 根导线，45°或 90°。其余各项一般可用它原先的缺省值，而像布线的拓扑结构、电源层的间距和连接形状匹配的网络长度等项可根据需要设置。

选"Tools-Preferences"，其中"Options"栏的"Interactive Routing"处选"Push Obstacle"(遇到不同网络的走线时推挤其他的走线，"Ignore Obstacle"穿过，"Avoid Obstacle"为拦断)模式并选中"Automatically Remove"(自动删除多余的走线)。"Defaults"栏的"Track"和"Via"等也可改一下，但一般不去更改。

在不希望有走线的区域内放置 FILL 填充层，如散热器和卧放的两脚晶振下方所在布线层，要上锡的在"Top"或"Bottom Solder"相应处放 FILL。布线规则设置也是印刷电路板设计的关键之一，需要丰富的实践经验。

8. 自动布线和手工调整

(1) 点击菜单命令"Auto Route/Setup"，对自动布线功能进行设置

选中除了 Add Testpoints 以外的所有项，特别是选中其中的"Lock All Pre-Route"

选项，“Routing Grid”可选“1mil”等。自动布线开始前，Protel会给出一个推荐值，可不去理它或改为它的推荐值，此值越小板越容易100%布通，但布线难度和所花时间越大。

(2) 点击菜单命令“Auto Route/All”，开始自动布线

假如不能完全布通，则可手工继续完成或“UNDO”一次（千万不要用撤销全部布线功能，它会删除所有的预布线和自由焊盘、过孔）后调整一下布局或布线规则，再重新布线。完成后做一次DRC，有错则改正。布局和布线过程中，若发现原理图有错，应及时更新原理图和网络表，手工更改网络表（同第一步），并重装网络表后再布线。

(3) 对布线进行手工初步调整

需加粗的地线、电源线、功率输出线等加粗，若某几根线绕得太多则重布，消除部分不必要的过孔，再次用“VIEW3”D功能察看实际效果。手工调整中可选“Tools”—“Density Map”以查看布线密度，红色为最密，黄色次之，绿色为较松；看完后可按键盘上的【End】键刷新屏幕。红色部分一般应将走线调整得松一些，直到变成黄色或绿色。

9. 切换到单层显示模式下

点击菜单命令“Tools/Preferences”，选中对话框中Display栏的“Single Layer Mode”，将每个布线层的线拉整齐，使之美观。手工调整时应经常做DRC，防止在布线时从断开线处走好几根线。快完成时，可将每个布线层单独打印出来，方便改线时参考，期间也要经常用3D显示和密度图功能查看。最后，取消单层显示模式并存盘。

10. 重新标注器件

如果器件需要重新标注，可点击菜单命令“Tools/Re—Annotate”并选择好方向后，按【OK】；然后回原理图中选Tools-Back Annotate并选择好新生成的“*.was”文件后，按【OK】。原理图中有些标号应重新拖放以求美观，全部调完并DRC通过后，拖放所有丝印层的字符到合适位置。

注意字符尽量不要放在元件下面或过孔焊盘上面。对于过大的字符可适当缩小，DrillDrawing层可按需放上一些坐标（Place—Coordinate）和尺寸（Place—Dimension）。

最后，再放上印板名称、设计版本号、公司名称、文件首次加工日期、印板文件名、文件加工编号等信息，并可用第三方提供的程序加上图形和中文注释，如bmp2pcb.exe和宏势公司rotel 99和Protel 99 se专用PCB汉字输入程序包中的font.exe等。

11. 对所有过孔和焊盘补泪滴

补泪滴可增加过孔和焊盘的牢度，但会使板上的线变得较难看。顺序按下键盘的【S】和【A】键（全选），再选择Tools—Teardrops，选中General栏的前3个，并选Add和Track模式。如果不需要把最终文件转为Protel的dos版格式文件，也可用其他模式后按【OK】。完成后，顺序按下键盘的【X】和【A】键（全部不选中），对于贴片和单面板一定要加泪滴。

12. 放置覆铜区

将设计规则里的安全间距暂时改为0.5～1 mm并清除错误标记，选“Place”—“Polygon Plane”在各布线层放置地线网络的覆铜（尽量用八角形，而不是用圆弧来包裹焊盘。最终若要转成dos格式文件，一定要选择用八角形）。图15.2-18即为一个在顶层放置覆

铜的设置举例。

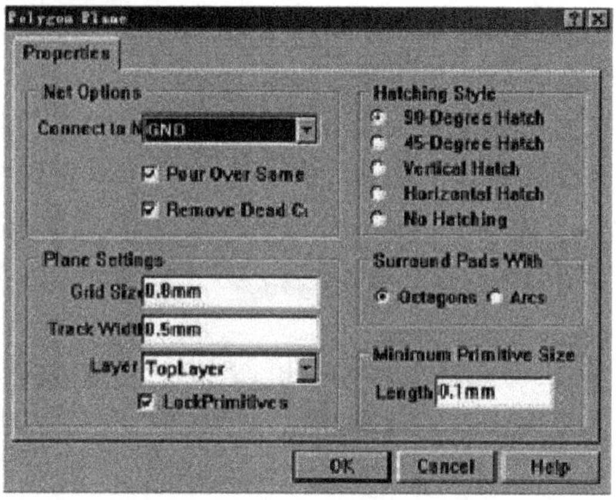

图 15.2-18 覆铜的设置

设置完成后，再按【OK】，画出需覆铜区域的边框，最后一条边可不画，直接按鼠标右键就可开始覆铜。若缺省，认为起点和终点之间始终用一条直线相连，电路频率较高时可选 Grid Size 比 Track Width 大，覆出网格线。

相应放置其余几个布线层的覆铜，观察某一层上较大面积没有覆铜的地方，在其他层有覆铜处放一个过孔，双击覆铜区域内任一点并选择一个覆铜后，直接点【OK】，再点【Yes】便可更新这个覆铜。几个覆铜多次反复直到每个覆铜层都较满为止，将设计规则里的安全间距改回原值。

13. 最后再做一次 DRC

选择其中"Clearance Constraints Max/Min Width Constraints Short Circuit Constraints"和"Un-Routed Nets Constraints"这几项，按【Run DRC】，有错则改正。全部正确后存盘。

14. 导出文件

对于支持 Protel 99se 格式(PCB4.0)加工的厂家，可在观看文档目录情况下，将这个文件导出为一个 *.pcb 文件；对于支持 Protel 99 格式(PCB3.0)加工的厂家，可将文件另存为 PCB 3.0 二进制文件，做 DRC。通过后不存盘退出。在观看文档目录情况下，将这个文件导出为一个 *.pcb 文件。

15. 将做好的 PCB 发给加工厂家

发 E-mail 或拷盘给加工厂家，注明板材料和厚度(做一般板子时，厚度为 1.6 mm，特大型板可用 2 mm，射频用微带板等一般在 0.8～1 mm，并应该给出板子的介电常数等指标)、数量、加工时需特别注意之处等。E-mail 发出后两小时内打电话给厂家确认收到与否。

16. 产生 BOM 文件并导出

产生 BOM 文件并导出后编辑成符合公司内部规定的格式。

17. 导出 DWG 文件给机械设计人员

将边框螺丝孔接插件等与机箱机械加工有关的部分(即先把其他不相关的部分选中后删除),导出为公制尺寸的 AutoCAD R14 的 DWG 格式文件给机械设计人员。

18. 整理和打印各种文档

如元器件清单、器件装配图(并应注上打印比例)、安装和接线说明等。

三、库名与元件名

1. 原理图常用库文件

Miscellaneous Devices. ddb
Dallas Microprocessor. ddb
Intel Databooks. ddb
Protel DOS Schematic Libraries. ddb

2. PCB 元件常用库

Advpcb. ddb
General IC. ddb
Miscellaneous. ddb

3. 部分分立元件库元件名称及中英文名称对照

AND 与门
ANTENNA 天线
BATTERY 直流电源
BELL 铃,钟
BVC 同轴电缆接插件
BRIDEG 1 整流桥(二极管)
BRIDEG 2 整流桥(集成块)
BUFFER 缓冲器
BUZZER 蜂鸣器
CAP 电容
CAPACITOR 电容
CAPACITOR POL 有极性电容
CAPVAR 可调电容
CIRCUIT BREAKER 熔断丝
COAX 同轴电缆
CON 插口
CRYSTAL 晶体振荡器
DB 并行插口
DIODE 二极管
DIODE SCHOTTKY 稳压二极管
DIODE VARACTOR 变容二极管
DPY_3—SEG 3 段 LED
DPY_7—SEG 7 段 LED
DPY_7—SEG_DP 7 段 LED(带小数点)
ELECTRO 电解电容
FUSE 熔断器
INDUCTOR 电感
INDUCTOR IRON 带铁芯电感
INDUCTOR3 可调电感
JFET N N 沟道场效应管
JFET P P 沟道场效应管
LAMP 灯泡
LAMP NEDN 起辉器
LED 发光二极管
METER 仪表
MICROPHONE 麦克风
MOSFET MOS 管

MOTOR AC 交流电机
MOTOR SERVO 伺服电机
NAND 与非门
NOR 或非门
NOT 非门
NPN NPN 三极管
NPN－PHOTO 感光三极管
OPAMP 运放
OR 或门
PHOTO 感光二极管
PNP 三极管
NPN DAR NPN 三极管
PNP DAR PNP 三极管
POT 滑线变阻器
PELAY－DPDT 双刀双掷继电器
RES 1.2 电阻
RES 3.4 可变电阻
RESISTOR BRIDGE 桥式电阻
RESPACK 排电阻
SCR 晶闸管
PLUG 插头
PLUG AC FEMALE 三相交流插座
PLUG AC MALE 三相交流插头
SOCKET 插座
SOURCE CURRENT 电流源
SOURCE VOLTAGE 电压源
SPEAKER 扬声器
SW DIP 拨动开关
SW－DPDT 双刀双掷开关
SW－SPST 单刀单掷开关
SW－PB 按钮
THERMISTOR 电热调节器
TRANS1 变压器
TRANS2 可调变压器
TRIAC 三端双向可控硅
TRIODE 三极真空管
VARISTOR 变阻器
ZENER 齐纳二极管
DPY_7－SEG_DP 数码管
SW－PB 开关

4. 其他元件库

Protel Dos Schematic 4000 Cmos. Lib　40 系列 CMOS 管集成块元件库
Protel Dos Schematic Analog Digital. Lib　模拟数字式集成块元件库
Protel Dos Schematic Comparator. Lib　比较放大器元件库
Protel Dos Shcematic Intel. Lib　INTEL 公司生产的 80 系列 CPU 集成块元件库
Protel Dos Schematic Linear. lib　线性元件库
Protel Dos Schemattic Memory Devices. Lib　内存存储器元件库
Protel Dos Schematic SYnertek. Lib　SY 系列集成块元件库
Protes Dos Schematic Motorlla. Lib　摩托罗拉公司生产的元件库
Protes Dos Schematic NEC. lib　NEC 公司生产的集成块元件库
Protes Dos Schematic Operationel Amplifers. lib　运算放大器元件库
Protes Dos Schematic TTL. Lib　晶体管集成块元件库 74 系列
Protel Dos Schematic Voltage Regulator. lib　电压调整集成块元件库
Protes Dos Schematic Zilog. Lib　齐格公司生产的 Z80 系列 CPU 集成块元件库

5. 元件属性对话框中英文对照

Lib ref　元件名称
Footprint　器件封装

Designator 元件称号
Part 器件类别或标示值
Schematic Tools 主工具栏
Writing Tools 连线工具栏
Drawing Tools 绘图工具栏
Power Objects 电源工具栏
Digital Objects 数字器件工具栏
Simulation Sources 模拟信号源工具栏
PLD Toolbars 映象工具栏

第16章 自动化检测与分拣

实验学时：8
实验类型：设计
实验要求：必修
实验教学方法与手段：教师面授＋学生操作

本章主要介绍Me093399型光机电液气综合应用平台的光、机、电、气等方面的综合实训内容和操作方法，为相关的实验提供必要的指导。

每个工作单元由控制器、传动系统、执行机构和传感器构成。控制器为FX－2N系列PLC，控制器根据输入信号和用户程序，执行相应的计算和控制过程，并输出各种控制信号。传动系统包括机电传动系统、气压控制回路和机械传动机构。传动系统主要负责驱动各单元的机械执行机构，完成相应的装配操作和物流处理过程。传感器采集各单元的工作情况，并将所采集的各种非电参量转化为标准的电信号，提供给PLC作为程序执行的参考信号。

每个工作单元的实训内容包括单元介绍、应用技术讲解、演示实验、操作实验和PLC编程五部分。指导教师首先对本工作单元的功能和所采用的各种应用技术进行讲解，并进行演示操作，让学生观察并了解本单元的工作过程和工作原理。操作实验是在教师的指导下，由学生通过面板对单元的工作进行操控，让学生理解各种传动系统、执行机构和传感器的技术原理。并在此基础上，让学生熟悉各单元的电气控制线路，掌握各种传感器的信号转换形式和执行元件的控制方式，按各单元的工作要求，根据给定的程序流程和PLC I/O信号分配，编写PLC控制程序。通过实训，使学生基本掌握机电一体化综合应用技术。

一、上料单元

1. 单元介绍

上料单元是整个装配线物流的起点，该单元的主要功能是从货盘上抓取装配主体工件并将主体工件送入备料单元入口，如图16-1所示。上料单元的执行机构主要由推杆机构、行星轮机构、齿轮齿条机构和电磁铁构成，传感器包括光电传感器、霍尔传感器和微动开关。

图16-1 上料单元

将主体工件放入上料单元的货盘中，光电传感器检测到主体工件后向PLC发出数字量控制信号，PLC控制传动系统与执行机构完成一系列物流处理过程：

① 气动回路的电磁换向阀动作，气缸活塞杆伸出，带

动电磁铁下行。

② 电磁铁下行到位后，电磁铁通电，通过主体工件上端的铁条抓取主体工件。

③ 气动回路的电磁换向阀到达0位，气缸活塞杆收回，电磁体上行。

④ 直流电机驱动行星轮机构动作，上料单元90°右转。

⑤ 直流电机驱动齿轮齿条组，驱动推杆将扬臂抬起。

⑥ 直流电机驱动齿轮齿条组，上料单元正向前进，将主体工件送到备料单元入口处。

⑦ 气动回路的电磁换向阀动作，气缸活塞杆伸出，带动电磁铁下行。

⑧ 电磁铁下行到位后，电磁铁断电，将主体工件放入备料单元入口。

⑨ 气动回路的电磁换向阀到达0位，气缸活塞杆收回，电磁体上行。

⑩ 直流电机驱动齿轮齿条组，上料单元反向后退复位。

直流电机驱动齿轮齿条组，驱动推杆将扬臂拉低复位。

直流电机驱动行星轮机构动作，上料单元90°左转复位。

(1) 执行机构

上料单元的执行机构主要包括推杆机构、行星轮机构和齿轮齿条机构。推杆机构在齿轮齿条机构的驱动下推动扬臂，使扬臂抬起。行星轮机构实现扬臂沿中心轴90°左/右旋转。上料单元使用了2个齿轮齿条机构，一个用于驱动推杆机构，另一个驱动上料单元沿直线轨道正/反向移动。以上机构协调动作，实现将主体工件送入备料单元的物流处理过程。

(2) 微动开关

上料单元主要使用微动开关实现行程控制。微动开关主要由弹片和触点组成，弹片细微的位移即可引起触点动作，工作原理如图16-2所示。本单元中，在每个机械机构的动作行程末端安装2个微动开关，一个用作行程限位，另一个用作断路保护。当机械机构触及限位微动开关的弹片时，开关触点动作，向PLC提供数字量信号，控制PLC程序执行逻辑，对机械机构进行行程限位。当出现异常或行程限位失效时，断路保护微动开关的触点动作，切断电气控制线路和电机供电线路，强制执行机构停止动作，以保护系统硬件设备不受损坏。

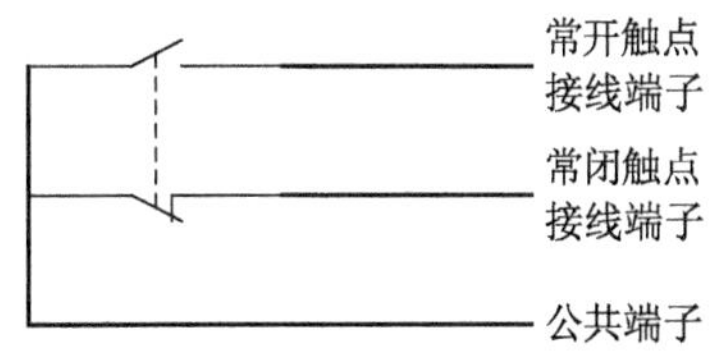

图16-2 微动开关工作原理

2. 演示实验

(1) 实验目的

① 了解上料单元的物料处理过程。

② 了解各种传动机构和执行机构的工作原理。

(2) 实验内容

该部分实训内容由指导教师对上料单元进行操作，让学生观察上料单元的物料处理过程。

将模式选择开关置于手动位置，通过本单元的面板进行操控。单元上电，按下面板上的启动按钮，将主体工件放入货盘中，让学生观察上料单元将主体工件放入备料单元入口处的物料处理过程。

3. 操作实验

(1) 实验目的

① 理解微动开关的原理与应用。

② 理解推杆机构、行星轮机构、齿轮齿条机构的原理与应用。

(2) 实验内容

该部分实训内容是在指导教师的监督指导之下，由学生操作，完成上料单元的物料处理过程。

按照演示实验的操作步骤，观察上料单元的工作过程。理解微动开关的行程/转程控制原理，电磁铁的工作原理，推杆机构抬起/拉低扬臂的动作过程，行星轮机构实现扬臂 90°旋转的动作过程，齿轮齿条驱动上料单元沿轨道正/反向移动的动作过程。

4. PLC 编程

(1) 编程目的

① 掌握微动开关的信号转换形式。

② 掌握 PLC 单流程顺序控制程序的编写方法。

(2) 编程内容

该部分实训内容要求学生做好课前预习，在指导教师的指导下，完成编程任务。

分析并掌握上料单元的电气控制线路，按照上料单元的物料处理过程，根据给定的程序流程和 PLC 输入/输出信号分配(I/O 信号分配)，编写单流程顺序控制程序。程序编译后，在教师的指导下将程序下载到 PLC 中运行，观察程序运行情况，并对程序进行修正。

上料单元的 PLC 程序流程如图 16-3 所示，I/O 信号分配见表 16-1。

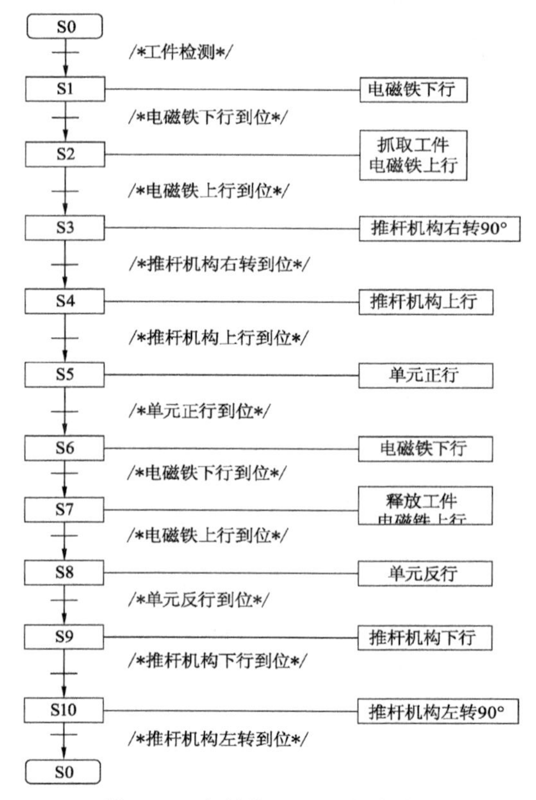

图 16-3 上料单元 PLC 程序流程

表 16-1 上料单元 PLC I/O 信号分配

形式	序号	名称	地址
输入	1	上限位 1	X000
	2	下限位 1(复位)	X001
	3	左限位 1	X002
	4	右限位 1(复位)	X003
	5	正转限位 1	X004
	6	反转限位 1(复位)	X005
	7	止动气缸至位 1	X006
	8	止动气缸复位 1	X007
	9	备料检测 1	X010
	10	手动/自动按钮 1	X026
	11	启动按钮 1	X024
	12	停止按钮 1	X025
	13	急停按钮 1	X027
输出	1	上行电机 1	Y000
	2	下行电机 1(复位)	Y001
	3	左行电机 1	Y002
	4	右行电机 1(复位)	Y003
	5	正行电机 1	Y004
	6	反行电机 1(复位)	Y005
	7	止动气缸 1	Y006
	8	直流电磁吸铁 1	Y007
	9	工作指示灯 1	Y010

5. 单元小结

通过本单元的实训,要求学生掌握以下知识:

① 推杆机构、行星轮机构和齿轮齿条机构的原理与应用。

② 微动开关的行程控制原理与应用。

③ PLC 单流程顺序控制程序的设计。

二、备料单元

1. 单元介绍

备料单元的主要功能是存储主体工件,如图 16-4 所示。当主体工件放入备料单元入口后，下料电动机转动，经间歇机构和同步机构，驱动同步带将主体工件放入备料单元存储区。

图 16-4 备料单元

当托盘到达存储区出口处时，下料电动机转动，将主体工件放入托盘。

托盘是工件在传输带上的载体，承载工件经过各工作单元完成相应的装配操作和物料处理过程。

(1) 执行机构

备料单元的执行机构主要包括间歇机构、同步机构和张紧机构。间歇机构(见图16-5)由驱动轮和星形轮构成，实现同步带的间歇移动。同步机构(见图16-6)由2个相同的齿轮构成，保证2个同步带下降速度的一致性，使主体工件在进入存储区的过程中保持水平状态。张紧机构由弹簧和弹片构成。张紧机构将同步带向内侧压紧，保证同步带夹紧主体工件，使之不会发生脱落。以上机构协调动作，实现了主体工件出/入备料单元的物流处理过程。

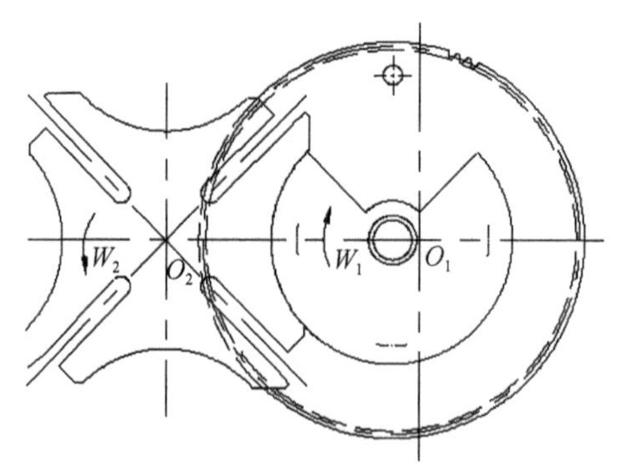

图 16-5 间歇机构

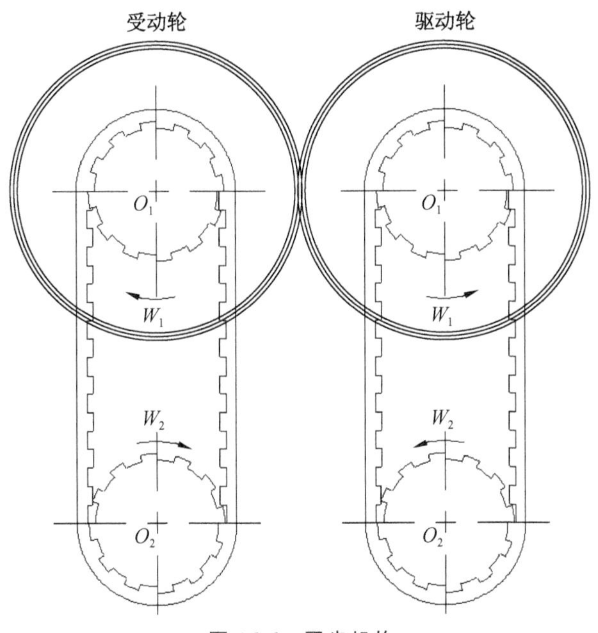

图 16-6 同步机构

(2) 蜗轮蜗杆直流减速电机

备料单元使用蜗轮蜗杆直流减速电动机驱动上述各执行机构,以完成备料单元的进件和出件操作,蜗轮蜗杆直流减速电动机性能参数见表 16-2。

表 16-2 蜗轮蜗杆直流减速电动机性能参数

参数项	规格	备注
电压	DC 24 V	
功率	30 W	
转速	180 r/min	
减速比	n	实验测定

2. 演示实验

(1) 实验目的

① 了解备料单元的物料处理过程。

② 了解各种传动机构和执行机构的工作原理。

(2) 实验内容

该部分实验由指导教师进行操作,学生观察备料单元的出/入料处理过程。

将模式选择开关置于手动位置,由本单元的面板进行操控。单元上电,按下面板上的启动按钮,将主体工件放入存储区入口处,观察入料过程。将托盘放入存储区的出口处,观察出料过程。

3. 操作实验

(1) 实验目的

① 理解蜗轮蜗杆直流减速电动机的原理与应用。

② 理解间歇机构、同步机构、张紧机构的原理与应用。

(2) 实验内容

该部分实验在实验指导教师的监督指导之下,由学生操作,以完成备料单元的出/入料过程。

按照演示实验的操作步骤进行实验,观察备料单元的出/入料过程,理解蜗轮蜗杆直流减速电动机的减速原理,确定间歇机构受动轮的间歇比;理解同步机构和张紧机构的工作原理。

4. PLC 编程

(1) 编程目的

① 掌握直流电动机的控制方法。

② 掌握 PLC 选择分支顺序控制程序的设计。

③ 掌握 PLC 普通计数器的应用。

(2) 编程内容

该部分实验要求学生做好课前预习,在实验指导教师的指导下完成编程任务。

分析并掌握备料单元的电气控制线路,按照备料单元的出/入料过程,根据给定的程序流程和 PLC 输入/输出信号分配(I/O 信号分配),编写选择分支顺序控制程序,并用普通计数器对主体工件的入料和出料次数进行采集。程序编译后,在教师的指导下将程序下载到 PLC 中运行,观察程序运行情况,并对程序进行修正。

备料单元程序流程如图 16-7 所示,I/O 信号分配见表 16-3。

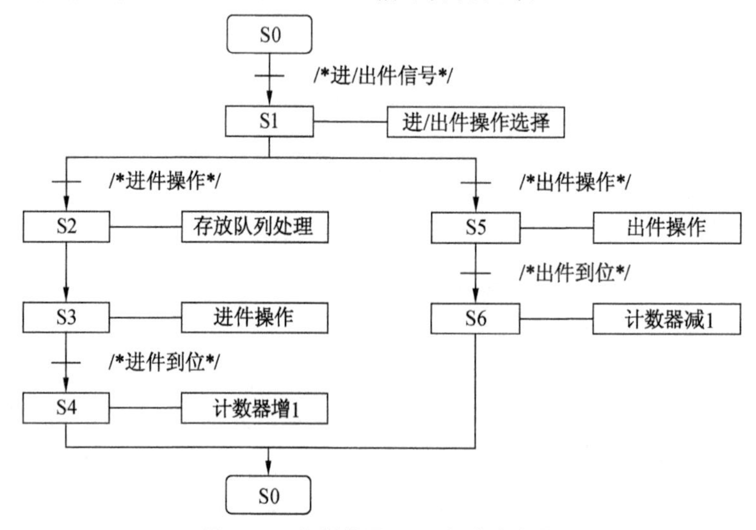

图 16-7 备料单元 PLC 程序流程图

表 16-3 备料单元 PLC I/O 信号分配

形式	序号	名称	地址
输入	1	工件检测 2	X000
	2	托盘检测 2	X001
	3	入料检测	X002
	4	手动/自动按钮 2	X026
	5	启动按钮 2	X024
	6	停止按钮 2	X025
	7	急停按钮 2	X027
输出	1	下料电动机 2	Y000
	2	工作指示灯 2	Y001
	3	直流电磁吸铁 2	Y002
	4	传送电动机 2	Y003
	5	转角单元电动机 2	Y004

5. 单元小结

通过本单元的实训，要求学生掌握以下知识：

① 间歇机构、同步机构的原理与应用。

② 蜗轮蜗杆直流减速电动机原理与应用，本单元蜗轮蜗杆机构减速比。

③ PLC 普通计数器的应用。

三、加盖单元

1. 单元介绍

加盖单元执行第一步装配操作——为主体工件添加端盖，如图 16-8 所示。当托盘承载主体工件到达加盖单元后，蜗轮蜗杆直流减速电动机转动，驱动摆臂从料槽中抓取端盖并将端盖放入主体工件中。

图 16-8 加盖单元

(1) 摆臂机构

摆臂机构由大臂和小臂2部分构成，大臂主要负责往复摆动，将端盖从料槽传送到主体工件中。小臂实现张合动作，负责端盖的抓取和放开。

(2) 蜗轮蜗杆直流减速电机

本单元使用蜗轮蜗杆直流减速电动机驱动摆臂机构，通过电动机的正/反转实现摆臂机构的往复运动。蜗轮蜗杆直流减速电动机的性能参数见表16-4。

表16-4 蜗轮蜗杆直流减速电动机性能参数

参数项	规格	备注
电压	DC 24 V	
功率	30 W	
转速	180 r/min	
减速比	n	实验测定

2. 演示实验

(1) 实验目的

①了解加盖单元的装配操作过程。

② 了解摆臂机构的工作原理。

(2) 实验内容

该部分实验由指导教师进行操作，学生观察加盖单元的端盖装配过程。

将模式选择开关置于手动位置，通过本单元的面板进行操控。按下面板上的启动按钮，将承载主体工件的托盘放入加盖单元，观察端盖装配过程。

3. 操作实验

(1) 实验目的

① 理解蜗轮蜗杆直流减速电动机的原理与应用。

② 理解摆臂机构的原理与应用。

(2) 实验内容

该部分实验在实验指导教师的监督指导之下，由学生操作，完成端盖的装配。

按照演示实验的操作步骤，观察端盖装配过程，理解蜗轮蜗杆直流减速电机的减速原理及摆臂机构大臂的摆动原理和小臂张合动作的实现原理。

4. PLC编程

(1) 编程目的

① 掌握直流电动机的开关控制方法。

② 掌握PLC逻辑控制程序的设计。

(2) 编程内容

该部分实验要求学生做好课前预习，在实验指导教师的指导下完成编程任务。

分析加盖单元的电气控制线路，按照加盖单元的装配过程，根据给定的程序流程和

PLC 输入/输出信号分配(I/O 信号分配),编写逻辑控制程序。程序编译后,在教师的指导下将程序下载到 PLC 中运行,观察程序运行情况,并对程序进行修正。

加盖单元程序流程如图 16-9 所示,I/O 信号分配见表 16-5。

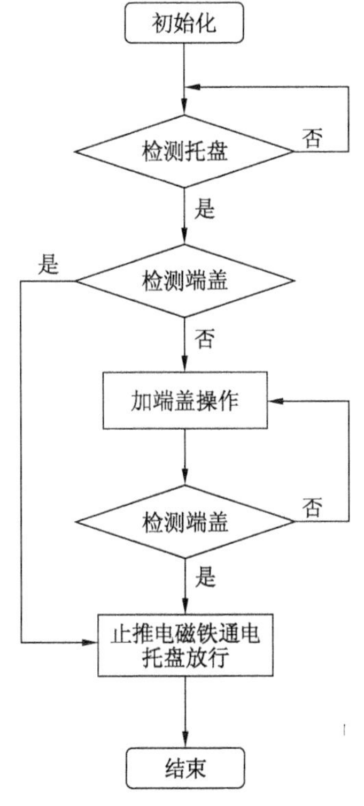

图 16-9 加盖单元 PLC 程序流程

表 16-5 加盖单元 PLC I/O 信号分配

形式	序号	名称	地址
输入	1	上盖检测 3	X000
	2	托盘检测 3	X001
	3	外限位 3	X002
	4	内限位 3	X003
	5	手动/自动按钮 3	X026
	6	启动按钮 3	X024
	7	停止按钮 3	X025
	8	急停按钮 3	X027
输出	1	下料电动机取件 3	Y000
	2	下料电动机放件 3	Y001
	3	工作指示灯 3	Y002
	4	直流电磁吸铁 3	Y003
	5	传送电动机 3	Y004

5. 单元小结

通过本单元的实训，要求学生掌握以下知识：

① 摆臂机构的原理与应用。

② 本单元蜗轮蜗杆机构减速比。

③ PLC 逻辑控制程序的设计。

四、穿销单元

1. 单元介绍

穿销单元执行第二步装配操作——为主体工件添加销钉，如图 16-10 所示。当托盘承载主体工件到达穿销单元后，PLC 控制气动换向阀动作，气缸活塞杆收回，驱动滚筒正向进给，将销钉穿入主体工件，主体工件、端盖和销钉构成整体装配件。

图 16-10 穿销单元

(1) 滚筒机构

滚筒机构由外筒和内筒构成。外筒上开有 6 个斜槽，6 个斜槽将外筒 360°等分，每个斜槽首尾在圆周上沿展 60°。当外筒正向进给时，内筒上的滚珠凸起进入斜槽，内筒在斜槽和滚珠凸起的共同作用下顺时针旋转 60°，从销钉料斗中取出销钉并将销钉定位到主体工件销钉孔；外筒进给时，带动轴线上的推杆将销钉顶入主体工件的销钉孔中。

(2) 气动控制回路

穿销单元使用双作用气缸驱动滚筒机构，其气动回路如图 16-11 所示。两位三通手动换向阀用作该气动回路的总开关，两位五通电磁换向阀控制气缸气动换向回路，气缸活塞杆带动滚筒机构外筒动作。当手动换向阀处于左位时，气动回路与高压气源接通；当换向阀处于右位时，该气动回路被关闭。当电磁铁通电时，电磁换向阀处于左位，气缸有杆腔通气，活塞杆收回，带动滚筒机构外筒进给；当电磁铁断电时，电磁换向阀处于右位，气缸无杆腔通气，活塞杆外伸，带动滚筒机构的外筒复位。气缸两端的单向节流阀控制气动回路的气体流量，进而控制活塞和滚筒机构的运动速度。

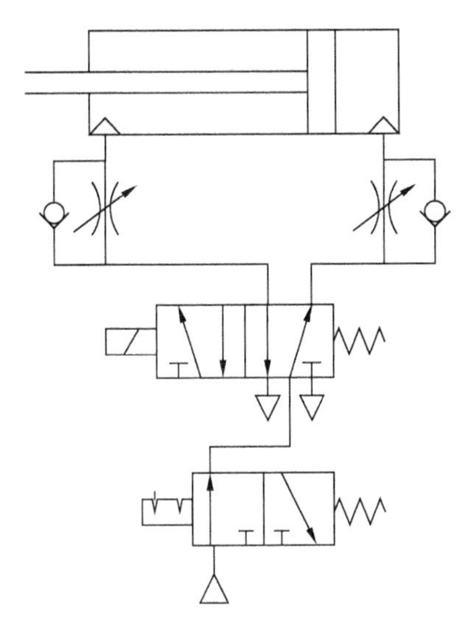

图 16-11 穿销单元气动换向回路

(3) 光纤传感器

穿销单元使用FX－301(P)型光纤传感器检测销钉的装配情况。

FX－301(P)型光纤传感器原理如图16-12所示。光源发射一个光束，根据反射原理，发射光只有被物体反射回来时，才能被接收回路接收到。

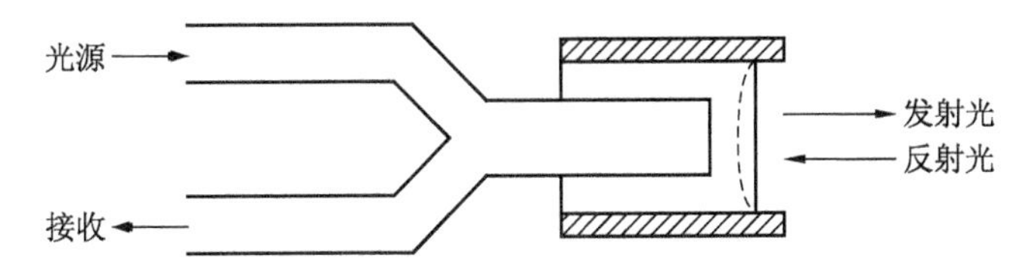

图 16-12 光纤传感器工作原理

图16-13为光纤传感器的检测电路示意图，光发射器产生漫射光束，被测物体将该漫射光束反射给光接收器，由于发射光为漫射光束，被测物体距离传感器探头越近，接收器接收到的反光量就越多，信号处理单元处理该反光量。当反光量达到设定的阈值时，信号处理单元输出相应的数字量(开关量)信号。

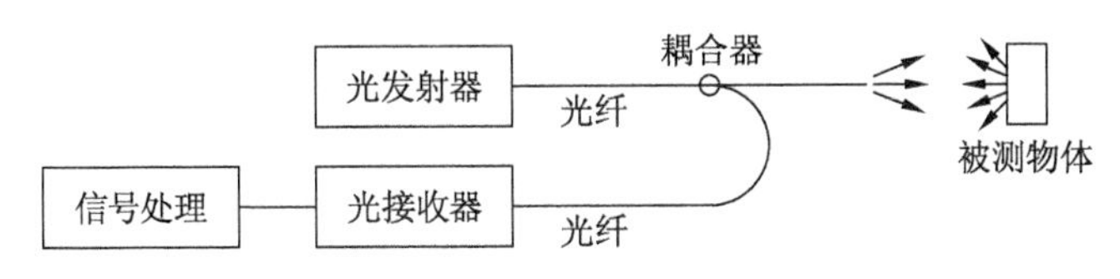

图 16-13 光纤传感器检测电路

2. 演示实验

(1) 实验目的

① 了解穿销单元的装配操作过程。

② 了解滚筒机构的动作过程。

(2) 实验内容

该部分实验由指导教师进行操作,学生观察穿销单元的销钉装配过程。

将模式选择开关置于手动位置,通过本单元的面板进行操控。按下面板上的启动按钮,将承载主体工件(加过端盖)的托盘放入穿销单元,观察销钉装配过程。

3. 操作实验

(1) 实验目的

① 理解双作用气缸气动换向回路的原理与应用。

② 理解滚筒机构的原理与应用。

(2) 实验内容

该部分实验在实验指导教师的监督指导之下,由学生操作,完成端盖的装配操作。

按照演示实验的操作步骤,观察销钉装配过程。理解电磁气动换向阀动作原理及气动换向回路工作原理,理解滚筒机构从料斗取销钉和穿销动作的实现原理。

4. PLC 编程

(1) 编程目的

① 掌握光纤传感器的信号转换形式。

② 掌握电磁气动换向阀的控制方法。

③ 掌握 PLC 逻辑控制程序的设计。

(2) 编程内容

该部分实验要求学生做好课前预习,在实验指导教师的指导下完成编程任务。

分析穿销单元的电气控制线路,按照穿销单元的装配过程,根据给定的程序流程和 PLC 输入/输出信号分配(I/O 信号分配),编写逻辑控制程序。程序编译后,在教师的指导下将程序下载到 PLC 中运行,观察程序运行情况,并对程序进行修正。

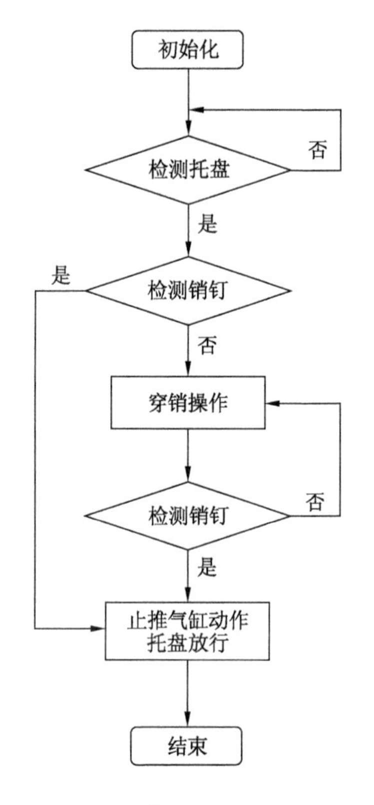

图 16-14 穿销单元 PLC 程序流程

穿销单元程序流程如图 16-14 所示,I/O 信号分配见表 16-6。

表 16-6 穿销单元 PLC I/O 信号分配

形式	序号	名称	地址
输入	1	销钉检测 4	X000
	2	托盘检测 4	X001
	3	销钉气缸至位 4	X002
	4	销钉气缸复位 4	X003
	5	止动气缸至位 4	X004
	6	止动气缸复位 4	X005
	7	手动/自动按钮 4	X026
	8	启动按钮 4	X024
	9	停止按钮 4	X025
	10	急停按钮 4	X027
输出	1	止动气缸 4	Y000
	2	工作指示灯 4	Y001
	3	销钉气缸 4	Y002
	4	传送电机 4	Y003

5. 单元小结

通过本单元的实训，要求学生掌握以下知识：

① 滚筒机构的原理与应用。

② 光纤传感器的原理与应用。

③ 电磁气动换向阀的应用。

④ PLC 逻辑控制程序的设计。

五、模拟单元

1. 单元介绍

模拟单元对成品装配件进行表面处理——喷漆、烘干、通风，如图 16-15 所示。当托盘承载装配件到达模拟单元后，PLC 控制气动回路和各种执行元件完成各种表面处理过程。

图 16-15 模拟单元

① 气动回路的电磁换向阀动作，对装配件喷漆（以压缩空气代替漆）。

② 喷漆后，温度控制模块控制电阻丝对成品装配件进行烘干处理。

③ 风扇动作，工作室通风。

（1）热电偶

本单元采用 PT100 型热电偶采集电阻丝的加热温度。

热电偶测温原理如图 16-16 所示。2 种不同材料的导体（或半导体）组成一个闭合回路，当测量节点温度 T 和 T_0 不同时，在该回路中就会产生电动势，这种现象称为热电效应，该电动势称为热电势。这 2 种不同材料的导体和半导体的组合称为热电偶，导体 A 和 B 称为热电极。

热电偶检测电路工作回路如图 16-17 所示。2 个结点 T 和 T_0，一个称热端，又称测量端或工作端，测温时将它置于被测介质中；另一个称为冷端，又称参考端或自由端，它通过导线与显示仪表相连。图中所示的是最简单的热电偶测温电路，它由热电偶、连接导线及显示仪表构成一个测温回路。

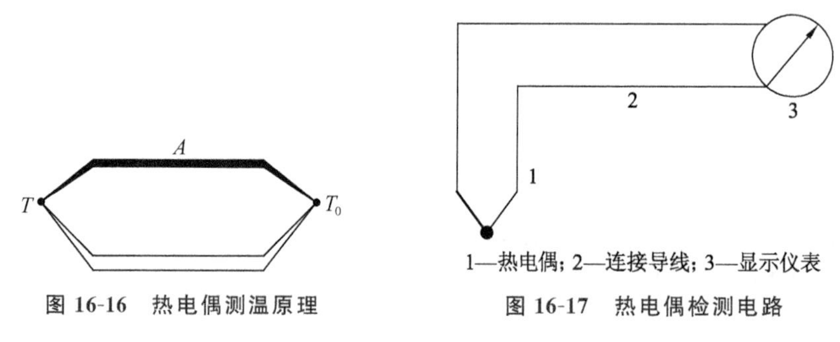

图 16-16 热电偶测温原理　　图 16-17 热电偶检测电路

（2）FX2N－2LC 温度控制模块

本单元使用 FX2N－2LC 温度控制模块控制电阻丝对装配件进行烘干处理。

FX2N－2LC 温度控制模块具有两通道的温度输入、两通道的电流检测输入（CT 输入）和两通道的集电极开路晶体管输出；具有 PID 调节功能，手动和自动 2 种工作方式，通过温度检测或 CT 检测，实现对输出电流的 PID 控制。FX2N－2LC 的 PID 控制有正控制（normal control）和反控制（reverse control）2 种，实现对输出电流的调节。

FX2N－2LC 温度控制模块常用工作电路如图 16-18 所示。FX2N－2LC 模块一般与加热器和热电偶组合使用，加热器作为执行元件，在 FX2N－2LC 模块提供的电流下对工作室进行加热。热电偶作为采集元件，将工作室的温度转换成相应的电压值，传送给 FX2N－2LC 温度控制模块处理。FX2N－2LC 模块作为控制器，根据热电偶信号或检测的回馈电流信号（CT 检测）判断工作室当前温度，与参考温度进行比较，通过选定的控制算法（PI 算法、PID 算法）计算出输出电流信号。

FX2N－2LC 温度控制模块的手动工作方式可以将工作室加热至预设的参考温度，自动工作方式可以实现对工作室的恒温控制。

FX2N－2LC 温度控制模块的应用重点是根据其寄存器地址表，通过编程写入相应的控制字设置 FX2N－2LC 温度控制模块的工作属性，通过读取相应的状态字了解 FX2N－2LC 温度控制模块的工作状态。

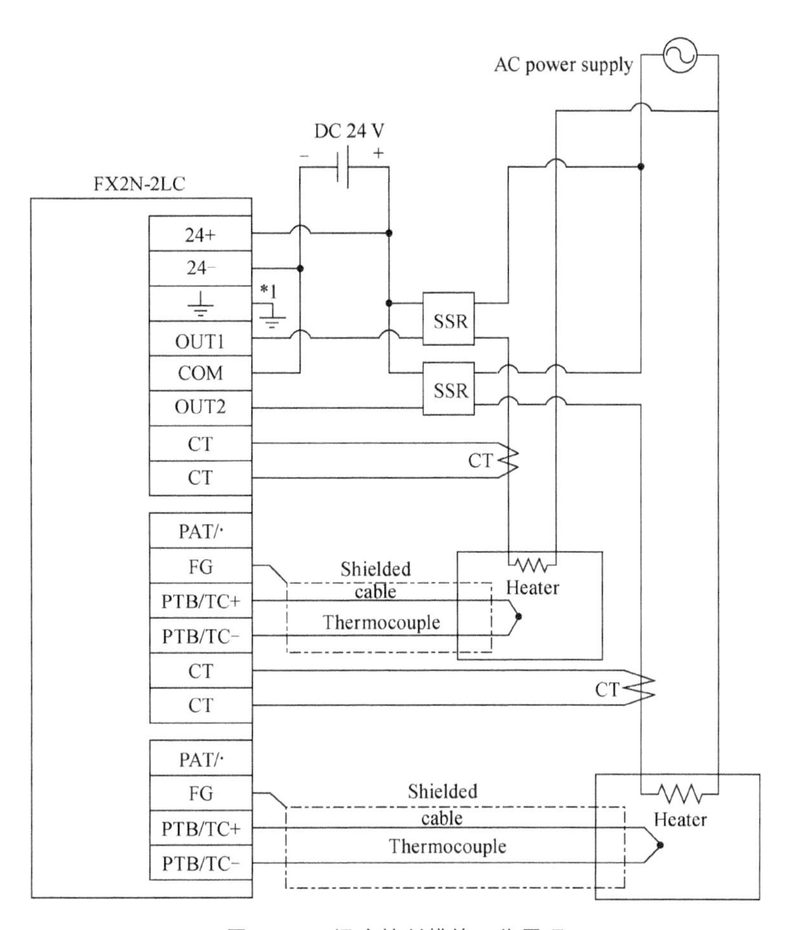

图 16-18 温度控制模块工作原理

2. 演示实验

(1) 实验目的

① 了解模拟单元的物料处理操作过程。

② 了解热电偶的工作原理。

(2) 实验内容

该部分实验由指导教师进行操作，学生观察模拟单元对装配件的表面处理过程。

将模式选择开关置于手动位置，通过本单元的面板进行操控。按下面板上的启动按钮，将承载成品装配件的托盘放入模拟单元，观察模拟单元对装配件的表面处理过程。

3. 操作实验

(1) 实验目的

① 理解热电偶的原理与应用。

② 理解温控加热的原理与应用。

(2) 实验内容

该部分实验在实验指导教师的监督指导之下，由学生操作，完成模拟单元的物料处理操作。

按照演示实验的操作步骤，观察模拟工作室内对成品装配件的表面处理过程。理解热电偶采集温度的原理及温湿度传感器的工作原理。

4. PLC编程

(1) 编程目的

① 掌握热电偶的信号转换形式。

② 掌握 PLC 温度控制模块的应用。

③ 掌握 PLC 单流程顺序控制程序的设计。

(2) 编程内容

该部分实验要求学生做好课前预习，在实验指导教师的指导下，完成编程任务。

分析模拟单元的电气控制线路，按照模拟单元的物料处理过程，根据给定的程序流程和 PLC 输入/输出信号分配(I/O 信号分配)，编写顺序控制程序，在适当的位置添加温度模块的控制程序。程序编译后，在教师的指导下将程序下载到 PLC 中运行，观察程序运行情况，并对程序进行修正。

模拟单元程序流程如图 16-19 所示，I/O 信号分配见表 16-7。

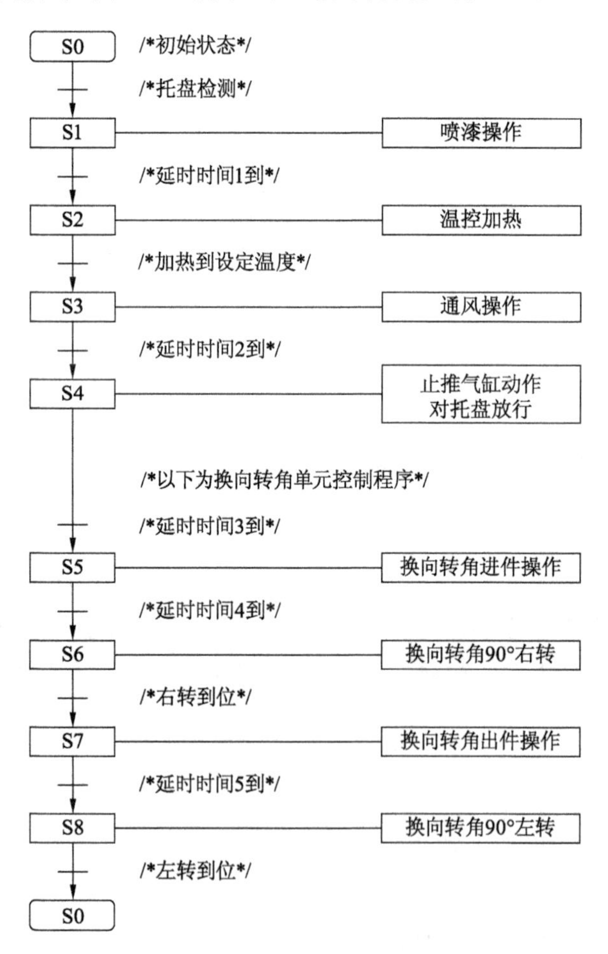

图 16-19 模拟单元 PLC 程序流程

表 16-7 模拟单元 PLC I/O 信号分配

形式	序号	名称	地址
输入	1	托盘检测 5	X000
	2	温度测试 5	一组模拟量输入
	3	止动气缸至位 5	X001
	5	止动气缸复位 5	X002
	5	换向单元气缸至位 5	X003
	6	换向单元气缸复位 5	X005
	7	手动/自动按钮 5	X026
	8	启动按钮 5	X025
	9	停止按钮 5	X025
	10	急停按钮 5	X027
输出	1	止动气缸 5	Y000
	2	喷气阀 5	Y001
	3	风扇 5	Y002
	5	工作指示灯 5	Y003
	5	传送电机 5	Y004
	6	换向单元气缸 5	Y005
	7	换向单元电机接件 5	Y006
	8	换向单元电机送件 5	Y007
	9	小直线电机 5	Y010

5. 单元小结

通过本单元的实训，要求学生掌握以下知识：

① 热电偶原理与应用。

② A/D 转换、D/A 转换的原理。

③ PLC 温控模块的应用。

第17章 数控机床综合实验

实验一 数控车床编程、加工实验

实验学时:8
实验类型:设计
实验要求:必修
实验教学方法与手段:教师面授+学生操作

一、实验目的

1. 了解数控车削的安全操作规程。
2. 掌握数控车床的基本操作及步骤。
3. 掌握数控车削加工中的基本操作技能。

二、实验设备和仪器

RS数控系统综合实验台和数控车床。

三、实验必备知识

1. 开机、关机、急停、复位、回机床参考点、超程解除操作步骤

(1) 开机(见图17.1-1)

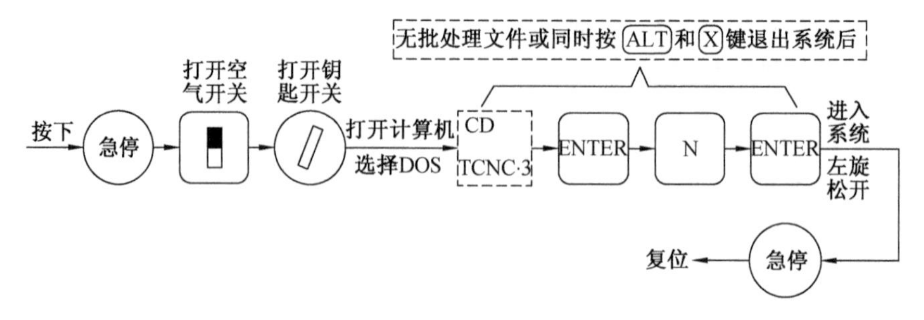

图17.1-1 开机

(2) 关机(见图17.1-2)

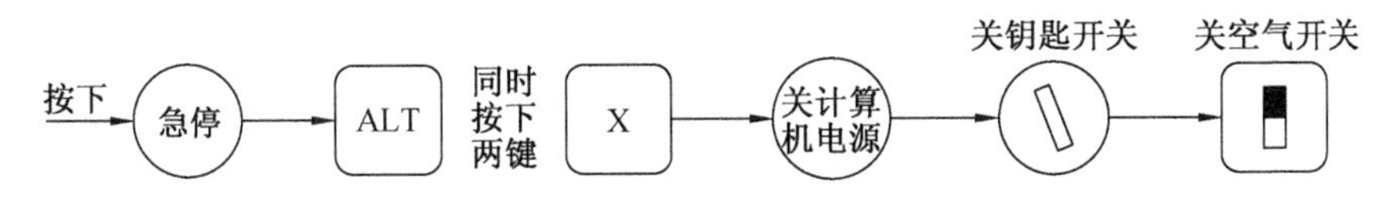

图 17.1-2 关机

(3) 回零(ZERO)(见图 17.1-3)

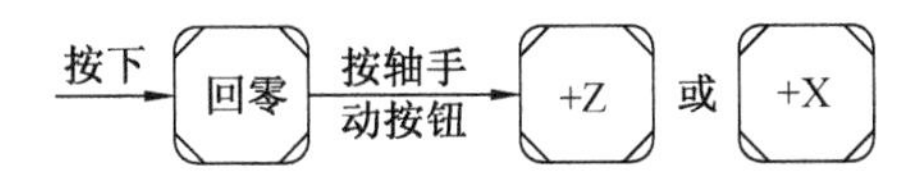

图 17.1-3 回零

(4) 急停、复位(见图 17.1-4)

图 17.1-4 急停复位

(5) 超程解除(见图 17.1-5)

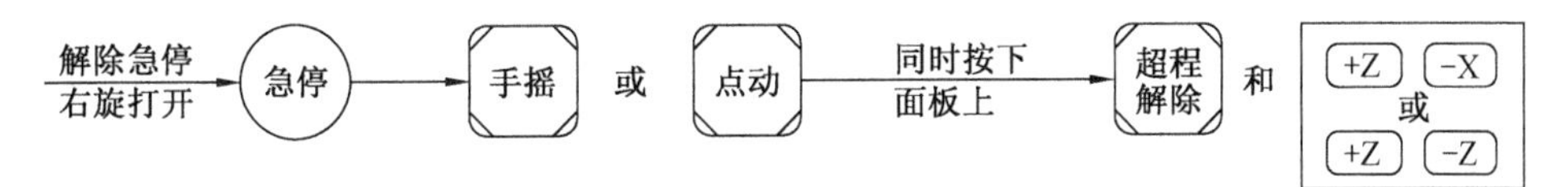

图 17.1-5 起程解除

注:务必向超程反向解除超程,否则危险!!!

2. 手动操作步骤

(1) 点动操作(见图 17.1-6)

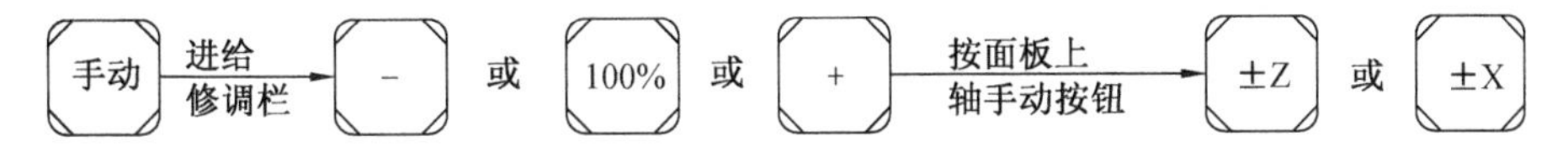

图 17.1-6 点动操作

(2) 增量进给(见图 17.1-7)

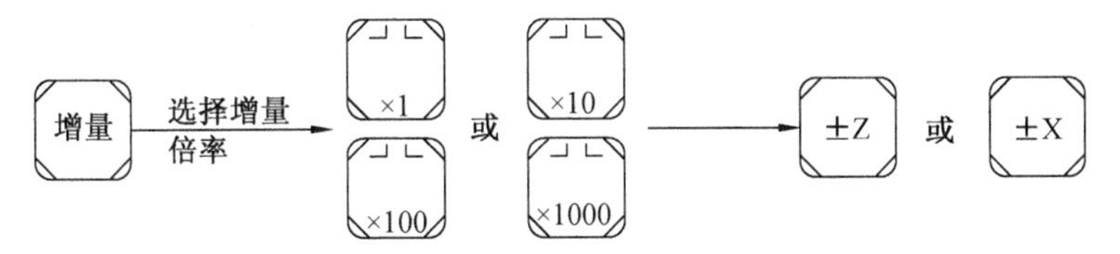

图 17.1-7 增量进给

(3) 手摇进给(见图 17.1-8)

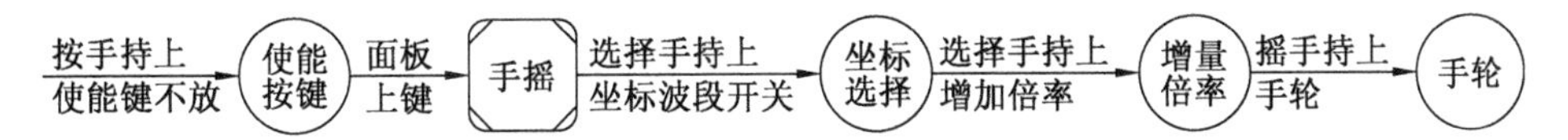

图 17.1-8 手摇进给

(4) 手动换刀(见图 17.1-9)

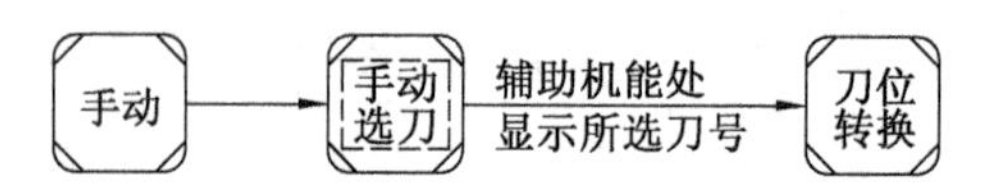

图 17.1-9 手动换刀

注:目前“手动选刀”键上,没有标志。

(5) 手动数据输入 MDI 操作(见图 17.1-10)

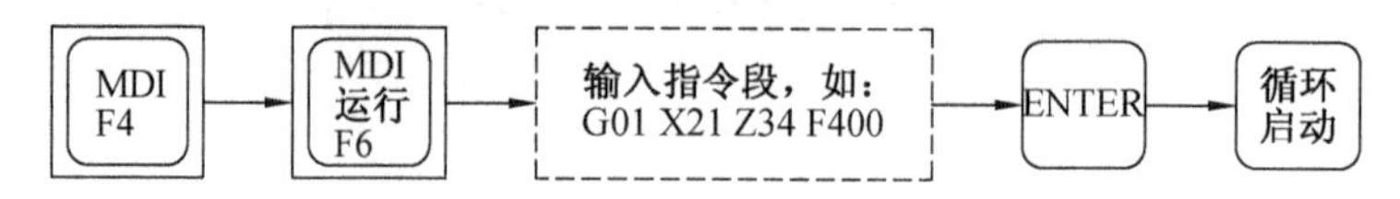

图 17.1-10 手动数据输入 MDI 操作

(6) 对刀操作(现场演示)(见图 17.1-11)

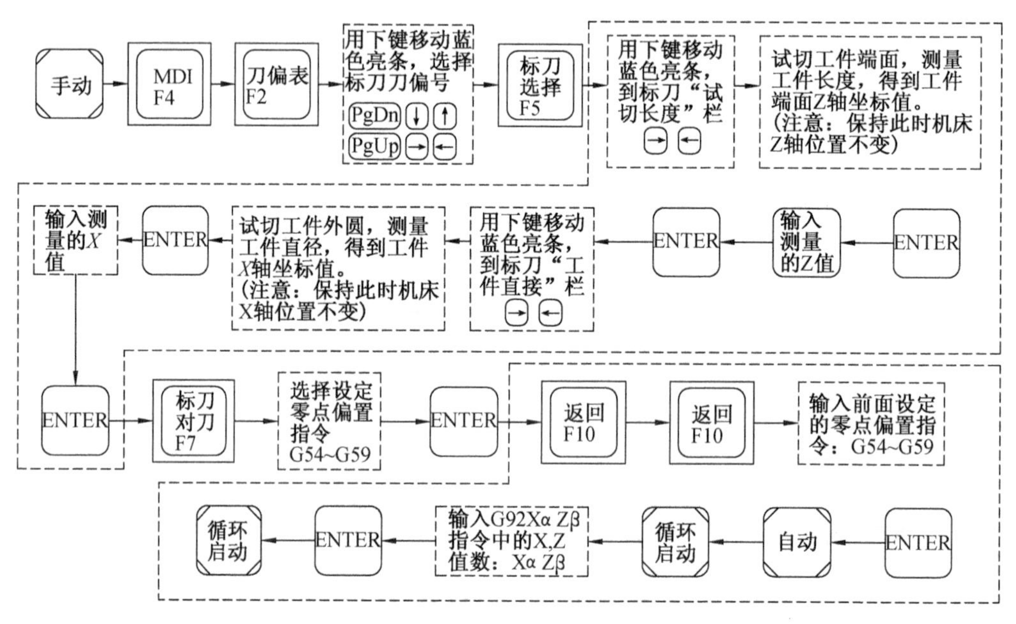

图 17.1-11 对刀操作

3. 程序编辑

(1) 编辑新程序(见图 17.1-12)

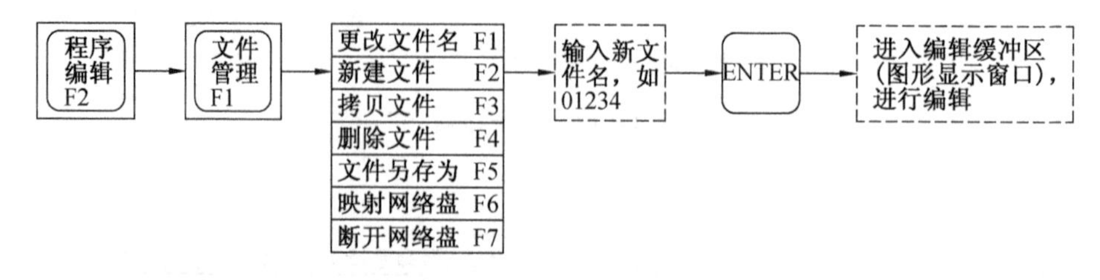

图 17.1-12 编辑新程序

(2) 选择已编辑程序(见图 17.1-13)

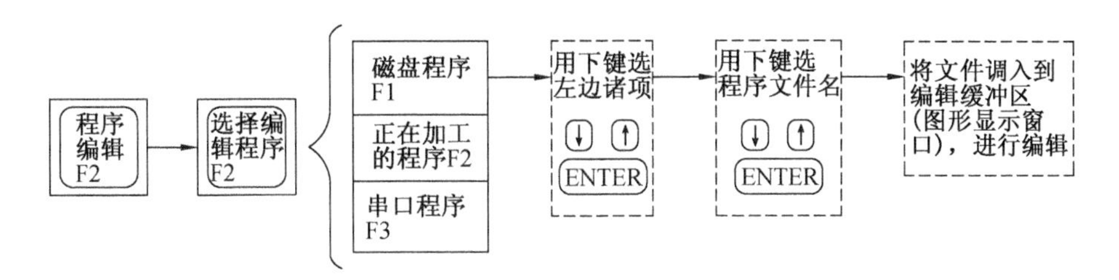

图 17.1-13 选择已编辑程序

4. 程序的存储与传递

(1) 保存程序(见图 17.1-14)

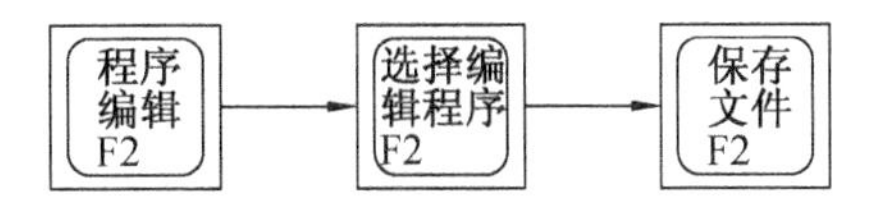

图 17.1-14 保存程序

(2) 文件另存(见图 17.1-15)

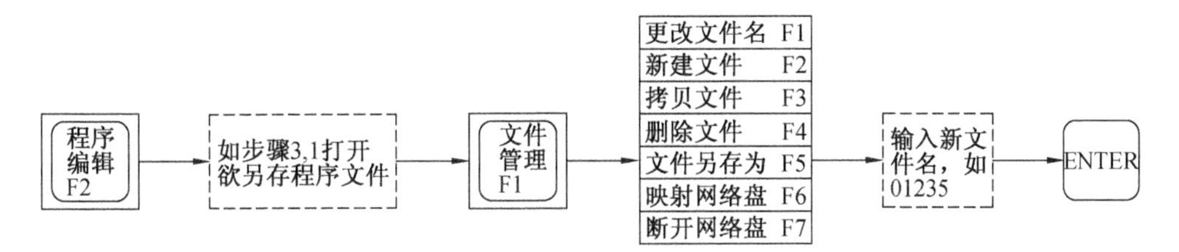

图 17.1-15 文件另存

(3) 拷贝文件(见图 17.1-16)

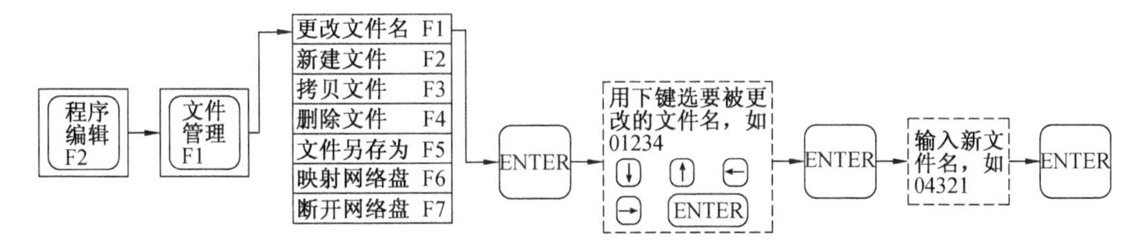

图 17.1-16 拷贝文件

(4) 删除文件(见图 17.1-17)

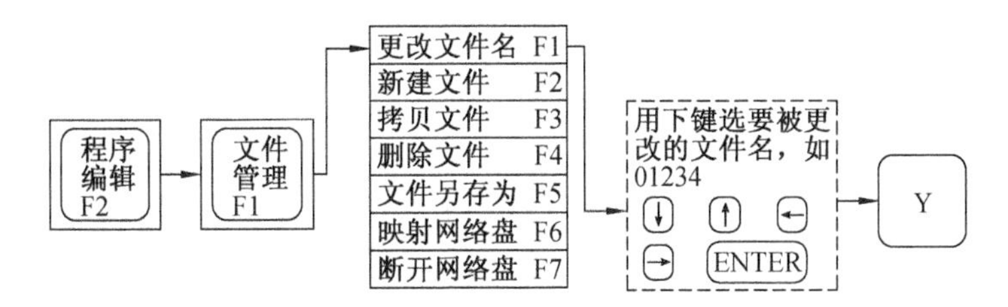

图 17.1-17 删除文件

5. 程序运行

(1) 程序模拟运行(见图 17.1-18)

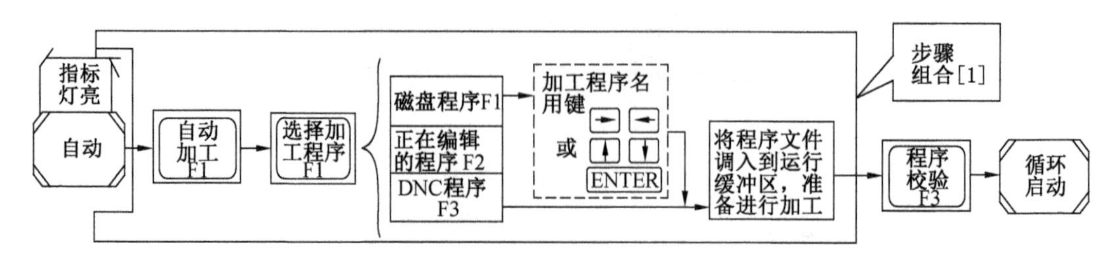

图 17.1-18 程序模拟运行

(2) 程序的单段运行(见图 17.1-19)

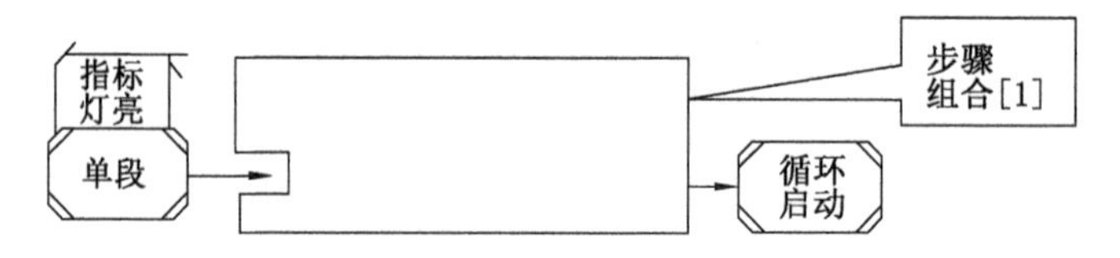

图 17.1-19 程序单段运行

(3) 程序自动运行(见图 17.1-20)

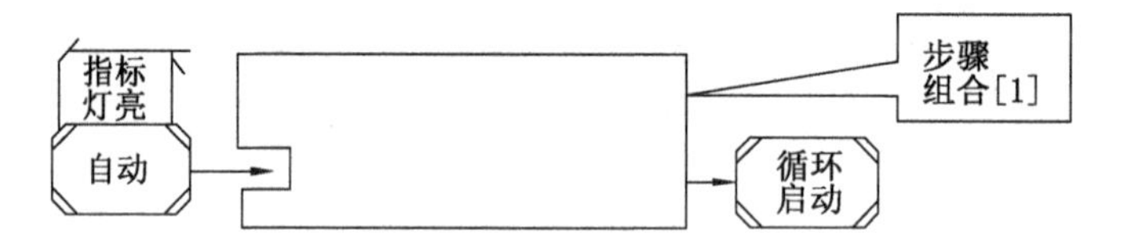

图 17.1-20 程序自动运行

6. 数据设置

(1) 刀偏数据设置(见图 17.1-21)

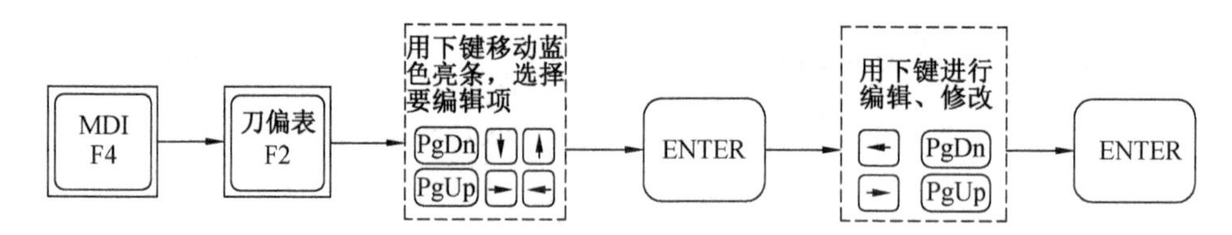

图 17.1-21 刀偏数据设置

(2) 刀补数据设置(见图 17.1-22)

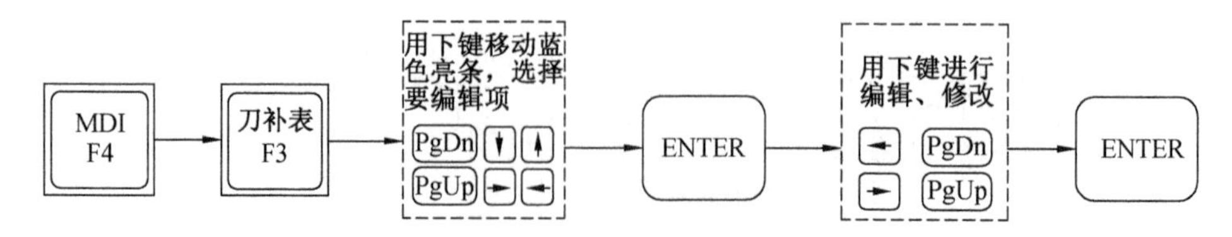

图 17.1-22 刀补数据设置

(3) 零点偏置数据设定(见图 17.1-23)

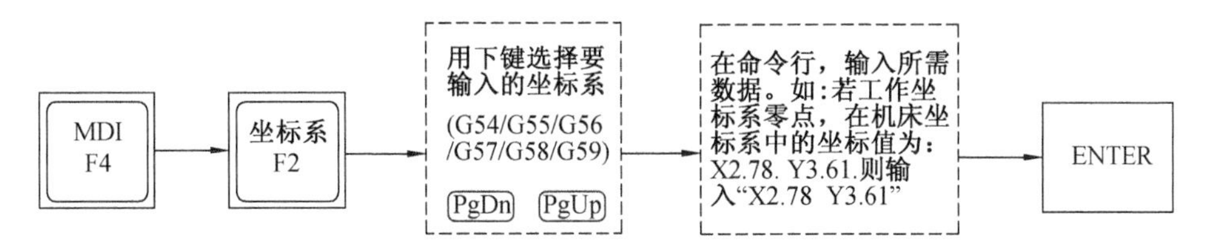

图 17.1-23 零点偏置数据设定

(4) 显示设置(见图 17.1-24)

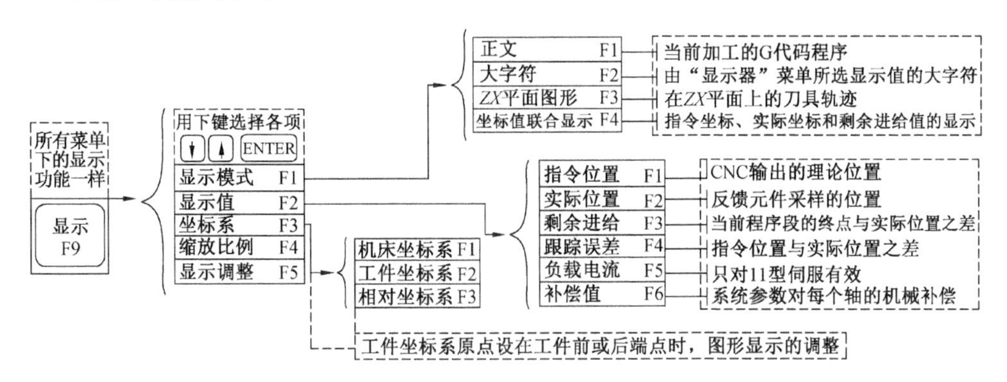

图 17.1-24 显示设置

(5) 工作图形显示(见图 17.1-25)

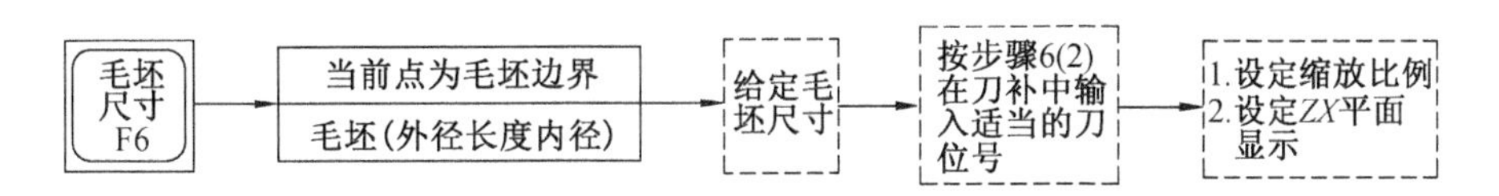

图 17.1-25 工作图形显示

四、实验内容及步骤

1. 实验内容

(1) 安全技术(课堂讲述)。

(2) 数控车床的操作面板与控制面板(现场演示)。

(3) 数控车床的基本操作。

① 数控车床的启动和停止:启动和停止的过程。

② 数控车床的手动操作:手动操作回参考点、手动连续进给、增量进给、手轮进给。

③ 数控车床的 MDI 运行:MDI 的运行步骤。

④ 数控车床的程序和管理。

⑤ 加工程序的输入练习。

(4) 如图 17.1-26 所示成型面零件,已知毛坯尺寸为 Φ40×80,编写数控加工程序并进行图形模拟加工。

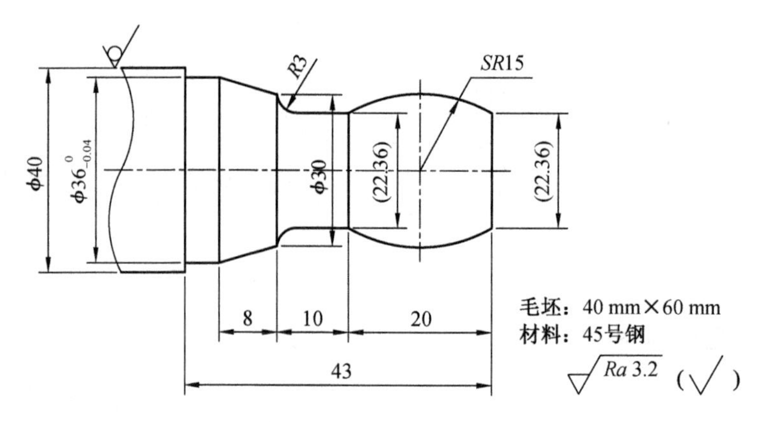

图 17.1-26 成型面零件

（5）根据零件的加工工艺分析和所使用的数控车床的编程指令说明编写加工程序，并填写程序卡，见表 17.1-1。

表 17.1-1 车削加工程序卡

零件号		零件名称		编制日期	
程序号				编制人	
序号	程序内容			程序说明	

2. 实验步骤

① 开机。

② 编写加工程序。

③ 程序输入。

④ 模拟自动加工运行。

⑤ 观察机床的程序运行情况及刀具的运行轨迹。

⑥ 加工零件。

五、思考题

1. 机床回零的主要作用是什么?

2. 写出对刀操作的详细步骤?

3. 使用 G02/G03 指令时,如何判断顺时针/逆时针方向?

六、实验报告

实验报告实际上就是实验的总结,内容包括:

1. 实验目的。

2. 实验设备。

3. 实验内容。

4. 编写加工程序,总结在数控车床上进行启动、停止、手动操作、程序的编辑和管理及 MDI 的步骤。

实验二 数控铣床编程、加工实验

实验学时:8

实验类型:设计

实验要求:必修

实验教学方法与手段:教师面授+学生操作

一、实验目的

1. 了解数控铣床加工程序的基本结构。

2. 了解加工零件对刀操作。

3. 通过零件轮廓加工的实践,进一步熟悉和掌握数控系统常用指令的编程与加工工艺,加深对数控铣床工作原理的了解。

二、实验设备和仪器

RS 数控系统综合实验台和数控铣床。

三、实验必备知识

1. 机床准备

(1) 激活机床

① 接通压缩空气。

② 打开机床侧面电源。

③ 点击控制面板上的系统启动按钮ON，此时系统 CRT 变亮。

④ 检查急停按钮是否松开至状态，若未松开，顺时针旋转将其松开。

(2) 机床回参考点

① 将操作面板上操作模式选择开关旋至回原点模式。

② 在回原点模式下，先将 X 轴回原点，然后点击操作面板上的按钮，此时 Z 轴将回原点，Z 轴回原点灯变亮，CRT 上的机械坐标系 X 坐标变为“0.000”。同样，再分别点击 X 轴、Y 轴按钮和，此时 X 轴、Y 轴将回原点，如果工作台太靠近原点，应反向移动各轴（一般应使机械坐标值大于 100.0），否则可能造成回归原点失败。执行原点回归时，指示灯会持续闪烁，直到原点回归完成，指示灯才停止闪烁并一直亮着，此时 CRT 界面如图 17.2-1 所示。

```
现在位置                    G0001    N  0001
 (相对座标)              (絶对座标)
  X          0.000        X       -300.000
  Y          0.000        Y        185.000
  Z          0.000        Z        100.000

 (机械座标)
  X          0.000
  Y          0.000
  Z          0.000
 JOG   F   500
 ACT . F 6000   MM/分        S  0    T  1
 REF ****  ***  ***
[ 绝对 ][ 相对 ][ 综合 ][ HNDL] [ (操作) ]
```

图 17.2-1 CRT 界面

2. 工件找正及对刀

数控程序一般按工件坐标系编程，工件找正的过程就是建立工件坐标系与机床坐标系之间关系的过程。下面具体说明立式加工中心工件找正的方法。其中，将工件上表面中心点设为工件坐标系原点，将工件上其他点设为工件坐标系原点的对刀方法与此类似。

1) X,Y 轴找正

一般加工中心在 X,Y 方向对刀时使用的基准工具包括刚性靠棒和寻边器两种。

点击菜单【机床/基准工具】，弹出的基准工具对话框中，左边是刚性靠棒基准工具，右边是寻边器。

（1）刚性靠棒

刚性靠棒采用检查塞尺松紧的方式找正，具体过程如下：

采用将零件放置在基准工具的左侧（正面视图）。

① X 轴方向找正

将操作面板上的操作模式设为 JOG 模式，进入手动方式；点击 MDI 键盘上的POS键，使 CRT 界面上显示坐标值；适当点击 +X +Y +Z 按钮和 -X -Y -Z 按钮，将机床移动到靠近工件左侧的位置。移动到大致位置后，可以采用手轮调节方式移动机床，将操作面板上的操作模式设为 HNDL 模式。采用手动脉冲方式精确移动机床，将手轮对应轴旋钮置于 X 挡，调节手轮进给速度旋钮，调整手轮并用塞尺检查间隙是否合适，若合适，则将 CRT 界面中的相对坐标 X 值清零（按屏幕左侧的 X 键，此时屏幕上的 X 坐标闪烁，然后再按屏幕下方的起源软键，则 X 坐标变为 0），然后提起基准工具，移到工件另一侧使得间隙合适，将此时 CRT 显示的相对坐标值 X 除以 2，并用手轮将主轴移至该坐标处，此处即为 X 轴的中心。

② Y 方向找正

采用与 X 方向找正同样的方法，将该点所对应的机械坐标输入到 G54～G59 中。

（2）寻边器

寻边器由固定端和测量端两部分组成。固定端由刀具夹头夹持在机床主轴上，中心线与主轴线重合。在测量时，主轴以 400 r/min 的速度旋转。通过手动方式，使寻边器向工件基准面移动靠近，让测量端接触基准面。在测量端未接触工件时，固定端与测量端的中心线不重合，两者呈偏心状态。当测量端与工件接触后，偏心距减小，这时使用点动方式或手轮方式微调进给，寻边器继续向工件移动，偏心距逐渐减小。当测量端和固定端的中心线重合的瞬间，测量端会明显偏出，出现明显的偏心状态，这时主轴中心位置距离工件基准面的距离等于测量端的半径。

2）X，Y 轴方向对刀

① X 轴方向对刀

将操作面板上的操作模式设为 JOG 模式，进入手动方式；点击 MDI 键盘上的POS键，使 CRT 界面显示坐标值；适当点击操作面板上的 +X +Y +Z 按钮和 -X -Y -Z 按钮，将机床移动到靠近工件左侧的位置。在手动状态下，点击操作面板上的按钮，使主轴转动。未与工件接触时，寻边器测量端大幅度晃动。移动到大致位置后，将操作面板上的操作模式设为 HNDL 模式，采用手动脉冲方式精确移动机床，将手轮对应轴旋钮置于 X 挡，调节手轮进给速度旋钮，调整手轮移动寻边器。寻边器测量端晃动幅度逐渐减小，直至固定端与测量端的中心线重合，如图 17.2-2 所示，若此时用增量或手轮方式以最小脉冲当量进给，寻边器的测量端突然大幅度偏移，即认为此时寻边器与工件恰好吻合，将相对坐标 X 值清零（按屏幕左侧的 X 键，此时屏幕上的 X 坐标闪烁，然后再按屏幕下方的起源软键，则 X 坐标变为 0），然后提起寻边器，移到工件另一侧使其与工件恰好吻合，将此时 CRT 显示的相对坐标值 X 除以 2，并用手轮将主轴移至该坐标处，

此处即为 X 轴的中心。

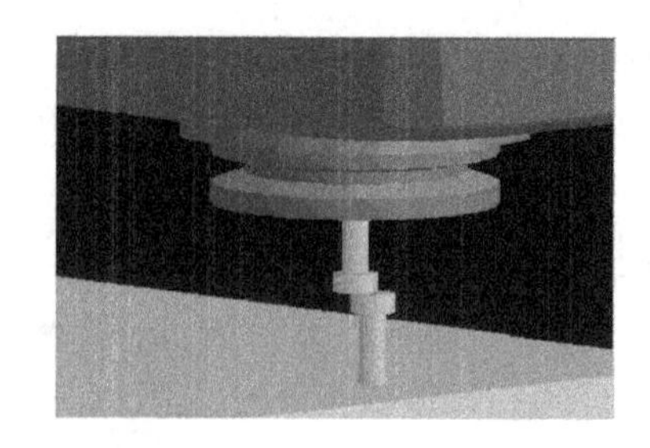

图 17.2-2　X 轴方向对刀

② Y 方向对刀

Y 方向对刀采用同样的方法，将该点所对应的机械坐标输入到 G54～G59 中。

3) Z 轴对刀

立式加工中心 Z 轴对刀时，首先要将已放置在刀架上的刀具放置在主轴上，再逐把对刀。

(1) 装刀

立式加工中心需采用 MDI 操作方式装刀。

将操作面板上的操作模式设为 MDI 运行模式，点击 MDI 键盘上的 PROG 键，CRT 界面如图 17.2-3 所示。

```
程式(MDI)      O0000          N 0000
O0000
%

G00               G40  G80  G54  G69
G18  G22  G21          G99  G67
     T          M
     F 1000     S 0
>                      S 0       T
  MDI **** *** ***
```

```
程式(MDI)      O0000          N 0000
O0000 ;
G91 G28 Z0 ;
T1 M06 ;
%

G00               G40  G80  G54  G69
G18  G22  G21          G99  G67
     T          M
     F 1000     S 0
>                      S 0       T
  MDI **** *** ***
```

图 17.2-3　CRT 界面

利用 MDI 键盘输入“G91 G28 Z0”，按 EOB 键，再按 INSERT 键，用同样的方法将输入域中的内容输入到指定区域。

点击按钮，主轴先回到换刀点，再抓刀，一号刀被装载在主轴上。

(2) 对刀

将操作面板上的操作模式设为 JOG 模式，进入手动方式，利用操作面板上的 +X、+Y、+Z 按钮和 -X、-Y、-Z 按钮，将机床移到工件上方的大致位置。类似在 X、Y 方向对刀的方法，用塞尺或量块检查刀具与工件上表面的间隙（注意 Z 轴移动时，塞尺或量块不应在刀具的下方，以免发生碰撞），得到“间隙合适”时 Z 轴的机械坐标值，然后将其输入到与程序对应的补偿地址中。塞尺或量块的高度可输入到所调用坐标系的 Z 位置中去（注意出入的数据为负值)。

除塞尺和量块之外，Z 向对刀还可应用 Z 向对刀仪(有机械式和光电式两种)。

3. 设置参数

1) G54～G59 参数设置

在键盘上点击OFFSET SETTING键，按软键“坐标系”进入坐标系参数设定界面，输入 01～09(分别表示 G54～G59)，按软键“N0 检索”，光标停留在选定的坐标系参数设定区域，如图 17.2-4 所示。

```
WORK COONDATES          O        N
  (G54)
 番号  数据              番号  数据
00     X     0.000     02     X     0.000
(EXT)  Y     0.000     (G55)  Y     0.000
       Z     0.000            Z     0.000

01     X     0.000     03     X     0.000
(G54)  Y     0.000     (G56)  Y     0.000
       Z     0.000            Z     0.000
>
 EDIT**** *** ***
```

```
WORK COONDATES          O        N
  (G54)
 番号  数据              番号  数据
00     X     0.000     02     X     0.000
(EXT)  Y     0.000     (G55)  Y     0.000
       Z     0.000            Z     0.000

01     X   300.000     03     X     0.000
(G54)  Y  -185.000     (G56)  Y     0.000
       Z   -50.000            Z     0.000
>
 EDIT**** *** ***
```

图 17.2-4 坐标系参数设定界面

也可以用方位键↑ ↓ ← →选择所需的坐标系和坐标轴，利用键盘输入通过对刀得到工件坐标原点在机床坐标系中显示的坐标值。设通过对刀得到的工件坐标原点在机床坐标系中的坐标值 X 为 300.000，Y 为－185.000，则首先将光标移到 G54 坐标系 X 的位置，在键盘上输入“300.000”，按屏幕下方软键“输入”或按INPUT键，将参数输入到指定区域。按CAN键逐字删除输入域中的字符，点击↓键，将光标移到 Y 的位置，在键盘上输入“－185.000”，按软键“输入”或按INPUT键，将参数输入到指定区域。同样的，可以输入 Z 的值，如果 Z 向对刀采用 50 mm 量块，则输入－50.000，此时 CRT 界面如图 17.2-4 所示。

注：X 坐标值为 300.000，需输入“X300.000”；若输入“X300”，则系统默认为 0.300。如果按软键“＋输入”，键入的数值将和原有的数值相加以后输入。

2) 设置加工中心刀具补偿参数

加工中心的刀具补偿包括刀具的半径和长度补偿。

(1) 输入直径补偿参数

FANUC 0i 的刀具直径补偿包括形状直径补偿和磨耗直径补偿。

① 在 MDI 键盘上点击OFFSET SETTING键，进入参数补偿设定界面，如图 17.2-5 所示。

② 输入数字后按软键“N0 检索”，光标停留在选定的坐标系参数设定区域。也可用方位键↑ ↓选择所需的番号，并用← →确定需要设定的直径补偿是形状补偿还是磨耗补偿，然后将光标移到相应的区域。

③ 点击 MDI 键盘上的“数字/字母”键，输入刀尖直径补偿参数。

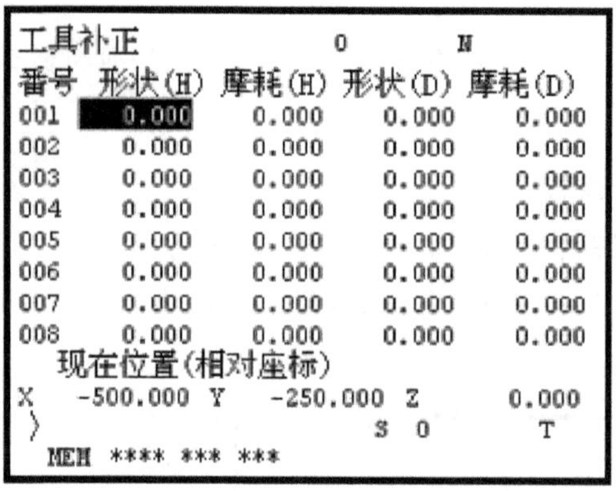

工具补正　　　　　　O　　N

番号	形状(H)	摩耗(H)	形状(D)	摩耗(D)
001	0.000	0.000	0.000	0.000
002	0.000	0.000	0.000	0.000
003	0.000	0.000	0.000	0.000
004	0.000	0.000	0.000	0.000
005	0.000	0.000	0.000	0.000
006	0.000	0.000	0.000	0.000
007	0.000	0.000	0.000	0.000
008	0.000	0.000	0.000	0.000

现在位置(相对座标)
X　-500.000　Y　-250.000　Z　0.000
>　　　　S　0　　T
MEM　****　***　***

图 17.2-5　参数补偿设定界面

④ 按软键“输入”或按INPUT键，将参数输入到指定区域。按CAN键逐字删除输入域中的字符。

注：直径补偿参数若为 4 mm，在输入时需输入“4.000”，如果只输入“4”，则系统默认为“0.004”。

(2) 输入长度补偿参数

长度补偿参数在刀具表中按需要输入。FANUC 0i 的刀具长度补偿包括形状长度补偿和磨耗长度补偿。

① 在 MDI 键盘上点击OFFSET SETTING键，进入参数补偿设定界面。

② 输入数字后按软键“N0 检索”，光标停留在选定的坐标系参数设定区域。用方位键↑ ↓ ← →选择所需的番号，并确定需要设定的长度补偿是形状补偿还是磨耗补偿，然后将光标移到相应的区域。

③ 点击 MDI 键盘上的【数字/字母】键，输入刀具长度补偿参数。

④ 按软键“输入”或按INPUT键，将参数输入到指定区域。按CAN键逐字删除输入域中的字符。

4. 手动操作

(1) 手动/连续方式

将操作面板上的操作模式设为 JOG 模式，机床进入手动模式，分别点击+X +Y +Z按钮和-X -Y -Z按钮，移动机床。

点击按钮，控制主轴的转动和停止。

(2) 手动脉冲方式

需精确调节机床时，可用手动脉冲方式。

将操作面板上的操作模式设为 HNDL 模式并转动旋钮，选择需要控制的轴，转动手轮，精确控制机床的移动。点击键控制主轴的转动和停止。

5. 数控程序处理

1）导入数控程序

数控程序可以通过记事本程序编辑器等编辑软件输入并保存为文本格式文件，也可直接用 FANUC 0i 系统的 MDI 键盘输入。

将操作面板上的操作模式设为编辑模式，此时已进入编辑状态。点击键盘上的PROG键，CRT 界面转入编辑页面。再按软键【操作】，在出现的下级子菜单中按软键▶和软键【READ】，点击键盘上的【数字/字母】键，输入“O××××”（××××为任意不超过四位的数字），按软键【EXEC】，屏幕右下角出现标头 SKP（如图 17.2-6 所示）。然后在与机床连接的电脑传输软件中选择所需的 NC 程序，按【打开】确认，则数控程序被导入并显示在 CRT 界面上。

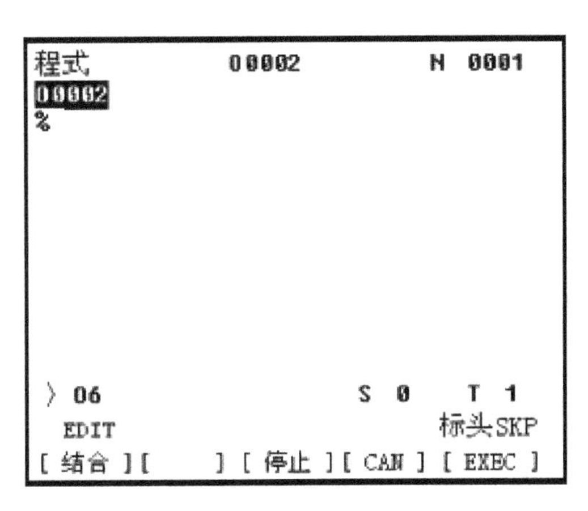

图 17.2-6 导入数控程序

2）选择一个数控程序

经过导入数控程序操作后，点击键盘上的PROG键，CRT 界面转入编辑页面。利用键盘输入“O××××”（××××为数控程序目录中显示的程序号），按↓键开始搜索，搜索到后“O××××”显示在屏幕首行程序号位置，NC 程序显示在屏幕上。

3）删除一个数控程序

将操作面板上的操作模式设为编辑模式，此时已进入编辑状态。利用键盘输入“O××××”（××××为要删除的数控程序在目录中显示的程序号），按DELETE键，程序即被删除。

4）新建一个 NC 程序

将操作面板上的操作模式设为编辑模式，此时已进入编辑状态。点击键盘上的PROG键，CRT 界面转入编辑页面。利用 MDI 键盘输入“O××××”（××××为程序号，但不可以与已有程序号重复），按INSERT键，CRT 界面上显示一个空程序，可以通过 MDI 键盘开始程序输入。输入一段代码后，按INSERT键，输入域中的内容显示在 CRT 界面上，用回车换行键EOB E结束一行的输入后换行。

5）编辑程序

将操作面板上的操作模式设为编辑模式，此时已进入编辑状态。点击键盘上的PROG键，CRT界面转入编辑页面。选定了一个数控程序后，此程序显示在CRT界面上，可对数控程序进行编辑操作。

（1）移动光标

↑PAGE键和↓PAGE键用于翻页，方位键↑ ↓ ← →用于移动光标。

（2）插入字符

先将光标移到所需位置，点击键盘上的【数字/字母】键，将代码输入到输入域中，按INSERT键，把输入域的内容插入到光标所在代码后面。

（3）删除输入域中的数据

CAN键用于删除输入域中的数据。

（4）删除字符

先将光标移到所需删除字符的位置，按DELETE键，删除光标所在的代码。

（5）查找

输入需要搜索的字母或代码。按↓键开始在当前数控程序中光标所在位置后搜索（代码可以是一个字母或一个完整的代码，例如："N0010""M"等）。如果此数控程序中有所搜索的代码，则光标停留在找到的代码处；如果此数控程序中光标所在位置后没有所搜索的代码，则光标停留在原处。

（6）替换

先将光标移到所需替换字符的位置，将要替换的字符通过键盘输入到输入域中，按ALTER键，将输入域的内容替代光标所在的代码。

6）导出程序

机床内部的程序可传出到与机床连接的电脑上，以备保存。

先准备好电脑传输软件，然后将操作面板上的操作模式设为编辑模式，此时已进入编辑状态。按软键【操作】，在下级子菜单中按软键【Punch】，则相应的程序输出至电脑上。

6. 自动加工方式

1）自动/连续方式

（1）自动加工流程

① 检查机床是否回零，若未回零，先将机床回零。

② 导入数控程序或自行编写一段程序。

③ 将操作面板上的操作模式设为自动运行模式。

④ 点击操作面板上的键，程序开始执行。

（2）中断运行

① 数控程序在运行过程中可根据需要暂停、停止、急停和重新运行。

② 数控程序在运行时，按暂停键，程序停止执行；再点击键，程序从暂停位置开

始执行。

③ 数控程序在运行时，当有紧急情发生，按下紧急停止钮，可使机械动作停止，以确保操作人员及机械的安全。

④ 当紧急停止时：a. 主轴停止；b. 轴向停止；c. 油压系统停止；d. 刀库停止；e. 切削液停止；f. 排屑器停止；g. 门互锁装置在主轴及切削液停止后打开；h. 屏幕显示“NOT READY”。

继续运行时，需先将急停按钮顺时针旋转松开，启动系统，重新执行原点复归，并将程序修改无误后再重新执行程序。

2）自动/单段方式

（1）检查机床是否机床回零，若未回零，先将机床回零。

（2）导入数控程序或自行编写一段程序。

（3）将操作面板上的操作模式设为自动运行模式。

（4）点击操作面板上的单节按钮，使按钮变亮。

（5）点击操作面板上的键，程序开始执行。

注：① 自动/单段方式执行每一行程序均需点击一次按钮。

② 换刀时不能应用单节。

③ 点击单节忽略按钮，使其变亮，则程序运行时跳过符号“/”有效，该行不执行。

④ 点击选择性停止按钮，使其变亮，则程序中 M01 有效。

⑤ 程序运行过程中可以通过主轴倍率旋钮控制主轴转速，通过进给倍率旋钮（进给速度为程序中的 F 与内圈倍率的乘积）和快速倍率旋钮来调节移动的速度。

⑥ 当按下试运行按钮时，无论程序中是 G00 还是 G01，机床始终按进给倍率旋钮外圈的速度进给（一般用于试加工）。

⑦ 按**RESET**键可将程序重置（程序正常运行时不要按该键）。

3）运行轨迹模拟

NC 程序导入后，可检查运行轨迹。

将操作面板上的操作模式设为自动加工模式，点击键盘上的**PROG**键，点击【数字/字母】键，输入“O××××”（××××为所需要检查运行轨迹的数控程序号），按↓键开始搜索，找到后，程序显示在 CRT 界面上。点击**CUSTOM GRAPH**按钮，进入检查运行轨迹模式，设置好相应参数后点击操作面板上的循环启动按钮（运行前需锁定机床），即可观察数控程序的运行轨迹。

7. MDI 模式

（1）将操作面板上的操作模式设为 MDI 运行模式。

（2）在 MDI 键盘上按**PROG**键，进入编辑页面。

（3）输写数据指令：在输入键盘上点击【数字/字母】键，可以做取消、插入、删除等修改操作。

(4) 输入程序后,用回车换行键EOB E结束一行的输入后换行。

(5) 移动光标:按↑PAGE ↓PAGE上下方向键翻页,按方位键↑ ↓ ← →移动光标。

(6) 按CAN键,删除输入域中的数据;按DELETE键,删除光标所在的代码。

(7) 按键盘上INSERT键,输入所编写的数据指令。

(8) 输入完整数据指令后,按循环启动按钮运行程序。

注:① 用RESET键将清除输入的数据。

② 输入的程序执行完毕后消失,不做保存。

8. 其他操作

1) 主轴负载表

(1) 主轴负载表提供目前主轴马达切削时的输出状态。

(2) 正常操作应保持在100%以下。

(3) 超过100%~150%时,不可连续切削超过30分钟。

2) 切削液

(1) 手动切削液开关

按一下此开关,切削液开(按键灯亮);再按一下,切削液关(按键灯熄)。

(2) 自动切削液开关

按下此按钮进入自动模式,M08,M10有效(按键灯亮);再按一次离开自动模式,M08,M10无效(按键灯熄)。

注意:所有以上切削液按键动作,必须在前门关闭时才可以操作,以避免喷到操作人员。

3) 主轴喷雾吹气

(1) 按一次,主轴喷雾吹气开启,按键灯亮;再按一次,主轴喷雾吹气关闭,按键灯熄灭。

(2) 吹气功能也可由M07控制开启,M09控制关闭。

4) 自动门

控制门互锁装置开启或关闭,在程序停止及主轴和切削液停止的状态下可正常启闭。按一次,门开,按键灯亮;再按一次,门闭,按键灯熄灭。

5) 刀号显示

(1) 当选择开关切至刀库侧,显示器将显示目前待命刀的刀号。

(2) 当选择开关切至主轴侧,显示器将显示目前主轴上的刀号。

6) 机械锁定

(1) 按“机械锁定”,设定机械锁定模式,按键灯亮。

(2) 轴向(X,Y,Z)将被锁定而无法移动,但荧屏坐标会依程序的命令移动变化,可用来做程序模拟。

7) Z 轴功能锁定

(1) 按"Z 轴锁定",设定 Z 轴功能锁定模式,按键灯亮。

(2) Z 轴锁定后,Z 轴无法移动,但荧屏的位置坐标会随程序或移动命令改变。可利用此项功能模拟程序,避免发生危险。

(3) 再按"Z 轴锁定",取消 Z 轴功能锁定模式,按键灯熄。

注意:使用完 Z 轴锁定功能模拟程序后,必须再执行手动原点回归一次,否则会有故障信息显示。

8) 功能锁定(M,S,T 锁定)

(1) 按"辅助功能锁定",设定辅助功能锁定模式,按键灯亮。

(2) 程序中的 M 码、S 码、T 码均将被忽略无效,此功能常与"机械锁定"并用,以检查程序。

(3) 再按"辅助功能锁定",取消辅助功能锁定模式,按键灯熄。

注意:M00,M01,M02,M30,M98,M99 均无效。

9) 程序写保护钥匙

在程序编辑模式时,将钥匙开关切至"关",则程序将被禁止编辑,无法修改,部分参数及诊断也无法设定。

10) 主轴松刀

当在手动模式且主轴停止的状态下,按此键,可以取下主轴上的刀具。

11) 刀库正转及反转

在手动模式下按左边按键,可以让刀库正转选刀;按右边按键,可以让刀库反转选刀。

四、实验内容及步骤

1. 实验内容

(1) 安全技术(课堂讲述)。

(2) 数控铣床的操作面板与控制面板(现场演示)。

(3) 数控铣床的基本操作。

① 数控铣床的启动和停止:启动和停止的过程。

② 数控铣床的手动操作:手动操作回参考点、手动连续进给、增量进给、手轮进给。

③ 数控铣床的 MDI 运行:MDI 的运行步骤。

④ 数控铣床的程序和管理。

⑤ 加工程序的输入练习。

(4) 如图 17.2-7 所示零件,编写数控加工程序并进行图形模拟加工。

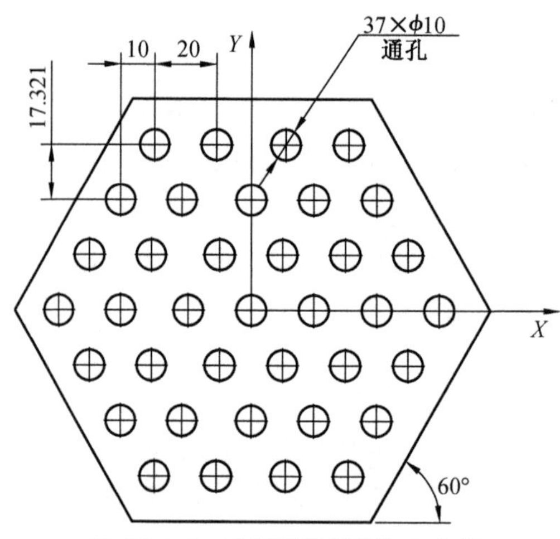

图 17.2-7 重复固定循环加工实例

(5) 数控加工程序卡。

根据零件的加工工艺分析和所使用的数控铣床的编程指令说明,编写加工程序,填写程序卡,见表 17.2-1。

表 17.2-1 铣削加工程序卡

零件号		零件名称		编制日期	
程序号				编制人	
序号	程序内容			程序说明	

2. 实验步骤

① 开机。

② 编写加工程序。

③ 程序输入。

④ 检验程序及各字符的正确性。

⑤ 模拟自动加工运行。

⑥ 观察机床的程序运行情况及刀具的运行轨迹。

⑦ 回参考点。

五、思考题

1. 刀具补偿指令有几种？其含义是什么？
2. 试述操作面板上主要按键的功能。
3. 试述数控铣床加工零件的主要步骤。
4. 零件加工过程描述(零件图、刀具运动轨迹、加工程序及过程描述)。

六、实验报告

实验报告实际上就是实验的总结，内容包括：

1. 实验目的。
2. 实验设备。
3. 实验内容。
4. 编写加工程序，总结在数控铣床上进行启动、停止、手动操作、程序的编辑和管理及 MDI 运行步骤。

第18章 工业机器人综合实验

实验学时:8
实验类型:设计
实验要求:必修
实验教学方法与手段:教师面授+学生操作

一、实验目的

了解工业机器人关节插补、直线插补、圆弧插补和正逆运算。

二、实验设备和仪器

PC机、Visual Basic 软件及虚拟工业机器人模型。

三、实验内容及步骤

本实验分关节插补模块、直线插补模块、圆弧插补和正逆运算,学生任选其一完成实验。要求学生独立完成。

(一) 关节插补

1. 关节插补与轨迹规划

在机器人完成给定作业任务之前,应该规定它的操作顺序、行动步骤和作业进程。在人工智能的研究范围中,规划实际上就是一种问题求解技术,即从某个特定的初始状态出发,构造一系列操作步骤(也称算子),使之达到解决该问题的目标状态。

所谓轨迹,是指操作臂在运动过程中的位移、速度和加速度。而轨迹规划是根据作业任务的要求,计算出预期的运动轨迹。轨迹规划器可使编程手续简化,只要求用户输入有关路径和轨迹的若干约束和简单描述,而复杂的细节问题可由规划器解决。

1) 关节空间轨迹规划

用户给出轨迹结点(采集位姿数据点)上的速度和加速度约束,轨迹规划器从中选取参数化轨迹,对结点进行插补,以满足约束条件。这种方法约束的设定和轨迹的规划都在关节空间中进行,计算量小,运行速度快,能最大限度地满足实时性要求。在这个规划过程中,没有考虑机器人手部的障碍约束,可能会与障碍相撞。

2）轨迹规划过程

关节空间中的插补完全是针对关节变量进行的，不涉及直角坐标系位姿信息，计算简单、省时；并且由于关节空间与直角坐标空间并不是连续的对应关系，在关节空间内不会发生机构的奇异现象，从而避免在直角坐标规划时出现速度失控问题。关节空间进行轨迹规划的规划路径不是唯一的，只要满足路径点上的约束条件，可以选取不同类型的关节角度函数，以生成不同的轨迹实验过程。

3）关节插补方式

（1）定时插补

每隔一段时间（T_s）插补计算一次，由于一般的串联工业机器人刚度不够高，为保证运行的平稳，T_s 不能太长，一般不超过 25 ms（40 Hz），这样就产生了 T_s 的上限值。T_s 越小越好，它的下限值受到计算量和计算速度的限制。在一个采样周期内需要完成一次插补计算和一次运动学逆解运算，完成这些运算应该在几毫秒之间，由此产生了采样周期 T_s 的下限值。

（2）定距插补

插补计算中每隔一段距离插补计算一次，插补时间是变化的，插补速度可以更加平稳，位置精度更高。对于位置精度要求高的系统，一般采用定距插补方式。

2. 加减速原理及应用

在轨迹规划中，主要保证的是运动轨迹的正确，位移曲线都采用抛物线过渡的线性函数，即运动函数为梯形函数，这样能满足轨迹插补的连续、平滑，运动速度连续且在开始点和结束点为零的要求。

1）梯形加减速控制

速度控制采用梯形加减速控制（见图 18-1），虽然其存在加减速突变的缺点，但是具有计算方式简单，实现比较容易，计算时间短，响应速度快，效率比较高，实时性比较高等优点，所以梯形加减速控制算法仍被广泛使用。

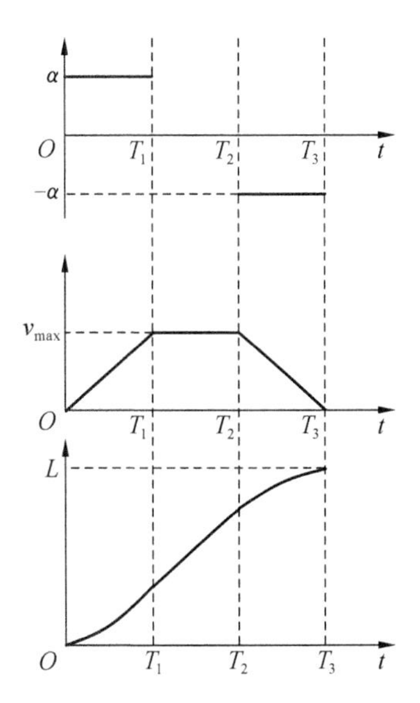

图 18-1 梯形加减速控制

如图 18-1 所示，整个运行过程分为 3 个阶段：$0\sim T_1$ 为加速阶段，此时加速度为 α，在此阶段，运行速度为匀速上升，位移曲线为抛物线；$T_1\sim T_2$ 为匀速运动，此时加速度为 0，运动达到最大运行速度 v_{max}，位移曲线为直线；$T_2\sim T_3$ 为匀减速阶段，由最大运动速度减至 0，加速度为 $-\alpha$，位移曲线为抛物线。

2）机器人加减速轨迹规划

（1）各个插补点的位置计算公式为

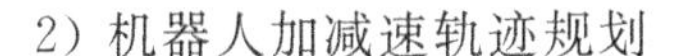

$$J_i = J_{i0} + \lambda \Delta J_i \tag{18-1}$$

式中：J_i 表示的是第 i 轴的角度；J_{i0} 表示第 i 轴的初始角度；J_i 表示第 i 轴在当前的实时角度；ΔJ_i 表示第 i 轴转动起点与终点的角度差；λ 为运动参数的归一化因子，其表示的是梯形加减速的特征。

(2) λ 的计算

图 18-2 为位置因子 λ 随时间 t 的变化曲线，图 18-3 为速度因子 λ' 随时间 t 的变化曲线。

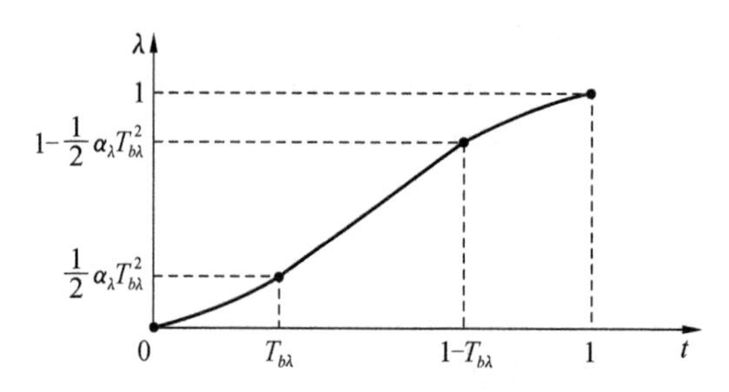

图 18-2　位置因子 λ 随时间 t 变化的曲线

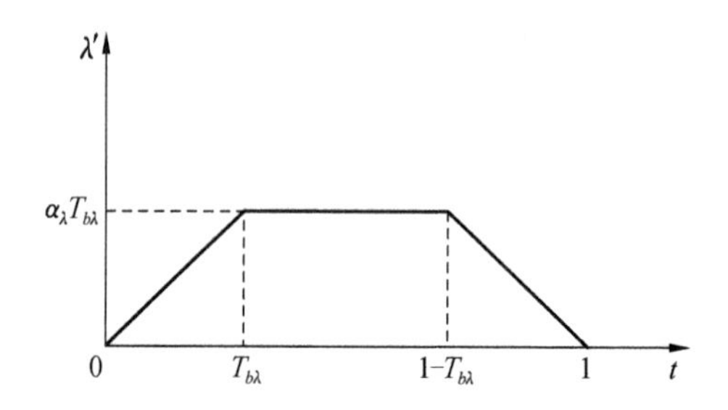

图 18-3　速度因子 λ' 随时间 t 变化的曲线

设抛物线过渡的线性函数的直线段速度为 v，抛物线段的加速度为 α，那么抛物线段的运动时间 T_b 和位移 L_b 分别为

$$T_b=\frac{v}{\alpha} \tag{18-2}$$

$$L_b=\frac{1}{2}\alpha T_b^2 \tag{18-3}$$

运动总时间 T 为

$$T=2T_b+\frac{L-2L_b}{v} \tag{18-4}$$

对抛物线段位移 $L_{b\lambda}$、时间 $T_{b\lambda}$、加速度 α_λ 分别归一化处理，有

$$L_{b\lambda}=\frac{L_b}{L} \tag{18-5}$$

$$T_{b\lambda}=\frac{T_b}{T} \tag{18-6}$$

$$\alpha_\lambda=\frac{2L_{b\lambda}}{T_{b\lambda}{}^2} \tag{18-7}$$

由图 18-2 和图 18-3 可得 λ 表达式为

$$\lambda=\begin{cases}\frac{1}{2}\alpha_\lambda t^2 & (0\leqslant t\leqslant T_{bλ})\\ \frac{1}{2}\alpha_\lambda T_{bλ}^2+\alpha_\lambda T_{bλ}(t-T_{bλ}) & (T_{bλ}<t\leqslant 1-T_{bλ})\\ \frac{1}{2}\alpha_\lambda T_{bλ}^2+\alpha_\lambda T_{bλ}(t-T_{bλ})-\frac{1}{2}\alpha_\lambda(t+T_{bλ}-1)^2 & (1-T_{bλ}<t\leqslant 1)\end{cases} \tag{18-8}$$

式中：$t=(i/N)$，$i=0,1,2,\cdots,N$。$0\leqslant\lambda\leqslant 1$，$\lambda=0$ 时，对应于起点；$\lambda=1$ 时，对应于终点。λ 是关于 t 的分段离散函数，λ 和 t 均无量纲。$0\leqslant t\leqslant T_{bλ}$ 和 $1-T_{bλ}\leqslant\lambda\leqslant 1$ 分别对应于运动的匀加速和匀减速阶段。

3. 前向差分与速度(可选部分教学)

对于关节插补运动，实际运动为不连续的离散运动，对此，普通的函数法无法求得其某点的关节速度，而必须使用差分法计算其速度或者加速度。

函数的前向差分通常简称为函数的差分，对于函数 $f(x)$，有

$$\Delta f(x)=f(x+1)-f(x) \tag{18-9}$$

式中：$\Delta f(x)$称为 $f(x)$的一阶前向差分。

对于有一段很小的增量 $\Delta x=h$，则有

$$\frac{\mathrm{d}f(x)}{\mathrm{d}x}=\lim_{\Delta x\to\infty}\frac{\Delta f(x)}{\Delta x}\approx\frac{\Delta f(x)}{\Delta x}=\frac{f(x+1)-f(x)}{x+h-x}=\frac{f(x+1)-f(x)}{h} \tag{18-10}$$

对于速度 v，有

$$v=\frac{\mathrm{d}f(x)}{\mathrm{d}x} \tag{18-11}$$

4. 上机编程与说明

关节插补软件外观如图 18-4 所示。

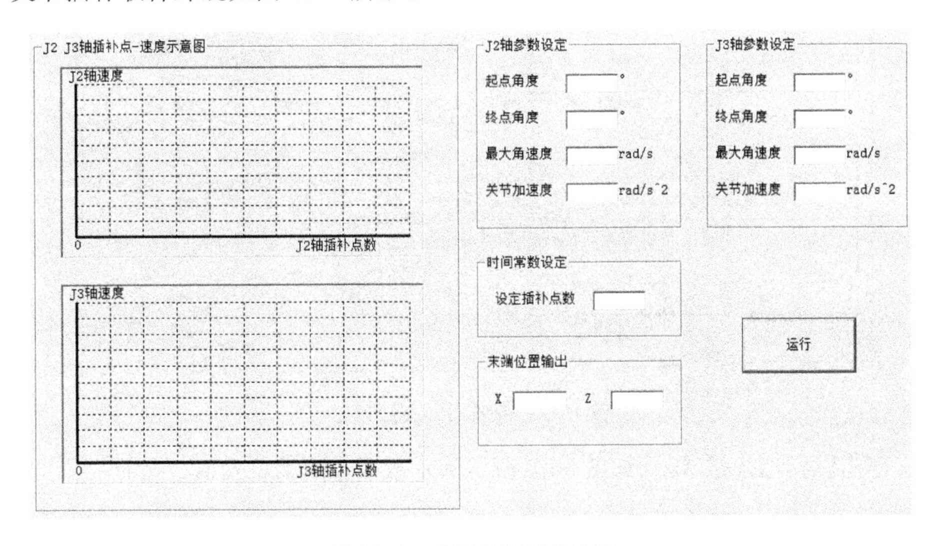

图 18-4 关节插补软件外观

1）软件功能

① 根据输入的关节角的初始位置与终止位置，计算终点所在的位置。

② 由用户自行指定关节速度与加速度，速度曲线可以在左侧图像区显示。

③ 虚拟机器人可以读取软件运行后产生的数据，并进行模拟运行。

2）操作说明

（1）界面介绍

左边 2 个图像区，使用 picturebox 功能绘制，以显示 $J2$ 和 $J3$ 两轴的速度随插补点的运行情况；右侧 3 个设定区域，分别用来设定 $J2$ 与 $J3$ 轴的起始角度、终点角度、关节运行最大加速度、加速度。时间常数设定是用户自行设定插补的点数；运行按钮是在设定区域输入适当数据后运行程序，以显示速度曲线与末端位置；末端位置区域为运行程序后终点的位置值。

（2）操作要点

① 需要输入数值的区域为 $J2$ 轴参数设定、$J3$ 轴参数设定、时间常数设定。

② 末端位置输出用于显示运算后的位置数据。

③ $J2$ 轴的运行范围为 $-90°\sim90°$，$J3$ 轴的运行范围为 $0°\sim180°$，若不在此范围内将会报错。关节最大运行速度根据实际情况为 0～85°/s，转化为弧度值为 0～1.5 rad/s，关节加速度设定不宜过小或过大，推荐 0～1 rad/s^2。

④ 插补点的设置范围为 20～500。

（3）操作示例

① 打开程序之后，按图 18-5 输入 $J2$ 轴参数设定、$J3$ 轴参数设定、时间常数设定中相应项的数值。

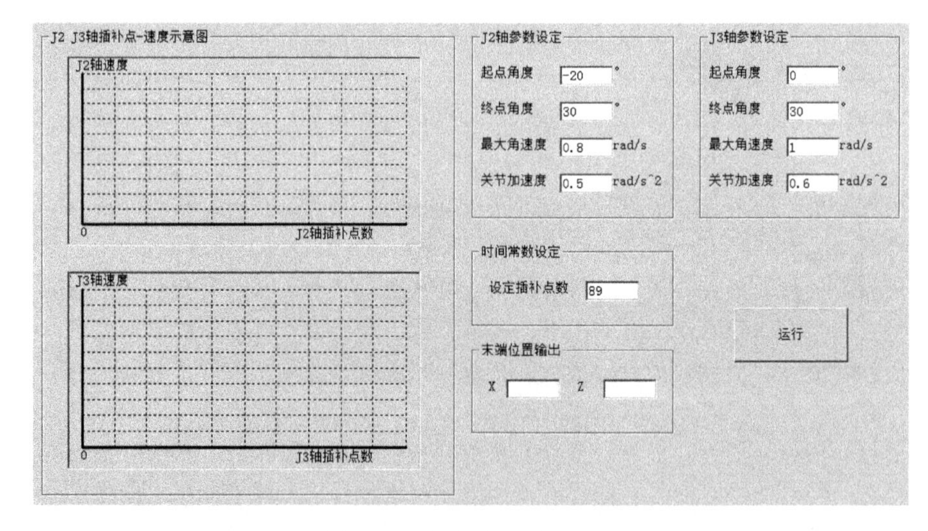

图 18-5 关节插补参数设定

② 单击【运行】按钮，得到如图 18-6 所示的示意图及末端位置值。

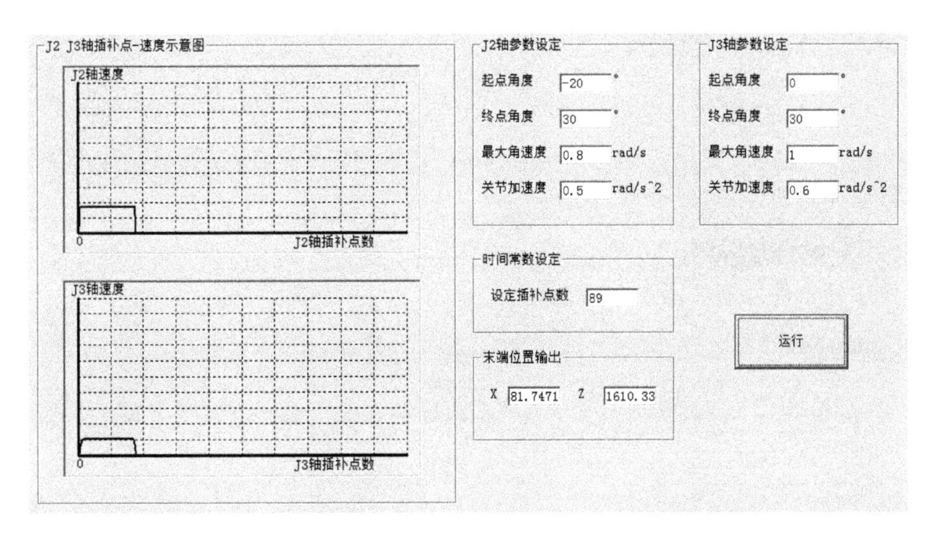

图 18-6 关节插补运行结果

(二) 直线插补

1. 直线插补与轨迹规划

1) 直线插补

机器人实现一个空间轨迹的过程，是实现轨迹离散点的过程，如果这些离散点间隔很大，机器人运动轨迹就与要求轨迹有较大误差，只有这些离散点彼此很近，才有可能使机器人轨迹以足够精度逼近要求的轨迹。

空间直线插补(见图 18-7)是已知该直线始末 2 点的位姿，求各轨迹中间点(插补点)的位姿。由于大多数情况是机器人沿直线运动，其姿态不变，所以无姿态插补，即保持第一个示教点时的姿态。对有些要求姿态也变化的情况，就需要姿态插补。

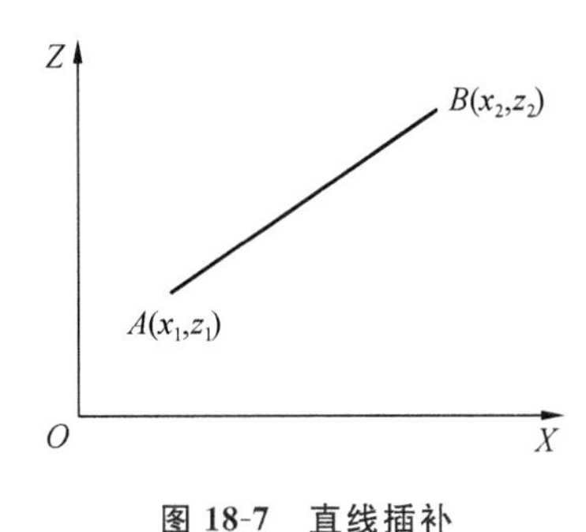

图 18-7 直线插补

2) 插补过程

已知直线始末 2 点的坐标值 $A(x_1, z_1)$，$B(x_2, z_2)$，可求出：

① 直线的长度 L 为

$$L=\sqrt{(x_2-x_1)^2+(z_2-z_1)^2} \tag{18-12}$$

② 直线上每一点的坐标为

$$\begin{cases} x_n = x_1 + \lambda \Delta x \\ z_n = z_1 + \lambda \Delta z \end{cases} \tag{18-13}$$

式中：$\Delta x = x_2 - x_1$；$\Delta z = z_2 - z_1$；λ 为运动参数的归一化因子，其表示的是梯形加减速的特征。梯形加减速详见“（一）关节插补”。

2. 上机编程与说明

直线插补软件外观如图 18-8 所示。

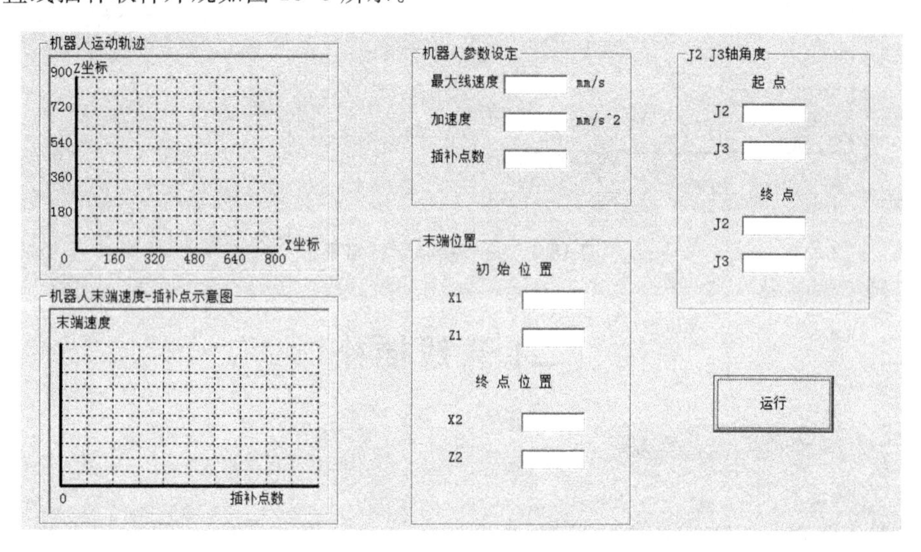

图 18-8 直线插补软件外观

1）功能

① 根据输入的直线初始位置与终止位置，计算关节起点与终点的角度。

② 由用户自行指定末端速度与加速度，速度曲线可以在左侧图像区显示。

③ 虚拟机器人可以读取软件运行后产生的数据，并进行模拟运行。

2）操作说明

（1）界面介绍

左边 2 个图像区，使用 picturebox 功能绘制，分别显示机器人的末端运动轨迹和机器人末端速度—插补点示意图；右侧机器人参数设定，用户可以根据需要输入合适的末端线速度与加速度、插补点数及需要进行直线插补始末的点坐标值；$J2$，$J3$ 轴角度是在运行后自动生成的符合直线起点与终点的轴角度。

（2）操作要点

① 输入末端运动线速度，范围为 0～200 mm/s；输入末端运动加速度，范围为 0～300 mm/s^2。

② 规定运动范围为 $400 < x < 800$，$400 < z < 900$。

③ 总插补点数，范围为 20～500。

④ 使用时，在机器人参数区域输入线速度、加速度与插补点数，在末端位置区域输入起点与终点坐标，点击【运行】按钮，即可在图像区得到机器人末端运动轨迹和机器人末

端速度-插补点示意图，并得到 $J2$、$J3$ 轴的角度值。

(3) 操作示例

① 进入界面后，按图 18-9 输入线速度、加速度与插补点数，在末端位置区域输入起点与终点坐标。

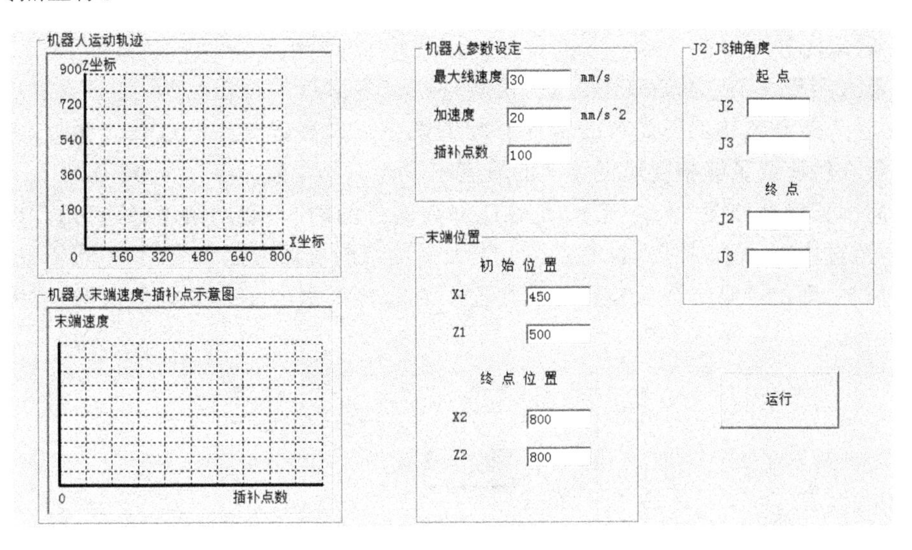

图 18-9 直线插补参数设定

② 单击【运行】按钮，得到如图 18-10 所示结果。

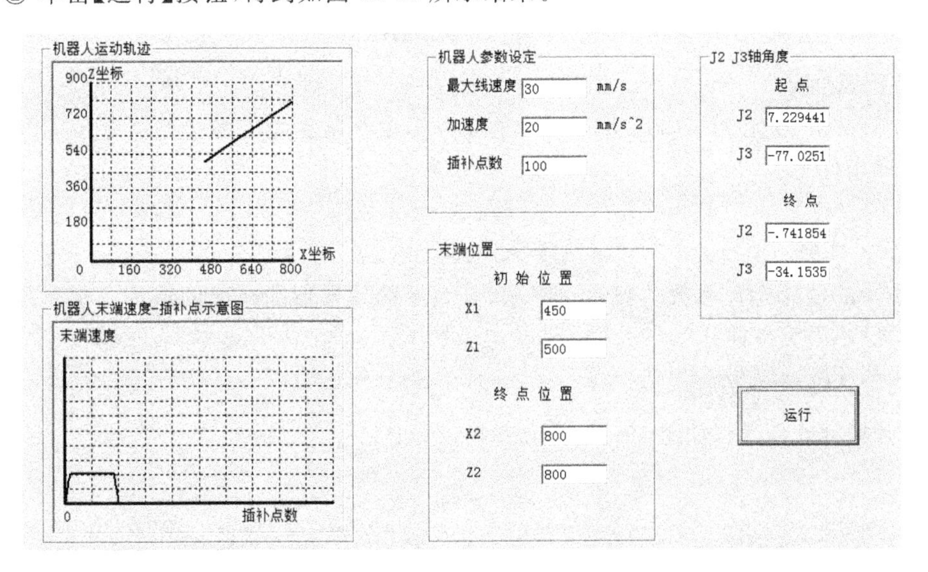

图 18-10 直线插补运行结果

(三) 圆弧插补

1. 圆弧插补与轨迹规划

1) 圆弧插补

机器人实现一个空间轨迹的过程,是实现轨迹离散点的过程,如果这些离散点间隔很大,机器人运动轨迹就与要求的轨迹有较大误差。只有这些离散点彼此很近,才有可能使机器人轨迹以足够精度逼近要求的轨迹。

空间圆弧插补如图 18-11 所示,是在已知该圆弧的圆心、起始角度、终点角度的情况下,求各轨迹中间点(插补点)的位姿。由于大多数情况机器人运动时,其姿态不变,所以无姿态插补,即保持第一个示教点时的姿态。对有些要求姿态也变化的情况,就需要姿态插补。

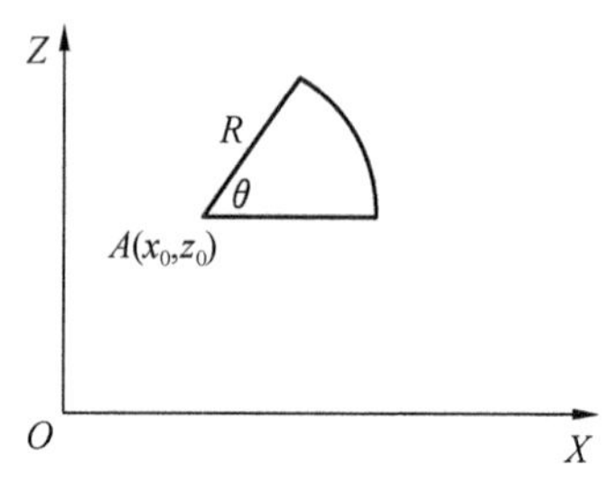

图 18-11 圆弧插补

2) 圆弧插补

已知圆弧的圆心为 $A(x_0, z_0)$,起始角度为 0,中止角度为 θ,圆弧半径为 R,可得圆弧上每一点坐标为

$$\begin{cases} x_n = x_0 + R \times \cos \Delta\theta \\ z_n = z_0 + R \times \sin \Delta\theta \end{cases} \tag{18-14}$$

式中:$\Delta\theta = \lambda\theta$,$\lambda$ 为运动参数的归一化因子,其表示的是梯形加减速的特征。梯形加减速内容详见“(一)关节插补”。

2. 上机编程与说明

圆弧插补软件外观如图 18-12 所示。

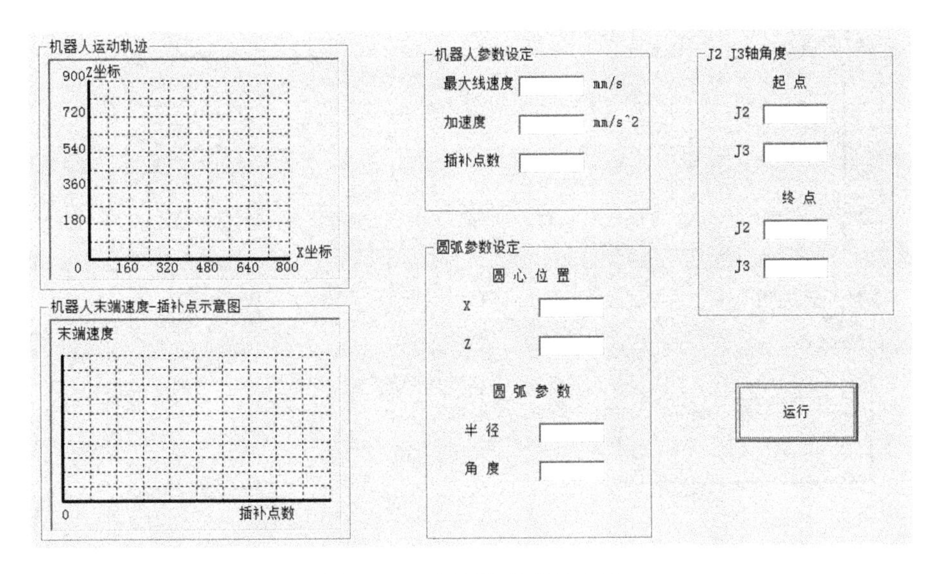

图 18-12 圆弧插补软件外观

1）功能

① 根据输入的圆弧参数，计算关节起点与终点的角度。

② 由用户自行指定末端速度与加速度，速度曲线可以在左侧图像区显示。

③ 虚拟机器人可以读取软件运行后产生的数据，并进行模拟运行。

2）操作说明

（1）界面介绍

左边 2 个图像区，使用 picturebox 功能绘制，分别显示的是机器人的末端运动轨迹和机器人末端速度-插补点示意图；右侧机器人参数设定用户可以根据需要输入合适的末端线速度与加速度、插补点数及相应的圆弧参数；$J2$，$J3$ 轴角度是在运行后自动生成的符合直线起点与终点的 $J2$，$J3$ 轴角度。

（2）操作要点

① 输入末端运动线速度，范围为 0～200 mm/s，输入末端运动加速度，范围为 0～300 mm/s^2。

② 规定运动范围为 $400<x<800$，$400<z<900$。

③ 总插补点数，范围为 20～500。

④ 使用时，在机器人参数区域输入线速度、加速度与插补点数，在圆弧参数区域输入圆心、半径与角度，点击【运行】按钮，即可在图像区得到机器人末端运动轨迹和机器人末端速度-插补点示意图，并得到 $J2$，$J3$ 轴的角度值。

（3）操作示例

① 进入界面后，按图 18-13 输入线速度、加速度与插补点数，在圆弧参数区域输入圆心、半径与角度。

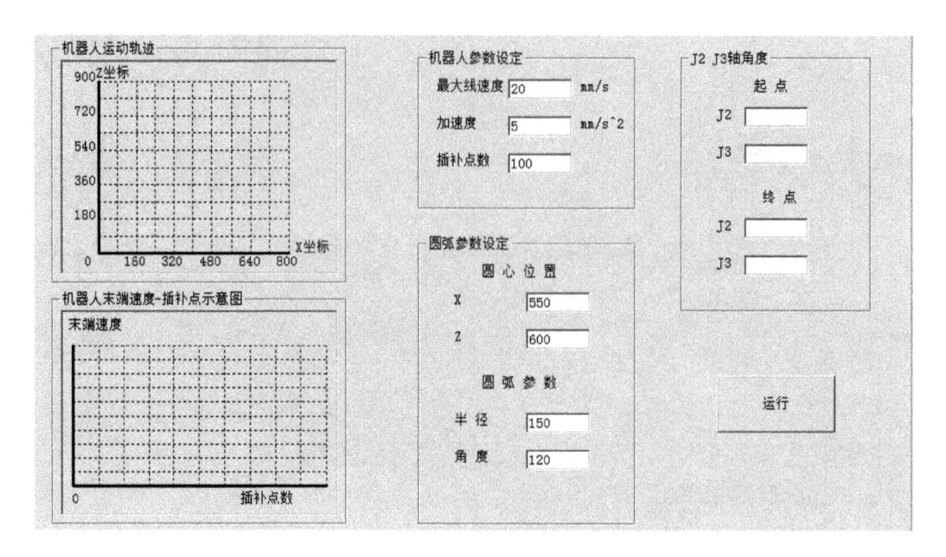

图 18-13 圆弧插补参数设置

② 单击【运行】按钮，得到如图 18-14 所示结果。

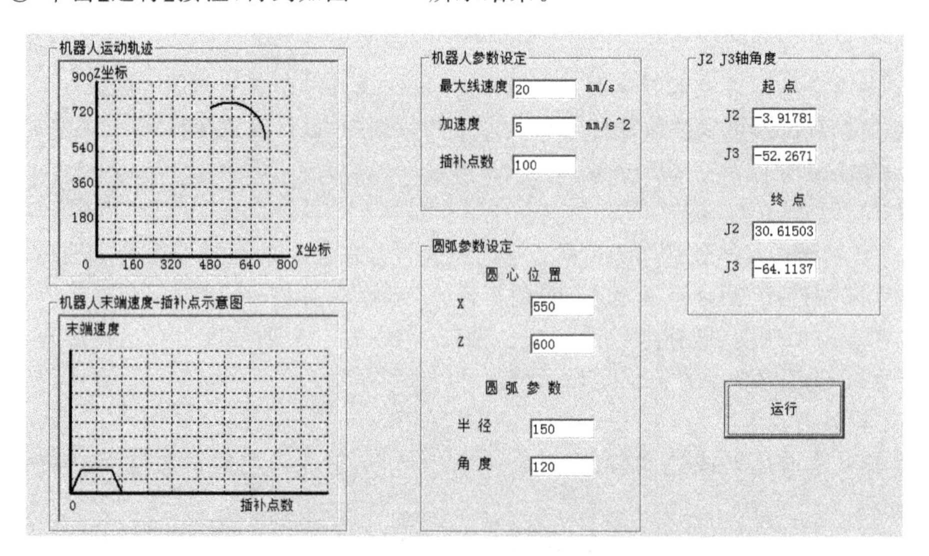

图 18-14 圆弧插补运行结果

（四）正逆运算

1. D-H坐标变换

1）机器人位姿的描述及空间坐标变换

机械手运动学主要研究关节变量空间和机械手终端执行器位置和姿态之间的关系。机械手每个手臂杆件在空间相对于绝对坐标系或相对于机器人基座坐标系的位置和方向的方程，称为机械手的运动学方程。在机器人学术语中，将一个空间物体的 3 个位移坐标(或称位置自由度)和 3 个旋转坐标(或称姿态自由度)组成的 6 个自由度称为该物体的位姿。

设手坐标系(简称 H 系或{H})的原点为 O_H,3 个正交坐标轴分别为 x_H,y_H,z_H,沿 3 个坐标轴的单位矢量分别为 $\boldsymbol{n}$,$\boldsymbol{o}$,$\boldsymbol{a}$。设机器人的基坐标系(简称 B 系或{B})的坐标原点为 O_B,3 个正交坐标轴分别为 x,y 和 z。手坐标系 H 与基坐标系 B 如图 18-15 所示。

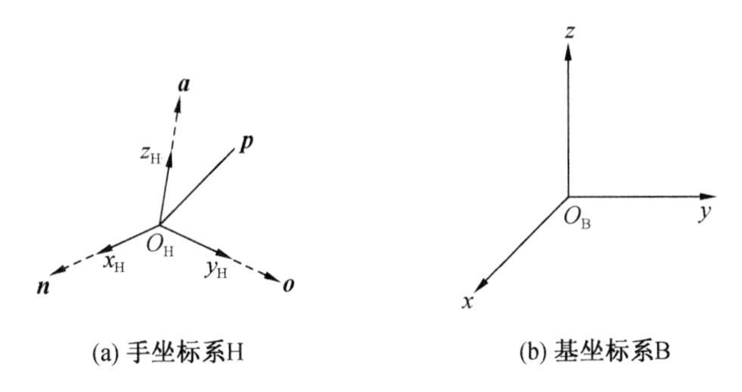

图 18-15 手坐标系 H 与基坐标系 B

(1) 位置描述

$$^{A}\boldsymbol{p}=\begin{bmatrix}p_x\\p_y\\p_z\end{bmatrix} \tag{18-15}$$

式中:p_x,p_y,p_z 是点在坐标系{A}中的 3 个坐标分量;$^{A}\boldsymbol{p}$ 的上标 A 代表参考坐标系{A},称$^{A}\boldsymbol{p}$ 为位置矢量。

(2) 姿态描述

为了研究工业机器人的运动和操作,不仅要表示空间某一点的位置,而且需要表示物体的方位(姿态)。单位矢量 $\boldsymbol{n}$,$\boldsymbol{o}$ 和 $\boldsymbol{a}$ 在基坐标系 B 的方向余弦表示坐标变换阵,见式(18-16)。

$$\boldsymbol{R}^{T}=\begin{bmatrix}n_x & n_y & n_z\\o_x & o_y & o_z\\a_x & a_y & a_z\end{bmatrix}=\begin{bmatrix}\boldsymbol{n}^{T}\\\boldsymbol{o}^{T}\\\boldsymbol{a}^{T}\end{bmatrix} \tag{18-16}$$

(3) 机器人手部的姿态

机器人位姿可以借助一个固连在它上面的参考坐标系来表示,只要这个坐标系可以在基座的参考坐标系的空间中表示出来,那么该机器人手部相对于基座的位姿就可采用齐次坐标变换的方法完成这两个坐标系的坐标转化,见式(18-17)。

$$\boldsymbol{F}=\begin{bmatrix}n_x & o_x & a_x & p_x\\n_y & o_y & a_y & p_y\\n_z & o_z & a_z & p_z\\0 & 0 & 0 & 1\end{bmatrix} \tag{18-17}$$

2) D-H 坐标变换

(1) D-H 坐标变换原理

为描述相邻杆件间平移和转动的关系,Denavit 和 Hartenberg 提出了一种为关节链中的每一杆件建立坐标系的矩阵方法。

对每个杆件，在关节轴处可建立一个正规的笛卡尔坐标系，再加上基座坐标系，每个转动关节只有一个自由度。建立在关节 $i+1$ 处的坐标系是固连在杆件 i 上的，当关节驱动器推动关节 i 时，杆件 i 将相对于杆件 $i-1$ 运动，因此，第 n 个坐标系将随手（杆件 n）一起运动。杆件的特征参数如图 18-16 所示。

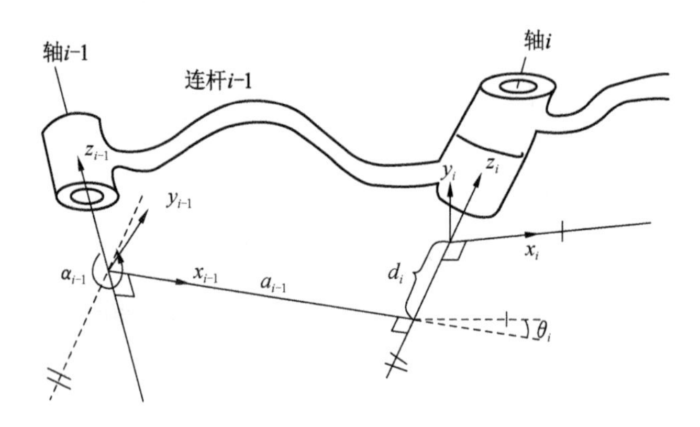

图 18-16 杆件的特征参数

(2) 坐标系的建立

① z_{i-1} 轴沿着 i 关节的运动轴。

② x_i 轴垂直于 z_{i-1} 和 z_i 轴并指向离开 z_{i-1} 轴的方向。

③ y_i 轴按右手坐标系的要求建立。

(3) 几何参数定义

根据上述对杆件参数及坐标系的定义，描述串联机器人相邻坐标系之间的关节关系，可归结为如下 4 个参数：

① θ_i：绕 z_{i-1} 轴（右手规则）由 x_{i-1} 轴向 x_i 轴的关节角。

② d_i：从第 $i-1$ 坐标系的原点到 z_{i-1} 轴和 x_i 轴的交点沿 z_{i-1} 轴的距离。

③ a_i：从 z_{i-1} 和 x_i 的交点到 i 坐标系原点沿 x_i 轴的偏置距离。

④ α_i：绕 x_i 轴（右手规则）由 z_{i-1} 轴转向 z_i 轴的偏角。

可以采用 4×4 的齐次变换矩阵描述相邻两连杆之间的空间位置关系，以此来建立机器人连杆的运动方程。对图 18-16 所示的连杆坐标系进行坐标变换，可以得出式(18-18)的变换矩阵关系。

$$
{}_{i}^{i-1}\boldsymbol{T}=\begin{bmatrix} c\theta_i & -s\theta_i & 0 & \alpha_{i-1} \\ s\theta c\alpha_{i-1} & c\theta c\alpha_{i-1} & -s\alpha_{i-1} & -s\alpha_{i-1}d_i \\ s\theta s\alpha_{i-1} & c\theta s\alpha_{i-1} & c\alpha_{i-1} & c\alpha_{i-1}d_i \\ 0 & 0 & 0 & 1 \end{bmatrix} \tag{18-18}
$$

式中：$c\theta_i=\cos\theta_i$，$s\theta_i=\sin\theta_i$，$c\alpha_i=\cos\alpha_i$，$s\alpha_i=\sin\alpha_i$。

2. 机器人运动学正解

机器人运动学正解是指确定关节机械参数，在给定了各关节设定的位置、速度、加速度后，计算出末端杆件的位置、姿态、速度和角速度的问题，这对机器人的轨迹规划和轨迹控制具有重要意义，尤其是做对机器人本体机械结构设计时，需要根据正运动学进行结构合理性仿真，以便找出机械结构上的缺陷进行改进。

1）D－H 坐标矩阵法

在机器人的各个连杆上固定一个坐标系，研究这些坐标系之间的关系，就可以明白机器人各连杆之间的关系。旭上机器人连杆坐标系如图 18-17 所示。表 18-1 是根据 D－H 方法建立的连杆坐标系参数。

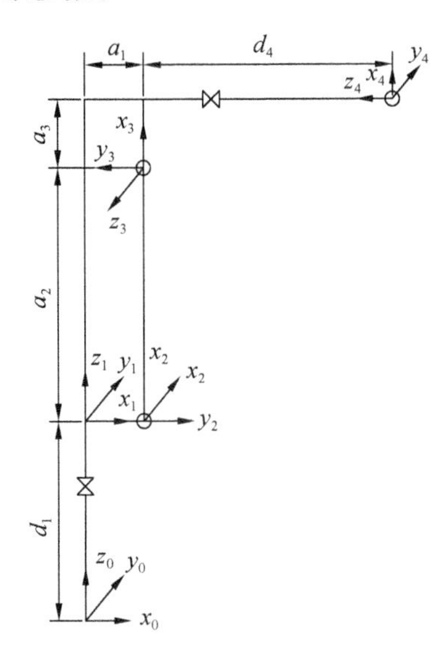

图 18-17 旭上机器人连杆坐标系

表 18-1 旭上机器人的连杆与关节参数

关节 i	α_{i-1}	a_{i-1}	d_i	θ_i（初值）	运动范围
1	0°	0	422	θ_1(0°)	−180°～180°
2	−90°	190	0	θ_2(−90°)	−180°～0°
3	180°	650	0	θ_3(0°)	−60°～120°
4	−90°	125	−650	θ_4(0°)	−360°～360°

由上文可知，从基座$_0$T 到执行机构$_4$T 的矩阵见式(18-19)和式(18-20)。

对于 2 自由度的机器人，关节 1 和关节 4 均为 0°。

$$ {}_1^0\boldsymbol{T}=\begin{bmatrix}1&0&0&0\\0&1&0&0\\0&0&1&d_1\\0&0&0&1\end{bmatrix} \qquad {}_2^1\boldsymbol{T}=\begin{bmatrix}c\theta_2&-s\theta_2&0&\alpha_1\\0&0&1&0\\-s\theta_2&-c\theta_2&0&0\\0&0&0&1\end{bmatrix} \tag{18-19} $$

$$ {}_3^2\boldsymbol{T}=\begin{bmatrix}c\theta_3&-s\theta_3&0&\alpha_2\\-s\theta_3&-c\theta_3&0&0\\0&0&-1&0\\0&0&0&1\end{bmatrix} \qquad {}_2^1\boldsymbol{T}=\begin{bmatrix}1&0&0&\alpha_3\\0&0&1&d_4\\0&-1&0&0\\0&0&0&1\end{bmatrix} \tag{18-20} $$

各个连杆的变换矩阵相乘，得到式(18-21)：

$$ {}^{0}_{4}\boldsymbol{T}={}^{0}_{1}\boldsymbol{T}\cdot{}^{1}_{2}\boldsymbol{T}\cdot{}^{2}_{3}\boldsymbol{T}\cdot{}^{3}_{4}\boldsymbol{T}=\begin{bmatrix} n_x & o_x & a_x & p_x \\ n_y & o_y & a_y & p_y \\ n_z & o_z & a_z & p_z \\ 0 & 0 & 0 & 1 \end{bmatrix} \tag{18-21} $$

其中，p_x，p_y，p_z 为末端的位置，$\boldsymbol{n}$，$\boldsymbol{o}$，$\boldsymbol{a}$ 为末端姿态，且有

$$ \begin{cases} n_x=\cos\theta_{23} \\ n_y=0 \\ n_z=-\sin\theta_{23} \\ o_x=0 \\ o_y=1 \\ o_z=0 \\ a_x=\sin\theta_{23} \\ a_y=0 \\ a_z=\cos\theta_{23} \\ p_x=a_1+a_2\times\cos\theta_2+a_3\times\cos\theta_{23}+d_4\times\sin\theta_{23} \\ p_y=0 \\ p_z=d_1-a_2\times\sin\theta_2-a_3\times\sin\theta_{23}+d_4\times\cos\theta_{23} \end{cases} \tag{18-22} $$

其中，$\theta_{23}=\theta_2-\theta_3$。由于实际运动角与建模角有区别，此时 θ_2 的值应在计算时取 $-\theta_2-\pi/2$。

2）解析几何法

图 18-18 所示为机器人连杆几何关系图。

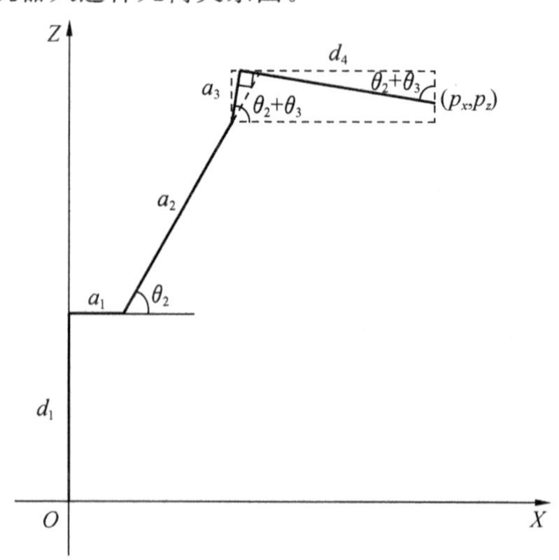

图 18-18 机器人连杆几何关系图

由图 18-18 可以得到

$$\begin{cases} p_x = a_1 + a_2 \times \cos\theta_2 + a_3 \times \sin(\pi/2 - \theta_{23}) + d_4 \times \sin\theta_{23} \\ p_y = 0 \\ p_z = d_1 + a_2 \times \sin\theta_2 + a_3 \times \cos(\pi/2 - \theta_{23}) - d_4 \times \cos\theta_{23} \end{cases} \tag{18-23}$$

化简得

$$\begin{cases} p_x = a_1 + a_2 \times \cos\theta_2 + a_3 \times \cos\theta_{23} + d_4 \times \sin\theta_{23} \\ p_y = 0 \\ p_z = d_1 + a_2 \times \sin\theta_2 - a_3 \times \sin\theta_{23} - d_4 \times \cos\theta_{23} \end{cases} \tag{18-24}$$

式中:$\theta_{23} = \theta_2 + \theta_3$,$d_4 > 0$。由于实际运行时,按照建模规则,$\theta_2$ 为负值,且 $\theta_2 = -\theta_2$,将其带入上式可知,该式与矩阵法所得结果相同。

3. 机器人运动学逆解

已知机器人末端执行器的位姿来确定对应的关节角的问题是机器人的逆运动学问题,即给定机器人末端执行器的目标点的坐标,求解此时对应的各个关节角度 θ。

1) 矩阵法求逆解

(1) 反正切 arctan2 函数

对于任意不同时等于 0 的实参 x 和 y,$\arctan2(y,x)$所表达的意思是坐标原点为起点,指向(x,y)的射线在坐标平面上与 x 轴正方向之间的角的角度。当 $y>0$ 时,射线与 x 轴正方向所得的角的角度指的是 x 轴正方向绕逆时针方向到达射线旋转的角的角度;而当 $y<0$ 时,射线与 x 轴正方向所得的角的角度指的是 x 轴正方向绕顺时针方向达到射线旋转的角的角度。

函数定义如下:

$$\arctan2(y,x) = \begin{cases} \arctan\left(\dfrac{y}{x}\right) & x>0 \\ \arctan\left(\dfrac{y}{x}\right) + \pi & y \geqslant 0, x<0 \\ \arctan\left(\dfrac{y}{x}\right) - \pi & y<0, x<0 \\ +\dfrac{\pi}{2} & y>0, x=0 \\ -\dfrac{\pi}{2} & y<0, x=0 \\ \text{undefined} & y=0, x=0 \end{cases} \tag{18-25}$$

(2) 矩阵变换法求逆解

由正解部分可知

$${}^0_4\boldsymbol{T} = {}^0_1\boldsymbol{T} \cdot {}^1_2\boldsymbol{T} \cdot {}^2_3\boldsymbol{T} \cdot {}^3_4\boldsymbol{T} = \begin{bmatrix} n_x & o_x & a_x & p_x \\ n_y & o_y & a_y & p_x \\ n_z & o_z & a_z & p_z \\ 0 & 0 & 0 & 1 \end{bmatrix} \tag{18-26}$$

可得

$$\begin{cases} p_x = a_1 + a_2 \times \cos\theta_2 + a_3 \times \cos\theta_{23} + d_4 \times \sin\theta_{23} \\ p_z = d_1 - a_2 \times \sin\theta_2 - a_3 \times \sin\theta_{23} + d_4 \times \cos\theta_{23} \end{cases} \tag{18-27}$$

其中：$\theta_{23} = \theta_2 - \theta_3$。

变换式(18-27)得

$$\begin{cases} p_x - a_1 = a_2 \times \cos\theta_2 + a_3 \times \cos\theta_{23} + d_4 \times \sin\theta_{23} \\ -p_z + d_1 = a_2 \times \sin\theta_2 + a_3 \times \sin\theta_{23} - d_4 \times \cos\theta_{23} \end{cases} \tag{18-28}$$

令 $u_1 = p_x - a_1$，$u_2 = -p_z + d_1$，式(18-28)平方后左右相加得

$$K_1 = a_3 \times \cos\theta_3 - d_4 \times \sin\theta_3 \tag{18-29}$$

其中

$$K_1 = \frac{u_1^2 + u_2^2 - a_3^2 - a_2^2 - d_4^2}{2a_2} \tag{18-30}$$

由此可得

$$\theta_3 = \arctan2(a_3, d_4) - \arctan2(K_1, \pm\sqrt{a_3^2 + d_4^2 - K_2^2}) \tag{18-31}$$

由式(18-31)可知，θ_3 有两解，则

$$ {}^0_2\boldsymbol{T} = {}^0_1\boldsymbol{T} \cdot {}^1_2\boldsymbol{T} = {}^0_4\boldsymbol{T} \cdot {}^3_4\boldsymbol{T}^{-1} \cdot {}^2_3\boldsymbol{T}^{-1} \tag{18-32}$$

可得

$$u_3 \times \cos\theta_{23} + u_4 \times \sin\theta_{23} = K_2$$

式中：$u_3 = d_1 - p_z$；$u_4 = a_1 - p_x$；$K_2 = a_2 \times \sin\theta_3 - d_4$。

由式(18-32)可解

$$\theta_{23} = \arctan2(K_2, \pm\sqrt{u_3^2 + u_4^2 - K_2^2}) - \arctan2(u_3, u_4) \tag{18-33}$$

θ_{23}有两解。因为 $\theta_{23} = \theta_2 - \theta_3$，所以 $\theta_2 = \theta_{23} + \theta_3$，由此可得 2 轴与 3 轴的解。由于正负号情况，θ_2 与 θ_3 一共有 4 组解，可将逆解回代入正解方程中验证结果以去掉多余的解。

2）解析几何法

图 18-19 所示为解析几何法解 $J2$，$J3$ 轴角度。

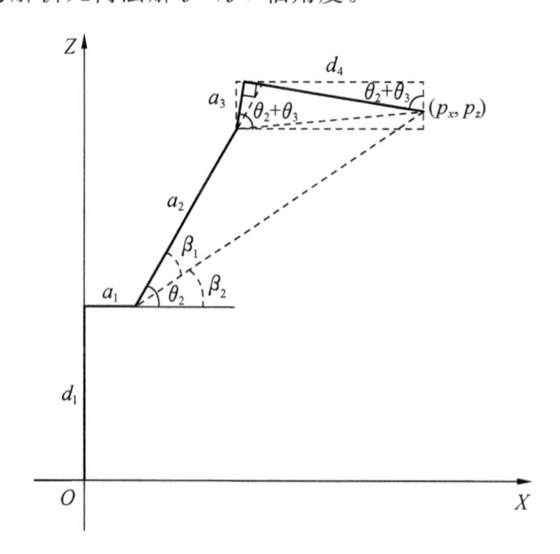

图 18-19 解析几何法解 J2，J3 轴角度

由图 18-19 可知

$$\beta_2 = \arctan2(p_z - d_1, p_x - a_1) \tag{18-34}$$

由余弦定理得

$$\beta_1 = \pm \arccos \frac{a_2^2 + (p_x - a_1)^2 + (p_z - d_1)^2 - (a_3^2 + d_4^2)}{2a_2 \sqrt{(p_x - a_1)^2 + (p_z - d_1)^2}} \tag{18-35}$$

且 $\theta_2 = \beta_1 + \beta_2$，由于建模取角度时，$\theta_2$ 为负值，所以实际值 $\theta_2 = -(\beta_1 + \beta_2)$。

由图 18-19 得

$$p_x = a_1 + a_2 \times \cos\theta_2 + a_3 \times \sin[\pi/2 - (\theta_2 + \theta_3)] + d_4 \times \sin(\theta_2 + \theta_3)$$

化简得 $p_x = a_1 + a_2 \times \cos\theta_2 + a_3 \times \cos(\theta_2 + \theta_3) + d_4 \times \sin(\theta_2 + \theta_3)$

令 $K_2 = p_x - a_1 - a_2 \times \cos\theta_2$，可得

$$\theta_2 + \theta_3 = \arctan2(K_2, \pm\sqrt{a_3^2 + a_4^2 - K_2^2} - \arctan2(a_3, a_4) \tag{18-36}$$

同样，由于多解的存在，需要回代入正解的解析式中去掉多余解。

4. 上机编程与说明

正逆运算软件外观如图 18-20 所示。

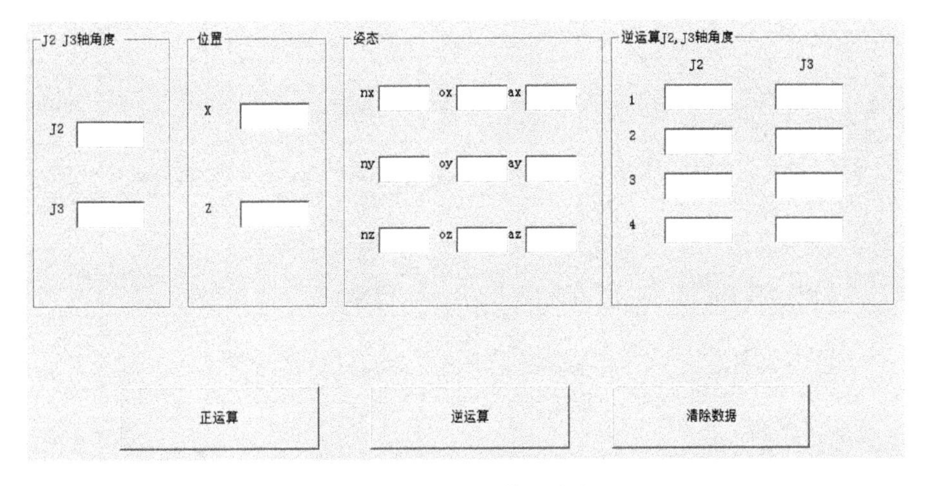

图 18-20　正逆运算软件外观

1）界面说明

本软件可以完成运动学正解和逆解的过程。

数值输入区域：$J2$ 和 $J3$ 轴角度、位置。

数值输出区域：位置、姿态、逆运算 $J2$ 和 $J3$ 轴角度。

功能按钮：正运算、逆运算、清除数据。

2）使用说明

（1）正运算

在 $J2$，$J3$ 轴角度中输入角度值，输入完之后点击【正运算】。此时，位置区域将显示末端的坐标值，姿态区域显示末端的姿态信息（暂时只有显示作用）。

（2）逆运算

在位置区域输入坐标值，输入完之后点击【逆运算】。此时，在逆运算 $J2$，$J3$ 轴角度

区域将显示运算后的 4 组解，姿态区域显示末端的姿态信息(暂时只有显示作用)。将 4 组解分别进行正运算，可以取得两组正确解，也可以先正运算，再进行逆运算，然后比较所得结果。

(3) 清除数据

在输入数据之后可以点击【清除数据】，用以清除屏幕上所得结果。

3) 操作示例

(1) 正运算示例

① 按图 18-21 所示输入 $J2$ 和 $J3$ 轴角度值。

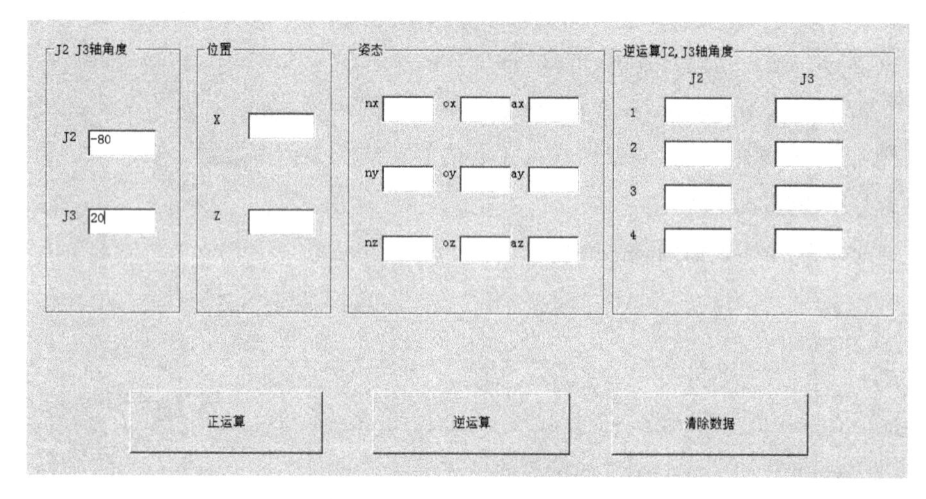

图 18-21　正运算角度值输入

② 单击【正运算】按钮，得到如图 18-22 所示位置的坐标值与姿态值。

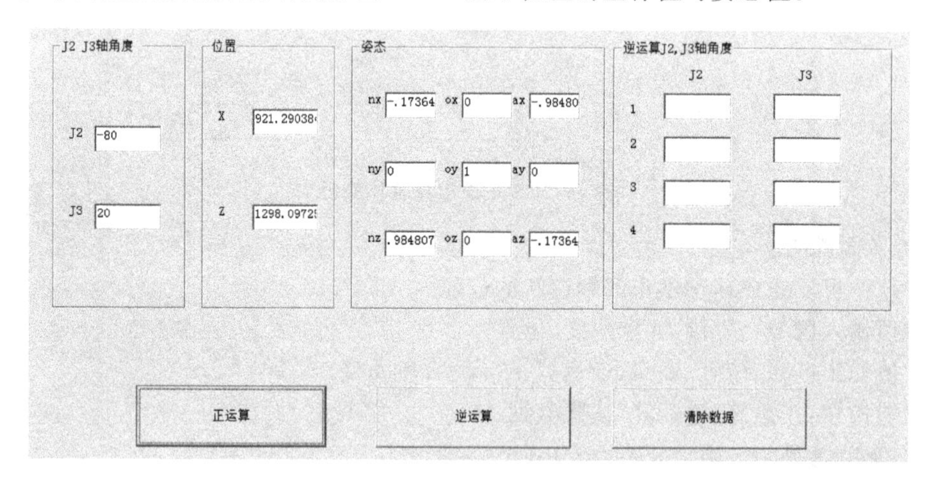

图 18-22　正运算结果

(2) 逆运算示例

① 如图 18-23 所示输入各位置值。

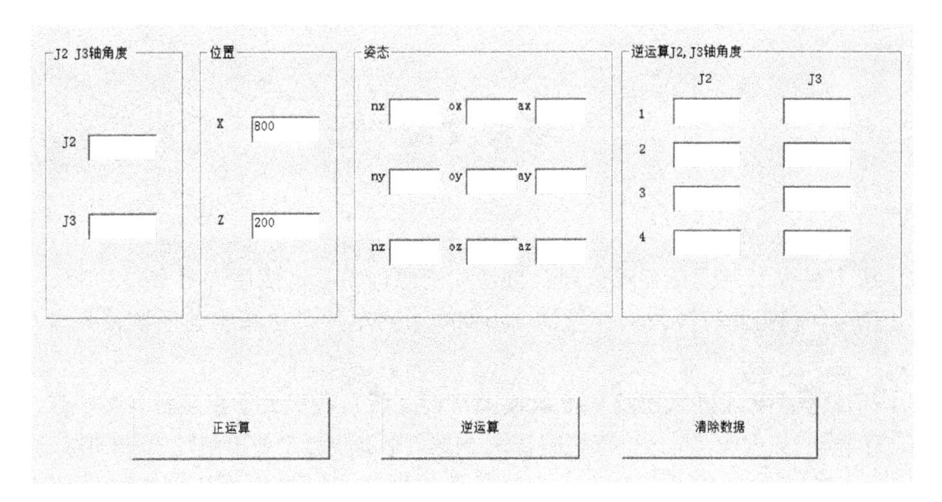

图 18-23 逆运算位置值输入

② 单击【逆运算】,得到 $J2$ 和 $J3$ 轴可能的 4 组解,如图 18-24 所示。若想验证解的正确性,只需将角度值进行正运算即可。(姿态未考虑)

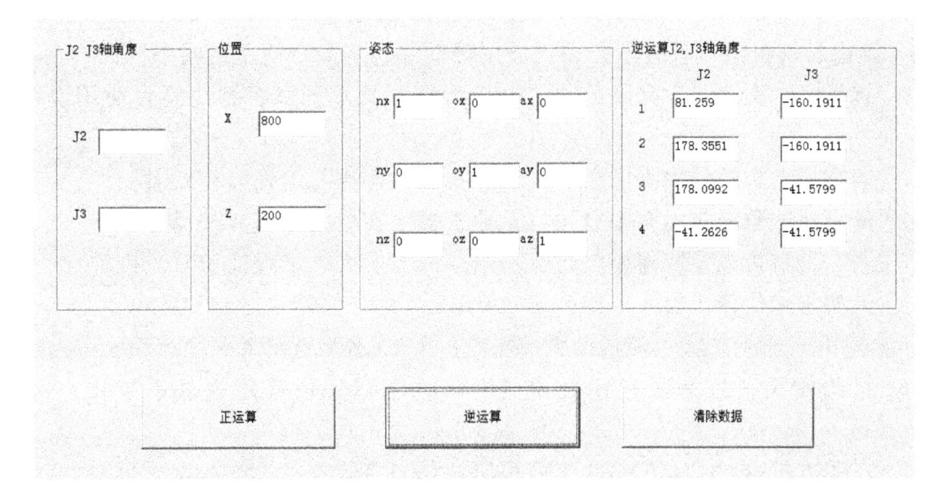

图 18-24 逆运算结果

参考文献

[1] 清华科教仪器设备有限公司:《自动控制原理学习机使用说明书》,2009 年。

[2] 南京伟福实业有限公司:《伟福 Lab6000 系列单片机仿真实验系统使用说明书》,2010 年。

[3] 胡汉才:《单片机原理及其接口技术》(第 3 版),清华大学出版社,2010 年。

[4] 王振臣,齐占庆:《机床电气控制技术 》(第 5 版),机械工业出版社,2013 年。

[5] 南京斯沃软件技术有限公司:《斯沃数控机床调试与维修仿真系统实验操作说明书》,2008 年。

[6] 浙江天煌科技实业有限公司:《可编程控制器实验指导书》(第 2 版),2012 年。

[7] 王春行:《液压控制系统》,机械工业出版社,2004 年。

[8] Bosch Rexroth 中国:《ws290 液压实验台使用手册》,2016 年。

[9] 湖南长庆机电科教有限公司:《液压传动综合实验台使用说明书》,2010 年。

[10] 杭州恒瑞教学设备有限公司:《电机特性测试及伺服控制实验台使用说明书》,2016 年。

[11] 南京旭上数控技术有限公司:《工业机器人操作与编程》,2015 年。

[12] 南京旭上数控技术有限公司:《工业机器人实验指导书》,2015 年。

[13] 张立勋:《机电系统建模与仿真》,哈尔滨工业大学出版社,2010 年。

[14] 上海未来伙伴机器人有限公司:《VJC2.0 用户使用手册》,2010 年。

[15] 李福义:《液压技术与液压伺服系统》,哈尔滨工程大学出版社,2005 年。

[16] 杭州智沃科技有限责任公司:《ZWO－NCMGR 程序管理系统用户手册》,2015 年。

[17] 三菱电机:《FX2N、FX3U 编程手册》,2005 年。

[18] 固高科技:《GT－400 运动控制卡编程手册》,2005 年。

[19] Renishaw:《激光干涉仪 laser XL 使用手册》,2009 年。

[20] 李铁刚,李名雪,张连军:《Edgecam 应用教程》,机械工业出版社,2015 年。

[21] DMG MORI 中国:《CTX510 操作说明书》,2009 年。

[22] 天津市龙洲工控设备有限公司:《光机电液气综合应用平台使用手册》,2008 年。

[23] 罗华, 傅波, 刁燕:《机械电子学:机电一体化系统中的数字化检测与控制》,机械工业出版社,2014 年。

[24] 刘韦, 朱绍伟:《机电一体化综合实验实践教程》,海洋出版社,2016 年。

[25] 孙兴伟,薛小兰,杨林初:《FANUC 系统数控机床编程与加工》,中国水利水电出版社,2014 年。